Karriere nach der Wissenschaft

Mirjam Müller arbeitet als Personalentwicklerin an der Universität Konstanz. Berufliche Stationen führten die Historikerin von einem Wirtschaftsunternehmen ins Wissenschaftsmanagement. Als Wissenschaftscoach hat sie zahlreiche Postdocs auf dem Weg zu ihrer ersten Professur und in Berufsfelder außerhalb der Wissenschaft begleitet.

Mirjam Müller

Karriere nach der Wissenschaft

Alternative Berufswege für Promovierte

Campus Verlag
Frankfurt/New York

ISBN 978-3-593-50716-3 Print
ISBN 978-3-593-43634-0 E-Book (PDF)
ISBN 978-3-593-42780-5 E-Book (EPUB)

Das Werk einschließlich aller seiner Teile ist urheberrechtlich geschützt. Jede Verwertung ist ohne Zustimmung des Verlags unzulässig. Das gilt insbesondere für Vervielfältigungen, Übersetzungen, Mikroverfilmungen und die Einspeicherung und Verarbeitung in elektronischen Systemen.
Copyright © 2017 Campus Verlag GmbH, Frankfurt am Main
Umschlaggestaltung: Guido Klütsch, Köln
Satz: Campus Verlag GmbH, Frankfurt am Main
Druck und Bindung: Beltz Bad Langensalza GmbH
Gedruckt auf Papier aus zertifizierten Rohstoffen (FSC/PEFC).
Printed in Germany

www.campus.de

Inhalt

Vorwort... 7

1. Einführung: Ausstieg aus der Wissenschaft 9
2. Strategien und Motivationen für den Berufswechsel 15
3. Was könnte ich arbeiten?............................ 27
   3.1 Qualifikationen aus der Wissenschaft................ 29
   3.2 Reflexion des individuellen Berufsprofils 33
4. Wo könnte ich arbeiten?............................ 43
   4.1 Der Arbeitsmarkt für promovierte Geistes- und SozialwissenschaftlerInnen........................ 44
   4.2 Recherchestrategien............................. 54
5. Wie bekomme ich eine Stelle?........................ 64
   5.1 Bewerbungsstrategien........................... 65
   5.2 Tipps für Bewerbungsunterlagen und Vorstellungsgespräch... 69
   5.3 Planung einer beruflichen Selbständigkeit 76
6. Promovierte in alternativen Berufsfeldern: Porträts 81
   6.1 Exkurs: Alternative wissenschaftliche Tätigkeiten 83
      6.1.1 Fachhochschulprofessorin 83
   6.2 Wissenschaftsmanagement........................ 93
      6.2.1 Forschungsreferentin in der Universitätsverwaltung 93
      6.2.2 Referentin im Schreibzentrum 104
      6.2.3 Referent bei einer Forschungsförderorganisation 114

6 KARRIERE NACH DER WISSENSCHAFT

   6.3 Politik und Verwaltung 123
      6.3.1 Referentin im Ministerium 123
      6.3.2 Politische Referentin in einer Nichtregierungsorganisation ... 132
      6.3.3 Referent in einer Stiftung 142
   6.4 Kultur, Medien, Bildung 151
      6.4.1 Verlagslektor 151
      6.4.2 Wissenschaftlicher Bibliothekar 160
      6.4.3 Media Consultant bei einer Zeitung 169
   6.5 Wirtschaft und Beratung 177
      6.5.1 Personalerin in einem Unternehmen 177
      6.5.2 Unternehmensberaterin 188
      6.5.3 Selbständig als Trainer 197

7. Schlusswort: Beruflich neue Wege gehen 206

8. Anhang 210
   8.1 Berufswechsel und Zielfindung 210
   8.2 Berufsfelder und Netzwerke 211
   8.3 Jobbörsen, Bewerbung und Berufseinstieg 214
   8.4 Unterstützung an Wissenschaftseinrichtungen 216
   8.5 Informationen zum Wissenschaftsmanagement 217
   8.6 Informationen zur beruflichen Selbständigkeit 219

9. Literatur- und Quellenverzeichnis 221

10. Anmerkungen 224

Vorwort

Wissenschaftskarrieren zielen auf eine Professur oder eine andere dauerhafte Tätigkeit in Forschung und Lehre. Aufgrund der begrenzten Anzahl an Dauerstellen im Wissenschaftssystem kann jedoch von zehn Promovierten nur eine oder einer dieses Traumziel erreichen.[1] In meiner Arbeit als Wissenschaftscoach an der Universität Konstanz sowie als Trainerin und Vortragende zum Thema Wissenschaftskarriere begegnen mir daher viele NachwuchswissenschaftlerInnen, die vor der Entscheidung stehen, ob sie die Wissenschaftskarriere weiterverfolgen oder Berufswege in Wirtschaft, Verwaltung, Bildung oder Kultur[2] einschlagen sollen.

In meinem Buch *Promotion – Postdoc – Professur. Karriereplanung in der Wissenschaft* habe ich beschrieben, welche Anforderungen an eine wissenschaftliche Karriere gestellt werden und wie man eine Wissenschaftskarriere strategisch planen kann. Mit dem vorliegenden Band möchte ich nun denjenigen NachwuchswissenschaftlerInnen eine Unterstützung an die Hand geben, die sich mit Karriereoptionen jenseits der Wissenschaft auseinandersetzen oder praktische Schritte hin zu Berufsfeldern in Wirtschaft, Verwaltung, Bildung oder Kultur unternehmen wollen.

Inhaltlich gilt mein Dank allen NachwuchswissenschaftlerInnen, die mich an ihren Überlegungen und Gefühlen zum »Ausstieg« aus der Wissenschaft haben teilhaben lassen und mir verdeutlicht haben, dass der Schritt, die Wissenschaft zu verlassen, in den meisten Fällen als ungleich schwieriger empfunden wird als viele andere berufliche Wechsel. Viele haben ihren Karriereweg erfolgreich in Wirtschaft, Verwaltung, Bildung oder Kultur fortgesetzt. 13 Promovierte haben sich bereit erklärt, ihren persönlichen Weg den Leserinnen und Lesern dieses Buches zu erzählen. Ihnen möchte ich besonders danken. Meine Überzeugung, dass es sich lohnt, den eigenen Berufswünschen auf die Spur zu kommen und diese umzusetzen, habe ich bei einem Life-Work-Planning-Seminar (nach Richard N. Bolles) bei John

C. Webb, in Vorträgen und Workshops von Barbara Sher sowie in der ErfolgsteamleiterInnen-Ausbildung bei Gudrun Schwarzer mit praktischen Methoden fundieren können. Ich danke meinen ersten LeserInnen Dr. Anke Bohne, Dr. Julia Breitbach, Dr. Uta Hoffmann, Dr. Stefanie Preuß, Dr. Anne Schüttpelz und PD Dr. Sebastian Wolf für hilfreiche Rückmeldungen und engagierte Diskussionen. Dajana Langhof hat mir Einblicke in ihre langjährige Erfahrung im Gründercoaching gegeben. Meinen KollegInnen vom Academic Staff Development der Universität Konstanz und vom Coachingnetz Wissenschaft danke ich für ihre Impulse zum Wissenschaftscoaching. Ulrike Scheuermann bin ich dankbar für Ihre klugen Tipps zu meinen beiden Büchern. Mein besonderer Dank geht an den Campus Verlag für die angenehme und produktive Betreuung des Buchprojekts.

1. Einführung: Ausstieg aus der Wissenschaft

Sie sind Nachwuchswissenschaftlerin oder Nachwuchswissenschaftler. Sie haben bereits promoviert oder stehen kurz vor dem Abschluss Ihrer Doktorarbeit. Sie forschen leidenschaftlich gern – und dennoch wollen oder können Sie nicht in der Wissenschaft bleiben. Möglicherweise liegt das daran, dass Sie Ihre Chancen, auf eine der wenigen freiwerdenden Professuren Ihres Fachs berufen zu werden, als zu gering einschätzen. Vielleicht hatten Sie sowieso vor, nach der Promotion einen anderen Berufsweg einzuschlagen, auf dem Sie Ihre Stärken besser einbringen und Ihre Interessen verwirklichen können. Möglicherweise läuft Ihr Vertrag bald aus und Ihr Vorgesetzter oder Ihre Vorgesetze sieht keine Möglichkeit für eine Verlängerung. Vielleicht sind Sie es auch leid, im ständigen Wettbewerb um Publikationen und Drittmittel zu stehen, sich von befristetem zu befristetem Vertrag zu hangeln und bei maximalem Leistungsdruck minimale berufliche Sicherheit zu haben. Oder Sie interessieren sich für Karrierewege jenseits der Wissenschaft, um Ihre wissenschaftliche Karriere mit einem Plan B in der Tasche mit mehr Sicherheit fortführen zu können.

Es gibt viele Gründe, die Wissenschaft zu verlassen und einen beruflichen Weg in Wirtschaft, Verwaltung, Bildung oder Kultur zu verfolgen. Laut einer aktuellen Umfrage der *Zeit* denken 81 Prozent aller NachwuchswissenschaftlerInnen über einen Ausstieg aus der Wissenschaft nach.[3] Das liegt nicht zuletzt an den Beschäftigungsperspektiven im Wissenschaftssystem, die nicht für alle Habilitierten oder äquivalent Qualifizierten eine Dauerstelle an einer Hochschule oder außeruniversitären Forschungseinrichtung vorsehen. In Deutschland kann derzeit nur eine oder einer von zehn Promovierten auf eine der freiwerdenden Universitätsprofessuren berufen werden.[4] Bei den Habilitierten und äquivalent Qualifizierten liegt das Verhältnis etwa bei eins zu drei.[5] Die jüngsten Forderungen des Wissenschaftsrats nach einem schrittweisen Aufwuchs um 7.500 Professuren an Universitäten sind daher zu begrüßen.[6] Im Rahmen des Programms zur Förderung des wissenschaftlichen Nachwuchses[7] werden in Deutschland in den kommenden Jahren voraussichtlich 1.000 Tenure-Track-Professuren geschaffen, die den wissenschaftlichen Karriereweg für diejenigen berechenbarer machen, die eine solche Stelle bekommen. Ein grundsätzlicher Wandel des wissenschaftlichen Karrieresystems ist jedoch derzeit nicht abzusehen. Für das Gros der NachwuchswissenschaftlerInnen ist daher nicht der Verbleib, sondern der Ausstieg aus der Wissenschaft die Regel.

Dessen ungeachtet vermittelt das deutsche Wissenschaftssystem weitgehend eine eindimensionale Karriereperspektive: Forschung wird als Beruf und Berufung gesehen, das anzustrebende Karriereziel ist ergo die Professur, gemeint ist die Universitätsprofessur. Andere Optionen für eine dauerhafte wissenschaftliche Beschäftigung an Universitäten sind derzeit kaum vorgesehen. Auch die Qualifikationsanforderungen sind in der Wissenschaft ausschließlich auf eine Universitätsprofessur ausgerichtet. An dieser Perspektive werden auf dem Karriereweg Publikationsleistung, Erfolg bei der Einwerbung von Drittmitteln und Einsatz in der Lehre gemessen. Sehenden Auges werden hier mehr WissenschaftlerInnen ausgebildet, als das System perspektivisch aufnehmen kann. Bezüge zu Berufsbildern jenseits der Universitätskarriere werden ab der Promotion kaum hergestellt, entsprechende Qualifikationen in der Regel nicht vermittelt. Der Ausstieg aus der Wissenschaft wird von NachwuchswissenschaftlerInnen oft nicht als Normalfall, sondern als persönliches Versagen wahrgenommen. In einem System, in dem das Erlangen einer Professur das ultimative wie unwahrscheinliche Karriereziel ist, wird ein Wechsel in andere Berufsfelder als Abweichen von der Norm betrachtet und als »alternativer Karriereweg« bezeichnet.

Je länger der Verbleib in Forschung und Lehre, umso schwieriger erscheint NachwuchswissenschaftlerInnen der berufliche Wechsel – mental und praktisch. Das liegt zum einen an der eben geschilderten Exklusivität des vermittelten Berufsbilds. »Wissenschaft« gilt als Traumjob und wird von den meisten an der Universität Forschenden und Lehrenden als solcher empfunden. Auch und gerade bei den Ausstiegswilligen ist es daher oft so, dass der Verlust dieses Traumes schmerzt und zu einem Gefühl der Perspektivlosigkeit führt. Der Abschied aus der Wissenschaft läuft in vielen Fällen etappenweise ab: Erst nach Phasen der Desillusionierung und der Frustration oder Trauer können neue berufliche Pläne geschmiedet werden.

Zum anderen erschwert den beruflichen Wechsel, dass in einigen Fächern keine Alternativen auf der Hand zu liegen scheinen. Vor allem in den Geistes- und Sozialwissenschaften fehlt vielen NachwuchswissenschaftlerInnen die Orientierung auf dem facettenreichen Arbeitsmarkt außerhalb der Wissenschaft. Forschungsstellen in anderen Branchen sind für die Geistes- und Sozialwissenschaften rar gesät. In diesen Fächern bestehen während der wissenschaftlichen Laufbahn wenige Berührungspunkte zu nicht-wissenschaftlichen Berufsbildern. Daher gibt es kaum Rollenvorbilder aus anderen Branchen und Vorstellungen, wie mögliche Berufsbilder aussehen, sind eher schemenhaft als konkret. Vielen NachwuchswissenschaftlerInnen in den Geistes- und Sozialwissenschaften ist unklar, welche Qualifikationen in Arbeitsbereichen außerhalb der Wissenschaft benötigt werden und wie anschlussfähig ihre in der Wissenschaft erworbenen Qualifikationen dort sind.

Entgegen dem gängigen Klischee des promovierten Taxifahrers haben NachwuchswissenschaftlerInnen sowohl nach der Promotion als auch bei einem späteren Ausstieg aus der Wissenschaft gute Berufschancen. Das zeigen Daten des Bundesberichts Wissenschaftlicher Nachwuchs: 94,1 Prozent der promovierten GeisteswissenschaftlerInnen im Alter zwischen 35 und 45 Jahren waren 2009 erwerbstätig, unter den SozialwissenschaftlerInnen mit Promotion waren es sogar 99,4 Prozent.[8] Für alle Fächer zusammengenommen waren nur 10 Prozent der Promovierten in der Wissenschaft tätig, die übrigen in anderen Branchen in Wirtschaft, Verwaltung, Bildung oder Kultur.[9] 44,8 Prozent hatten eine Leitungsfunktion inne.[10] Die berufliche Tätigkeit außerhalb der Wissenschaft muss kein fauler Kompromiss sein: In einer Umfrage des Statistischen Bundesamts gaben 93 Prozent der Promovierten, die noch in Forschung und Entwicklung tätig waren, an, mit ihrer beruflichen Tätigkeit zufrieden zu sein. Mit 91 Prozent fast genauso zufrieden waren diejenigen Promovierten, die die Wissenschaft verlassen hatten.[11]

Zwischen den guten Berufschancen auf der einen Seite und der gefühlten Perspektivlosigkeit von NachwuchswissenschaftlerInnen auf der anderen Seite besteht offensichtlich eine Diskrepanz. Die Verantwortung der Universitäten gegenüber NachwuchswissenschaftlerInnen, die nach einer akademischen Laufbahn eine Tätigkeit jenseits des wissenschaftlichen Kontexts ergreifen wollen oder müssen, wird erst seit kurzem thematisiert. So fordern Wissenschaftsrat und Hochschulrektorenkonferenz, dass NachwuchswissenschaftlerInnen auf Qualifizierungsangebote für Karrierewege außerhalb der

Hochschule aufmerksam gemacht werden beziehungsweise Universitäten entsprechende Zusatzqualifikationsmöglichkeiten anbieten sollen.[12] An vielen Universitäten sind inzwischen Angebote zur Unterstützung nichtwissenschaftlicher Karrierewege für Promovierende und Promovierte entstanden. Anbieter sind dabei je nach Institution die Career Services, die Personalentwicklungsabteilungen oder die zentralen Nachwuchsfördereinrichtungen. Auch zahlreiche Promotionsprogramme, Gleichstellungsbüros, Alumni-Netzwerke und Zentren für Schlüsselqualifikationen machen Angebote, die Brücken zu Berufsfeldern in Wirtschaft, Verwaltung, Bildung oder Kultur zu schlagen. Darüber hinaus helfen universitätseigene Gründerzentren bei Plänen zur beruflichen Selbständigkeit. Es bleibt jedoch noch viel zu tun, vor allem bei der individuellen Begleitung dieser Karrierewege.

Meine Erfahrungen als Wissenschaftscoach für Postdocs möchte ich mit diesem Buch einem größeren Kreis von NachwuchswissenschaftlerInnen weitergeben. Angesprochen sind sowohl DoktorandInnen, die nach ihrer Promotion die Wissenschaft verlassen wollen, als auch Postdocs, die einige Jahre nach der Promotion oder möglicherweise erst nach der Habilitation alternative Berufsoptionen suchen. Die Kapitel 2 bis 5 bieten eine praktische Anleitung für die Suche nach einer beruflichen Tätigkeit in Wirtschaft, Verwaltung, Bildung oder Kultur, die Porträts in Kapitel 6 stellen Praxisbeispiele für einen gelungenen Wechsel vor.

Die im Buch beschriebenen Coaching-Methoden und Vorgehensweisen sind grundsätzlich für NachwuchswissenschaftlerInnen aller Fächer geeignet. Wegen der oben genannten fachspezifischen Herausforderungen richtet sich das Buch in besonderem Maße an Geistes- und SozialwissenschaftlerInnen und beleuchtet berufliche Optionen, die für sie geeignet sind. Der Karrierebegriff, den ich zugrunde lege, umfasst sowohl die klassische Bedeutung des vertikalen Aufstiegs als auch die horizontale berufliche Entwicklung von einem Aufgaben- oder Themengebiet zu einem anderen.

Praktische Anleitung

In Kapitel 2 werden Strategien und Motivationen für den beruflichen Wechsel vorgestellt. Dabei werden unterschiedliche Typen von NachwuchswissenschaftlerInnen charakterisiert, die über einen Ausstieg aus der Wissenschaft nachdenken oder konkrete Schritte in diese Richtung unternehmen wollen beziehungsweise müssen. Für jeden Typus werden erste Handlungsempfehlungen gegeben, die in den folgenden Kapiteln näher ausgeführt werden.

Kapitel 3 beschäftigt sich mit der Frage nach passenden beruflichen Tätigkeiten. Hierzu wird reflektiert, welche in der Wissenschaft erworbenen Qualifikationen für den außeruniversitären Arbeitsmarkt relevant sind. Außerdem werden Methoden vorgestellt, mithilfe derer Sie weitere Fähigkeiten, Kenntnisse und Interessen sowie Werte und Präferenzen zu Arbeitsbedingungen identifizieren können.

Kapitel 4 gibt Impulse, welche Institutionen und Berufsfelder speziell für Geistes- und SozialwissenschaftlerInnen infrage kommen. Zunächst wird ein Überblick über den Arbeitsmarkt jenseits der Universitätsprofessur gegeben. Konkretere Einsichten in interessante Berufsfelder bieten die im Anschluss vorgestellten Recherchestrategien.

Kapitel 5 widmet sich der Frage, wie Sie an eine für Sie passende Stelle kommen. Hier werden verschiedene Bewerbungsstrategien vorgestellt und konkrete Hinweise gegeben, wie Sie sich als Nachwuchswissenschaftlerin oder Nachwuchswissenschaftler bestmöglich in einer Bewerbung für den außeruniversitären Arbeitsmarkt präsentieren. Ein Exkurs vermittelt Strategien für den Aufbau einer selbständigen Tätigkeit.

Praxisbeispiele

In Kapitel 6 geben Ihnen 13 Porträts aus unterschiedlichen Branchen einen Einblick, wie der Karriereweg nach der Wissenschaft aussehen kann. Die Porträts erzählen den individuellen Berufsweg von promovierten Geistes- und SozialwissenschaftlerInnen, die heute in unterschiedlichen Branchen beruflich erfolgreich sind. Sie beschreiben den Arbeitsalltag und die beruflichen Anforderungen verschiedener Tätigkeitsfelder. Bewerbungsstrategien und Qualifikationen für die jeweilige Branche werden ebenso skizziert wie Gehalts- und Aufstiegsmöglichkeiten. Dabei wird auch erörtert, wie die akademische Tätigkeit auf die neue berufliche Aufgabe vorbereitet hat, welche Kenntnisse und Tätigkeiten aus der Wissenschaft auch bei der außerwissenschaftlichen Karriere Anwendung finden. Im Anschluss an jedes Porträt sind weiterführende Informationen für den beruflichen Wechsel zusammengestellt, wie zum Beispiel Hinweise auf passende Jobbörsen, Weiterbildungsangebote, Adressen von Berufsverbänden sowie weiterführende Literatur.

Reflexionsübungen und Checklisten

Mit Reflexionsübungen und Checklisten kann in Kapitel 3 und 4 sowie am Ende der Porträts individuell an beruflichen Präferenzen und Strategien für eine Anstellung oder eine selbständige Tätigkeit gearbeitet werden. Viele der Übungen können Sie direkt in diesem Buch durchführen. Es empfiehlt sich jedoch, zusätzlich ein Notizbuch, eine Datei oder einen Sammelordner für Ihre Überlegungen anzulegen. Darin können Sie Ihre Erkenntnisse zu berufsrelevanten Kompetenzen und idealen Arbeitsumständen sowie Ideen und Informationen zu Berufsfeldern und Arbeitgebern zusammentragen.

Tipps für die Unterstützung an Wissenschaftseinrichtungen

In vielen Kapiteln finden Sie Infoboxen mit Tipps, wie Wissenschaftseinrichtungen Sie bei der Suche nach Berufswegen in Wirtschaft, Verwaltung, Bildung oder Kultur unterstützen können. Career Services, Graduiertenschulen und Personalentwicklungsabteilungen bieten vielerorts Orientierungs- und Qualifikationsmöglichkeiten für den Arbeitsmarkt in Wirtschaft, Verwaltung, Bildung oder Kultur an. Das Angebot reicht von Workshops zum Kompetenzerwerb, der Unterstützung von Entscheidungsfindung und Strategieentwicklung über die Vermittlung von Rollenvorbildern, Einblicken in Berufsfelder und Kontakten zu Arbeitgebern bis hin zur Unterstützung von Bewerbungen und Gründungsvorhaben.

Jeder Weg von der Wissenschaft in andere Berufsfelder ist einzigartig und kostet Mut, Zeit und Energie. Ein Patentrezept gibt es nicht. Ziel dieses Buches ist es, Ihnen Impulse für Reflexionen und Recherchen zu geben, die als erster Schritt für einen beruflichen Wechsel unabdingbar sind. Mit der hier vorgestellten Anleitung, den Reflexionsübungen und den Praxisbeispielen werden Sie von ersten Überlegungen über einen Ausstieg aus der Wissenschaft über die praktische Umsetzung eines alternativen Karriereplans bis hin zur erfolgversprechenden Bewerbung begleitet. Berufung zu finden und ein erfolgreiches Berufsleben zu führen, ist auch außerhalb der Wissenschaft möglich. Auf Ihrem Weg zu einer alternativen beruflichen Aufgabe in Wirtschaft, Verwaltung, Bildung oder Kultur, die zu Ihren Fähigkeiten und Interessen passt, wünsche ich Ihnen viel Erfolg!

2. Strategien und Motivationen für den Berufswechsel

Als Nachwuchswissenschaftlerin oder Nachwuchswissenschaftler sind Sie vermutlich bestens mit dem wissenschaftlichen Arbeitsmarkt vertraut. Seine grundsätzlichen Spielregeln sind einfach: Das Karriereziel ist traditionell (und mangels anderer Dauerstellen) die Professur, die Qualifizierungsschritte sind bekannt (Promotion, Habilitation oder Äquivalent). Auf praktisch allen wissenschaftlichen Positionen müssen Aufgaben in Forschung, Lehre und Management übernommen werden, das Tätigkeitsspektrum umfasst jeweils Publizieren, Vortragen, Drittmittel Einwerben etc. Wissenschaftliche Stellen werden an bekanntem Ort ausgeschrieben, das Bewerbungsverfahren umfasst die Darstellung der wissenschaftlichen Parameter und ein (vor der Professur) oft berechenbares Vorstellungsgespräch zu ebendiesen Parametern.[13]

Der Arbeitsmarkt außerhalb der Wissenschaft ist wegen der Vielzahl an Branchen und Karrierezielen komplexer. Jedes Berufsbild verlangt spezifische Qualifikationen. Gesucht werden Menschen, die sich mit den branchenrelevanten Inhalten auskennen, zum Aufgabenbereich passende Kompetenzen mitbringen und sich mit den spezifischen Werten des Arbeitgebers identifizieren. Bei einer erfolgreichen Bewerbung sollte nicht der eigene Werdegang im Fokus stehen, sondern die individuelle Passfähigkeit zu den Anforderungen des Arbeitgebers.

Als Promovierte oder Promovierter haben Sie in der Wissenschaft beruflich viel geleistet und erreicht. Nicht alle Aspekte dieser Arbeitserfahrung werden Sie jedoch in eine Bewerbung in Wirtschaft, Verwaltung, Bildung oder Kultur sinnvoll einbringen können. Um in diesen Segmenten des Arbeitsmarkts zu punkten, sollten Sie sich Ihrer Fähigkeiten, Erfahrungen und Interessen bewusst sein und diese adäquat darstellen können. Darüber hinaus benötigen Sie eine fundierte Vorstellung davon, welche dieser Qualifikationen Ihr potenzieller Arbeitgeber für die ausgeschriebene Position von Ihnen erwartet.

Wenn Sie bereits während Ihrer Zeit in der Wissenschaft einen Einblick in das angestrebte Berufsfeld bekommen konnten (etwa durch Kooperationen), haben Sie vielleicht schon eine realistische Vorstellung von der zukünftigen Stelle und konnten entsprechende Qualifikationen sammeln. Wenn Sie jedoch noch unklare Vorstellungen zu alternativen Berufszielen haben, ist der berufliche Wechsel in andere Segmente des Arbeitsmarkts in der Regel kein Selbstläufer.

Aller Wahrscheinlichkeit nach wird Ihre Arbeitssuche in Wirtschaft, Verwaltung, Bildung oder Kultur nicht von Erfolg gekrönt sein, wenn Sie Stellenbörsen nach halbwegs brauchbaren Ausschreibungen durchforsten, Ihren wissenschaftlichen Lebenslauf auf den neuesten Stand bringen und mit einem Anschreiben losschicken, das Ihren akademischen Werdegang beschreibt. Ebenso wenig ist es empfehlenswert, sich unter Wert zu verkaufen, die eigenen Interessen zu vernachlässigen und den nächstbesten Job anzunehmen. Diese Strategien können die Ursache dafür sein, dass der berufliche Wechsel nicht gelingt oder Sie unzufrieden macht.

Verschiedene Gründe können zu der Entscheidung führen, aus der Wissenschaft auszusteigen und einen Karriereweg in Wirtschaft, Verwaltung, Bildung oder Kultur zu verfolgen. Bei aller Besonderheit des Einzelfalls lassen sich meiner Erfahrung nach fünf Typen von »AussteigerInnen« beobachten. Für sie gibt es unterschiedliche Motivationen und Rahmenbedingungen und damit auch verschiedene Strategien, die sinnvollerweise bei der Orientierung auf dem Arbeitsmarkt außerhalb der Wissenschaft angewendet werden sollten. Selbstverständlich ist nicht ausgeschlossen, dass Sie sich in mehreren dieser Typen wiederfinden.

»Zweite Reihe«

Sie arbeiten mit Freude in der Wissenschaft und verbringen viel Zeit in Forschung und Lehre. Vielleicht haben Ihre Vorgesetzten und BetreuerInnen Ihnen schon einmal positive Signale zu Ihrer wissenschaftlichen Leistung gegeben oder Ihnen Finanzierungsmöglichkeiten und Anschlussstellen angeboten. In der Arbeitsgruppe übernehmen Sie gern undankbare oder aufwändige Aufgaben, wie die Organisation von wissenschaftlichen Tagungen oder sozialen Unternehmungen, und Sie engagieren sich verantwortungsvoll in Lehre und Betreuung. In Ihrer Forschung arbeiten Sie gern gründlich einzelne Posten ab und haben dabei auch gute Ideen. Aber der große Wurf, so scheint es, ist Ihnen dabei noch nicht gelungen.

Um einen Artikel zu schreiben, brauchen Sie viel Zeit, und dann klappt es mit der Veröffentlichung eher in guten als in sehr guten Zeitschriften. Drittmittel in größerem Maßstab einzuwerben, erscheint für Ihre Forschung weniger relevant, Sie beantragen lieber kleinere Beträge aus universitätsinternen Nachwuchsfonds oder Reisemittel für internationale Konferenzen.

Als die Finanzierung an Ihrer Heimatuniversität ausläuft, bewerben Sie sich bundesweit und bekommen auch kürzere Verträge in Drittmittelprojekten angeboten, die allerdings nicht hundertprozentig zu Ihrem eigenen Forschungsschwerpunkt passen. Wie sollen Sie da Ihr eigenes Forschungsprofil wirkungsvoll nach außen bekannt machen? Mit der Zeit beobachten Sie, wie KollegInnen an Ihnen vorbeiziehen und ihre Texte in angesehenen Zeitschriften unterbringen, Preise gewinnen und Stellen bekommen. Sie fragen sich immer öfter, ob Sie eigentlich noch eine Chance auf eine Dauerstelle in der Wissenschaft haben.

Was ist zu tun? Machen Sie zunächst eine Bestandsaufnahme Ihres akademischen Portfolios. Gehen Sie alle Teilbereiche durch und bilanzieren Sie, was Sie bisher in Forschung, Lehre und Management erreicht haben.[14] Bitten Sie Vorgesetzte, Doktoreltern, Mentorinnen und Mentoren um Rückmeldung zu Ihrem bisherigen Karriereverlauf, zum Potenzial Ihrer Forschungsvorhaben und zu sinnvollen nächsten Karriereschritten. Es kann hilfreich sein, mit mehreren Personen Gespräche zu führen, um ein differenziertes Bild von Ihren Karriereaussichten zu bekommen.

Für die nächsten Karriereschritte sollten Sie auf Grundlage von Bilanz und Feedback eine Entscheidung treffen, ob Sie weiter versuchen wollen, eine Dauerstelle in der Wissenschaft zu bekommen. So eine weitreichende Entscheidung trifft man nicht von einem Tag auf den anderen, es bedarf in der Regel längerer Reflexionsprozesse. Manchmal ist es hilfreich, einen Zeitrahmen für die Entscheidung festzulegen. Dies kann zum Beispiel ein Jahr sein, für das Sie sich Ziele vornehmen und in dem Sie Erfahrungen sammeln. Nach Ablauf des Jahres können Sie Bilanz ziehen und die Entscheidung fundierter treffen. Wenn Sie sich für eine wissenschaftliche Karriere entscheiden, sollten Sie dieses Unterfangen aktiv und strategisch in die Hand nehmen und sich konkrete Ziele für die kommenden Jahre setzen.

Wenn Sie sich gegen eine weitere wissenschaftliche Karriere entscheiden, wird die erste Zeit vermutlich von Frustration und dem Gefühl des Scheiterns geprägt sein. Vielleicht ist der Entscheidung auch eine Phase vorgelagert, in der sich Hoffnung und Rückschritte abwechseln. Geben Sie dem Abschied aus der Wissenschaft etwas Raum. Sprechen Sie mit engen FreundInnen aus dem akademischen Kontext und aus anderen Berufsfeldern über die Gefühle, die mit dem Ende dieser beruflichen Phase verbunden sind. Vielleicht ist auch eine Bilanz hilfreich, welche Aspekte der Wissenschaftskarriere Ihnen Freude gemacht haben und welche Aspekte Sie anstrengend oder unangenehm fanden.

Neben der Trauer sind auch Gefühle wie Perspektivlosigkeit und Zukunftsangst für diese Phase typisch: »Ich kann ja nichts anderes außer Forschung! Wer braucht mich auf dem Arbeitsmarkt schon?«, sind häufige Gedanken. Wichtig ist, dieser Angst früh mit konkreten Rechercheschritten über mögliche berufliche Perspektiven zu begegnen. Es wird auf dem Arbeitsmarkt interessante Berufsperspektiven für Sie geben, es kommt nur darauf an, möglichst schnell die passenden zu identifizieren. Dazu ist es essenziell, sich mit den eigenen Kompetenzen, Interessen und Werten auseinanderzusetzen (☞ Kapitel 3 »Was könnte ich arbeiten?«) und den Einblick in unterschiedliche Berufsfelder zu vertiefen (☞ Kapitel 4 »Wo könnte ich arbeiten?«). Vermutlich sind auch die Porträts der ehemaligen NachwuchswissenschaftlerInnen für Sie interessant, die mit Erfolg eine Karriere nach der Wissenschaft gestartet haben: Das können Sie auch schaffen.

»So hatte ich mir das nicht vorgestellt«

Sie haben mit Begeisterung Wissenschaft gemacht, sich intensiv in der Forschung engagiert und auch einige Erfolge erzielt. Mit der Zeit hat sich jedoch eine gewisse Frustration bei Ihnen eingestellt. Vielleicht weil Ihre Leistung nicht so anerkannt wurde, wie Sie es eigentlich verdient hätten. Oder weil Sie durchschauen, dass das Wissenschaftssystem nicht so transparent und strikt qualitätsorientiert funktioniert, wie es sich den Anschein gibt. Die Arbeits- und Karrierebedingungen in der Wissenschaft lehnen Sie im Grunde ab und hätten gern für sich eine klare Karriereperspektive, die Ihren Leistungen gerecht wird und bei der Sie nicht ständig den Ort wechseln müssen.

Vielleicht haben Sie neben der Wissenschaft auch andere Prioritäten im Leben, wie eine Familie oder einen Kinderwunsch, ein ehrenamtliches Engagement oder ein wichtiges Hobby. Oder Sie stellen in der Elternzeit mit etwas Abstand zum Wissenschaftssystem fest, dass das Hamsterrad aus Publikationen, Lehrverpflichtungen, Konferenzen und Drittmitteleinwerbung nicht zu Ihren neuen familiären Verpflichtungen passt und vielleicht auch nicht zu dem, was Sie sich vom Leben erträumen. Wenn sich eine attraktive andere berufliche Möglichkeit bieten würde, würden Sie der Wissenschaft sofort den Rücken kehren.

Was ist zu tun? Sie hören sich an, als hätten Sie sich schon dafür entschieden, die Wissenschaft zu verlassen. Womöglich haben Sie Ihrem Chef oder Ihrer Chefin bereits angekündigt, dass Sie Ihren Vertrag nicht verlängern wollen. Prüfen Sie also, welche Optionen der außerwissenschaftliche Arbeitsmarkt für Sie bereithält. Dafür ist besonders Kapitel 4 »Wo könnte ich arbeiten?« interessant. Welche konkrete berufliche Aufgabe Sie dort gern tun würden, sagen Sie sich, werden Sie in der Orientierungsphase schon merken. Wenn nicht, nehmen Sie sich etwas Zeit für die Methoden in Kapitel 3 »Was könnte ich arbeiten?«.

Wenn der Ausstieg aus der Wissenschaft wie bei Ihnen ganz oder teilweise aufgrund der unsicheren Karrierewege, der prekären Beschäftigungssituation oder der schwierigen Work-Life-Balance unternommen wird, ist naheliegend, dass Sie sich für die neue Tätigkeit bessere Rahmenbedingungen wünschen. Der realistische Blick auf den derzeitigen Arbeitsmarkt zeigt, dass einige interessante (Einstiegs-)Stellen für AkademikerInnen auch außerhalb der Wissenschaft befristet sind und ebenso nach den Tarifverträgen des öffentlichen Dienstes bezahlt werden.[15] Lange Arbeitszeiten und Überstunden sind heute in fast allen Branchen verbreitet und werden gerade in verantwortlichen Positionen erwartet. Oft widerspricht der Wunsch nach großer Unabhängigkeit im beruflichen Tun dem Wunsch nach weitgehender beruflicher Sicherheit. Informieren Sie sich daher gut, was Sie in unterschiedlichen Branchen und Positionen erwartet. Prüfen Sie, was Ihre persönlichen Grenzen sind und was Sie bereit sind, für einen Wechsel in ein spannendes neues Berufsfeld zu investieren.

»Verkanntes Talent«

Sie haben ein spannendes Forschungsthema gefunden, das eine Forschungslücke schließt. Es ist der Schlüssel zum Verständnis eines größeren Bereichs oder ein neuer Blick auf ein bekanntes Thema, das in Vergessenheit geraten ist. Außer Ihnen forschen nur wenige andere WissenschaftlerInnen auf diesem Gebiet, jedenfalls in den letzten Jahren. Vielleicht wird das Thema in Deutschland vernachlässigt, obwohl es in anderen Ländern einzelne SpezialistInnen dafür gibt. Erst wenige haben die Brisanz und das Potenzial Ihres Themas erkannt. Das führt dazu, dass Ihre Forschungsleistung nicht so gewürdigt wird, wie sie es Ihrer Ansicht nach verdienen würde.

Sie mussten mehrfach die Erfahrung machen, dass Sie bei der Einreichung von Publikationen oder Drittmittelanträgen an GutachterInnen geraten sind, die Ihnen Ihren Erfolg missgönnen und stattdessen Themen des wissenschaftlichen Mainstreams bevorzugen oder eigene SchülerInnen protegieren. Auch auf Konferenzen erleben Sie immer wieder, dass FachkollegInnen Ihnen mit Detailfragen das Leben schwer machen wollen oder Ihre Ergebnisse uninformiert und pauschal ablehnen. Dies hat dazu geführt, dass Sie Ihre Forschung nicht in dem Maßstab durchführen konnten, der den Durchbruch gebracht hätte. Aber das könnte noch klappen, wenn die Wiedereinreichung des abgelehnten Drittmittelantrags diesmal Erfolg hätte. Oder wenn Ihr Vertrag verlängert wird, was aber seit der Emeritierung Ihres Doktorvaters oder Ihrer Doktormutter am seidenen Faden hängt, da der neue Stelleninhaber oder die neue Stelleninhaberin und der Fachbereich sich gegen Sie verbündet haben. Wenn Sie deshalb aus der Wissenschaft ausscheiden müssten, wäre das ungerecht.

Was ist zu tun? Es hört sich so an, als würden Sie sich unverstanden fühlen. Es könnte hilfreich für Sie sein, zu beginnen, sich mit dem Urteil von Kolleginnen und Kollegen auseinanderzusetzen und Kritik ernst, aber nicht persönlich zu nehmen. Ein Feedbackgespräch mit einer Person, der Sie vertrauen, kann ein Beginn sein. Auf diese Weise können Sie ausloten, welche Möglichkeiten realistischerweise für Sie in der Wissenschaft bestehen.

Wenn Sie die Wissenschaft verlassen, werden Sie vermutlich Wut und Verachtung für das verspüren, was Sie erlebt haben. Auch das ist eine Form von Abschiedsschmerz. Es lohnt sich, ihm kurz nachzugehen, um die negativen Gefühle nicht in die Arbeitssuche mitzunehmen. Bilanzieren Sie, was Ihnen im akademischen Kontext gefallen hat und welche Aspekte Ihnen negativ in Erinnerung geblieben sind. Vielleicht können Sie die negativen Punkte dazu nutzen, um Wünsche für Ihre neue Stelle zu formulieren. In jedem Fall steckt in Ihrem Ärger auch viel Energie, die Sie in die Stellensuche einbringen können. Informieren Sie sich dazu in den Kapiteln 3 und 4 über Tätigkeiten und Berufsfelder und in Kapitel 5 über Hinweise, die Ihre Bewerbung aussichtsreicher machen.

Eine wichtige Regel könnte für Sie sein: Widerstehen Sie der Versuchung, beim Abschied von Ihrem wissenschaftlichen Arbeitgeber Ihren Ärger herauszulassen. Weder eine persönliche Abrechnung noch eine Klarstellung hinter dem Rücken Ihrer Widersacher helfen Ihnen weiter, sondern viel eher ein professioneller Rückzug, bei dem Sie nicht heucheln müssen, aber vielleicht doch einige passende Worte finden für das, was in der Wissenschaft positiv für Sie war. Schließlich ist nicht ausgeschlossen, dass es in Zukunft in irgendeiner Weise Kontakte zwischen Ihrer alten und Ihrer neuen Arbeit gibt. Auch in den Bewerbungsprozess sollten Sie Ihre negativen Gefühle für den alten Arbeitgeber nicht hineinbringen. (☞ Kapitel 5.2 »Tipps für Bewerbungsunterlagen und Vorstellungsgespräch«)

Möglicherweise ist es für Sie besonders relevant zu überlegen, mit welchen Menschen Sie gern zusammenarbeiten würden. Das ist wichtig, damit Sie stabile Netzwerke aufbauen können. Falls Sie eher introvertiert sind und gern alleine arbeiten, gibt es gute Literatur, die Ihnen helfen kann, Ihr Arbeitsleben passend und erfolgreich zu gestalten.[16] Falls Sie merken, dass sich Ihre Unzufriedenheit nicht nur auf den bisherigen Arbeitgeber bezieht oder Sie nicht über die Ungerechtigkeiten, die Sie dort erfahren haben, hinwegkommen können, sollten Sie sich nicht scheuen, das Erlebte mit psychologischer Unterstützung zu verarbeiten, um neue Perspektiven entwickeln zu können.

»Geplanter Ausstieg«

An den meisten Tagen mögen Sie Ihr Promotions- oder Forschungsthema. Aber die nächsten Jahrzehnte nur mit Forschung zu verbringen, ist nicht Ihre Sache. Vielleicht haben Sie sich schon vor der Promotion überlegt, dass Sie mit dem Doktortitel in der Tasche die Wissenschaft verlassen und sich in anderen Bereichen des Arbeitsmarkts beruflich etablieren wollen.

Oder Sie sind aus Interesse am Thema in die Promotion gestartet, haben aber im Arbeitsprozess gemerkt, dass Sie in Forschung und Lehre nicht so aufgehen, wie anderen DoktorandInnen an Ihrem Lehrstuhl oder in Ihrem Promotionsprogramm. Vielleicht sind Sie frustriert von der täglichen einsamen Arbeit am Schreibtisch, die nicht so recht Ergebnisse zeitigen will, und sehnen den Tag herbei, an dem Sie Ihre Dissertation endlich eingereicht haben und sich anderen Dingen zuwenden können. Auf jeden Fall wollen sie nach der Promotion eine berufliche Tätigkeit außerhalb der Wissenschaft ansteuern.

Was ist zu tun? Die Promotion ist für Sie nur eine Übergangsphase zu einer anderen beruflichen Aufgabe. Vielleicht haben Sie sogar schon ein konkretes Berufsbild vor Augen. Dann können Sie die Promotionsphase nutzen, um Kontakte in die entsprechende Branche zu knüpfen. Strategien hierfür finden Sie in Kapitel 4 »Wo könnte ich arbeiten?«. Vielleicht ist Ihr Promotionsthema auch so angelegt, dass Sie wissenschaftlich bereits mit Arbeitsbereichen außerhalb der Universität kooperieren oder über relevante Themen für Berufsfelder in Wirtschaft, Verwaltung, Bildung oder Kultur forschen. Dann können Sie die Kontakte, die in Ihrer Forschung entstehen, bei passender Gelegenheit dazu nutzen, um sich über das Berufsfeld, Anforderungen und Stellenoptionen zu informieren. Möglicherweise können Sie mit einer Hospitation erste Arbeitserfahrung in der neuen Branche sammeln oder neben der Promotion in einem relevanten Berufsfeld jobben.

Eine der entscheidenden Fragen wird für Sie sein, wie Sie die Arbeit an Ihrer Doktorarbeit und das Entwickeln von Berufsstrategien unter einen Hut bringen. Vielleicht können Sie sich im letzten Drittel der Promotion ein konkretes Zeitbudget (zum Beispiel immer freitags) für die Recherche reservieren. Das ist eine zeitliche Investition, die den Abschluss Ihrer Doktorarbeit verzögern, aber auch beschleunigen kann. Viele Promovierende beschäftigen Gedanken um ihre berufliche Zukunft, die dazu führen, dass das Abschließen der Qualifikationsarbeit aufgeschoben wird. Wenn Sie zu dieser Gruppe gehören, können die gezielte Auseinandersetzung mit der Berufssuche und das Schaffen konkreter Perspektiven Ihren Promotionsprozess schneller zum Ende bringen.

Wichtig ist für Sie zu überlegen, wann und wem gegenüber Sie Ihre Absicht, die Wissenschaft zu verlassen, kommunizieren. Ein offener Umgang kann dazu führen, dass Ihre Betreuungspersonen bewusst oder unbewusst den Eindruck bekommen, dass sich eine Investition in Sie und Ihr Forschungsprojekt nicht lohnt und Sie daher weniger Unterstützung bekommen. In anderen Konstellationen kann es sinnvoll sein, mit Betreuerinnen und Betreuern zu diskutieren, wie das Thema der Doktorarbeit so dimensioniert werden kann, dass das Projekt in einer überschaubaren Zeitspanne abgeschlossen werden kann und auf diese Weise die Chancen auf dem außerwissenschaftlichen Arbeitsmarkt erhöht werden können.

Wenn Sie noch keine konkreten beruflichen Vorstellungen für die Zeit nach der Doktorarbeit haben, ist es empfehlenswert, dass Sie die Strategien in Kapitel 3 verfolgen und sich näher mit Ihren Fähigkeiten und Interessen auseinandersetzen. Und Sie sollten die Unterstützungsangebote Ihrer Forschungsinstitution zu Berufsperspektiven in Wirtschaft, Verwaltung, Bildung oder Kultur nutzen, die in den Infoboxen beschrieben sind.

»Plan B«

Sie arbeiten gern in der Wissenschaft, erzielen gute Forschungsergebnisse und engagieren sich auch in anderen Bereichen von Forschung, Lehre und Management, die für Ihr akademisches Karriereportfolio relevant sind. Sie sind mit interessanten Personen vernetzt, allerdings eher mit anderen NachwuchswissenschaftlerInnen. Wie häufig Sie ProfessorInnen mit Ihren Fragen und Anliegen behelligen können, wissen Sie nicht recht. Sie könnten es vielleicht schaffen, eine Dauerstelle in der Wissenschaft zu bekommen, aber bis dahin wird es noch einige Jahre dauern, die Sie mit mehreren gestückelten Verträgen und möglicherweise einem selbst eingeworbenen Drittmittelprojekt überbrücken müssen. Und was, wenn es am Ende doch nicht klappen sollte? Mit leeren Händen dastehen und später nach Lösungen suchen, ist nicht Ihr Ding. Lieber wollen Sie jetzt schon wissen, was Sie dann beruflich machen könnten.

Was ist zu tun? Sie wollen verschiedene berufliche Optionen kennen, um sich gelassen auf Ihre wissenschaftliche Arbeit konzentrieren zu können. Möglicherweise haben Sie schon Ideen und engagieren sich ehrenamtlich oder nebenberuflich in einem Bereich, den Sie eventuell zu einer Berufstätigkeit ausbauen könnten. Wenn Ihre Ideen noch unkonkret sind, ist es für Sie sinnvoll, Ihre Fähigkeiten und Interessen mit Kapitel 3 »Was könnte ich arbeiten?« zu reflektieren. Und in Kapitel 4 »Wo könnte ich arbeiten?«

verschiedene Berufsfelder kennenzulernen. Sicher geben Ihnen auch die Porträts Inspiration für Ihre eigenen beruflichen Optionen.

Um sich ein zweites Standbein aufzubauen, ist es wichtig, dass Sie ein bestimmtes Zeitbudget für Recherche und Vorbereitungen reservieren. Vielleicht wird es nötig sein, Zeit in eine relevante Weiterbildung für die neue Berufsoption zu investieren. Das wird zulasten Ihrer wissenschaftlichen Tätigkeit gehen. Vielleicht benötigen Sie auch nur vorübergehend Zeit, um sich über Berufsmöglichkeiten zu informieren und wenden sich dann wieder voll Ihrer Forschung zu. Prüfen Sie, wie Sie eine gute Balance zwischen Plan A und Plan B herstellen können und nutzen Sie Synergien. Möglicherweise führt die Zweigleisigkeit auch dazu, dass Sie Ihre Forschungszeit effizienter nutzen, sich mehr aufs Wesentliche konzentrieren und Nebenprojekte absagen.

Wenn Sie Ihre Chancen in der Wissenschaft hoch halten wollen, sollten Sie Ihr wissenschaftliches Umfeld nicht oder nur begrenzt in Ihren Plan B einweihen und deutlich zeigen, wo für Sie die berufliche Priorität liegt. Auf diese Weise kann es gelingen, dass Sie in der Gewissheit, auch andere berufliche Optionen verfolgen zu können, Ihren wissenschaftlichen Weg bis zur Dauerstelle beschreiten. Oder dass sich eines Tages die Prioritäten verschieben und Sie zufrieden den vorgesehenen alternativen Karriereweg einschlagen.

Für den Prozess der beruflichen Neuorientierung sind alle fünf Typen von »AussteigerInnen« als WissenschaftlerInnen mit Rechercheerfahrung, analytischen Fähigkeiten und Kreativität bestens gewappnet. Wann der richtige Zeitpunkt für den Ausstieg aus der Wissenschaft ist, lässt sich nicht eindeutig beantworten. Wenn Sie können, entscheiden Sie sich direkt nach der Promotion oder in den ersten zwei Jahren der Postdoc-Phase für den beruflichen Wechsel. Dann wird die Tätigkeit in der Wissenschaft von Ihrem neuen Arbeitgeber voraussichtlich als Qualifizierungsphase angesehen. Die Motivation für den Ausstieg ist in Ihrer Bewerbung leicht mit der abgeschlossenen Qualifikation und dem Interesse an der neuen Tätigkeit zu begründen. Letztlich kommt es jedoch zu jedem Zeitpunkt darauf an, dass Sie die nötige Zeit für die aufgezeigten Analyse- und Rechercheschritte investieren und passende Berufsmöglichkeiten für sich finden. Sinnvoll kann es in manchen Fällen auch sein, diese Schritte parallel zur wissenschaftlichen Tätigkeit zu beginnen. (☞ Kapitel 7 »Schlusswort: Beruflich neue Wege gehen«)

Fast alle »AussteigerInnen« sind während der Phase, in der sie Zeit, Engagement und Selbstreflexion investieren, um einen Karriereweg außerhalb der Wissenschaft zu planen, noch in Forschung und Lehre beschäftigt. Wenn bekannt wird, dass Sie möglicherweise die Wissenschaft verlassen wollen, ist damit zu rechnen, dass die wissenschaftsbezogene Unterstützung, etwa Reisegelder und Hilfe bei Publikationen, die Sie von Vorgesetzten und MentorInnen bekommen, nachlässt. Überlegen Sie sich daher genau, wem gegenüber und wann Sie Überlegungen zu alternativen Karriereszenarien thematisieren. Wenn Sie in dieser Phase kompetente AnsprechpartnerInnen brauchen, können Sie sich an die einschlägigen Beratungsstellen Ihrer Forschungsinstitution, an einen externen Coach oder eine engagierte Beraterin der Agentur für Arbeit wenden. Oder gründen Sie ein Team aus Gleichgesinnten, in dem Sie sich gegenseitig beim Berufswechsel unterstützen.

An vielen Wissenschaftseinrichtungen stehen NachwuchswissenschaftlerInnen Unterstützungsangebote für eine Karriere nach der Wissenschaft zur Verfügung. Jedoch richten sich die Angebote oft an spezifische Zielgruppen. Während Career Services und Zentren für Schlüsselkompetenzen im Kern für Studierende zuständig sind und ihr Angebot auch (immatrikulierten) Promovierenden zur Verfügung stellen, richten sich viele Mentoring-Programme und die Unterstützungsmaßnahmen von Gleichstellungsbüros in der Regel an Frauen. Promovierende finden oft Angebote zu Karrierewegen nach der Wissenschaft in Promotionsprogrammen und Graduiertenakademien, während Postdocs und Habilitierende an einigen Institutionen von der Personalentwicklungsabteilung unterstützt werden, oft aber auch zwischen allen Stühlen sitzen. Die Zuständigkeiten und Angebote variieren von Institution zu Institution, es gilt also, dass Sie an Ihrer Wissenschaftseinrichtung passende Angebote finden.

Da solche Angebote in der Regel nur Mitgliedern der jeweiligen Wissenschaftseinrichtung offen stehen, sind Sie als Nachwuchswissenschaftlerin beziehungsweise Nachwuchswissenschaftler davon abhängig, wie gut Ihre Institution an diesem Punkt profiliert ist. Fragen Sie im Zweifelsfall bei den Serviceeinrichtungen, die an Ihrer Universität für Weiterbildung und Beratung zuständig sind, nach, ob Unterstützungsmaßnahmen für Karrierewege in Wirtschaft, Verwaltung, Bildung oder Kultur angeboten werden. Fällt das Angebot an Ihrer Institution gering aus, bleibt die Möglichkeit, an Weiterbildungsangeboten anderer Wissenschaftseinrichtungen teilzunehmen, die für Externe geöffnet sind. Nicht zuletzt gibt es außerhalb von Hochschulen und Forschungseinrichtungen ein breites Angebot an Weiterbildungs- und Beratungsangeboten zu beruflichen Kompetenzen und Karrieren. Hier müssen Sie für entstehende Kosten selbst aufkommen, möglicherweise ist das jedoch eine gute Investition in Ihre Karriere.

3. Was könnte ich arbeiten?

Haben Sie schon eine konkrete Vorstellung, was Sie gern außerhalb der Wissenschaft arbeiten würden? Wenn nicht, sollten Sie etwas Zeit investieren, um sich über Berufsfelder Gedanken zu machen, die für Sie passend sein könnten. Wenn es darum geht, eine Vision für eine künftige Tätigkeit zu entwickeln, wird im deutschsprachigen Raum oft davon ausgegangen, dass eine einschlägige Ausbildung notwendig sei. Für einige der gängigen Berufsbilder trifft das grundsätzlich auch zu. Jedoch ist der Arbeitsmarkt flexibler als allgemein angenommen: Es gibt Möglichkeiten zu Quereinstiegen und berufsspezifischer Weiterbildung, wie das Beispiel neuer Rekrutierungs- und Qualifizierungsstrategien angesichts des aktuellen Lehrermangels zeigt. Gerade im Bereich der Geistes- und Sozialwissenschaften existieren viele berufliche Tätigkeiten, für die es keine spezifische Berufsausbildung gibt. Hier bedarf es bestimmter Fähigkeiten, die Sie mitbringen müssen, Methoden, die gegebenenfalls in Weiterbildungen erlernt werden können, sowie branchenspezifischer Erfahrung, die idealerweise bereits vor der Bewerbung erworben wurde, aber teilweise auch während der beruflichen Tätigkeit erlangt werden kann.

Eine Vision für die nächste berufliche Tätigkeit kann auch dadurch erschwert werden, dass nur ein eingeschränktes Spektrum an Berufsbildern für Geistes- und SozialwissenschaftlerInnen bekannt ist. »Was mit Medien machen«, »im Museum arbeiten«, »in eine Stiftung gehen« sind häufige Antworten, die ich bekomme, wenn ich NachwuchswissenschaftlerInnen der Geistes- und Sozialwissenschaften nach möglichen alternativen beruflichen Perspektiven frage. Dabei bieten die genannten Berufsfelder eine Vielzahl an unterschiedlichen Tätigkeiten. Beispielsweise gibt es in Stiftungen Menschen, die an Konzepten arbeiten, andere, die Budgets planen und überwachen, und jene, die die Öffentlichkeit über die Tätigkeit der Stiftung informieren.

Für diese Berufsoptionen werden jeweils unterschiedliche Fähigkeiten und Kenntnisse benötigt. Umgekehrt finden nicht alle Menschen, die über die gleichen Kompetenzen verfügen, jedes der Tätigkeitsfelder interessant. So verfolgen Stiftungen, um bei diesem Beispiel zu bleiben, ganz unterschiedliche Zwecke, die Sie als potenzielle Mitarbeiterin oder potenzieller Mitarbeiter sinnvoll und wertstiftend finden können oder nicht. Die Stiftungen unterscheiden sich darüber hinaus als Arbeitgeber in der Anzahl der Mitarbeitenden, dem Professionalisierungsgrad, der regionalen Lage und vielen weiteren Aspekten, die als Arbeitsumgebung passend oder hinderlich sein können. Nicht jede berufliche Tätigkeit eignet sich für jeden und nicht jedes Berufsumfeld passt individuell.

Für eine erfolgreiche Arbeitssuche empfiehlt es sich daher, ein klares Bild von den Kompetenzen zu haben, die man bei einem neuen Arbeitgeber einbringen kann. Nicht weniger wichtig ist es zu wissen, unter welchen Arbeitsbedingungen man produktiv arbeiten kann. Bei der Stellensuche wird Ihnen dieses Wissen helfen, auf dem Arbeitsmarkt diejenigen Tätigkeitsfelder und Arbeitgeber zu identifizieren, bei denen Sie Ihre Begabungen und Interessen einbringen und berufliche Zufriedenheit entwickeln können. Im Bewerbungsprozess ist einer der Schlüssel zum Erfolg, dass Sie Ihre beruflichen Fähigkeiten potenziellen Arbeitgebern überzeugend kommunizieren können.

Für eine Karriere nach der Wissenschaft bringen Sie erfahrungsgemäß sowohl Erfahrungen und Kompetenzen ein, die Sie während Ihrer wissenschaftlichen Tätigkeit gesammelt haben, als auch solche, die Sie sich darüber hinaus angeeignet haben. In Kapitel 3.1 haben Sie die Möglichkeit, die Qualifikationen zu reflektieren, die Sie in der Wissenschaft erworben haben. In Kapitel 3.2 werden Ihnen Methoden vorgeschlagen, mit denen Sie weitere Fähigkeiten, Kenntnisse und Interessen, die Sie sich innerhalb und außerhalb der Wissenschaft angeeignet haben, reflektieren können. Ebenso können Sie dabei Ihr Wissen um Ihre Werte und um die Arbeitsbedingungen, unter denen Sie produktiv sind, schärfen.

3.1 Qualifikationen aus der Wissenschaft

Viele NachwuchswissenschaftlerInnen, die berufliche Aufgaben in Wirtschaft, Verwaltung, Bildung oder Kultur ergreifen wollen, haben das Gefühl, außer »Wissenschaft« nichts zu können. Bei genauerem Hinsehen umfasst eine berufliche Tätigkeit als WissenschaftlerIn jedoch ein breites Aufgabenspektrum, das in ähnlicher Form oder im übertragenen Sinne auch für andere Berufsfelder relevant sein kann. In den Porträts in Kapitel 6 berichten viele der promovierten Geistes- und Sozialwissenschaftlerinnen, dass sie die Kompetenzen, die sie in der Wissenschaft erworben haben, auch in ihren neuen beruflichen Positionen anwenden. Vermutlich bringen Sie aus Ihrer akademischen Laufbahn unter anderem in folgenden Bereichen wertvolle Kompetenzen mit:

- **Analysieren:** Die Analyse von Sachverhalten, Texten und Daten ist der Kernbestandteil wissenschaftlichen Arbeitens. Dazu gehört, dass Sie das untersuchte Objekt in seine Bestandteile zerlegen, diese ordnen, untersuchen, auswerten und schließlich interpretieren. Was für die Wissenschaft selbstverständlich ist, ist in vielen anderen Arbeitskontexten eine Fähigkeit, die sehr geschätzt wird und für hochqualifizierte Tätigkeiten unabdingbar ist.

- **Fremdsprachen:** Englisch ist als Wissenschaftssprache heute in den meisten Fächern verbreitet. Dazu gehört in der Regel, dass Sie gut bis fließend auf Englisch schreiben, verhandeln und präsentieren können. Je nach Forschungsgebiet kommen weitere Fremdsprachen hinzu. Das ist eine Schlüsselkompetenz in fast allen Berufsfeldern für AkademikerInnen.

- **Führung:** In vielen wissenschaftlichen Konstellationen geht es darum, Aufgaben aufzuteilen oder Lernende anzuleiten, auch wenn damit nicht immer die offizielle Vorgesetztenfunktion verbunden ist. Bei der Arbeit mit studentischen Hilfskräften oder der Leitung Ihrer ersten Arbeitsgruppe, bei der offiziellen oder inoffiziellen Betreuung von Promovierenden oder der Leitung einer Tutorengruppe haben Sie Führungserfahrung gesammelt.

- **Fundraising:** Drittmittel bestimmen den Forschungsalltag in allen Fächern. Sei es, dass Sie ein Promotionsstipendium oder Gelder für Konferenzreisen eingeworben haben oder dass Sie an einem großen Kooperationsantrag mitgearbeitet haben: Sie bringen die Erfahrung mit, wie Sie einen Sachverhalt attraktiv für Mittelgeber darstellen, einen Budgetplan erstellen, Kooperationspartner akquirieren und den Antrag fristgerecht einreichen. Fundraising und andere Mitteleinwerbung sind heute in vielen Berufskontexten präsent.

- **Informationsmanagement:** Für Forschungsdaten oder Sekundärliteratur haben Sie sich ein System gegeben, mit dem Sie die Fülle an relevanten Informationen nutzbar machen konnten. Dafür haben Sie elektronische Medien eingesetzt, um Daten zu erfassen, zu verwalten, zu verteilen und bereitzustellen.

- **Interkulturelle Kompetenz:** Ein Forschungsaufenthalt im Ausland, der Besuch internationaler Konferenzen und die Arbeit im internationalen Team mit GastwissenschaftlerInnen oder mit Austauschstudierenden: Die Wissenschaft hat viele Gelegenheiten geboten, bei denen Sie mit Menschen aus unterschiedlichen Ländern und Kulturen zu tun hatten und gewinnbringend kooperiert haben.

- **Präsentieren:** Auf Konferenzen und in der Lehre haben Sie als WissenschaftlerIn einen großen Erfahrungsschatz im Präsentieren gesammelt. Sie wissen, wie Sie abstrakte Inhalte verständlich aufbereiten können, wie Sie Ihrer Darstellung eine klare Struktur geben und wie Sie auf Bedürfnisse von unterschiedlichen Zielgruppen reagieren. Dazu gehört auch, dass Sie entsprechende Präsentationssoftware professionell einsetzen können.

- **Projektmanagement:** Vielleicht stellen Sie sich unter einem Projekt einen finanzstarken Verbund mit vielen Beteiligten vor. Aber auch wenn Ihre Forschung aus Literaturanalyse am einsamen Schreibtisch besteht: Sicherlich haben Sie dabei die Schritte von Initiierung, Planung, Steuerung und Abschluss durchlaufen. Sie haben Ziele definiert, Zeitpläne erstellt und Risikomanagement betrieben. Diese Werkzeuge lassen sich auch auf andere Arbeitsbereiche übertragen.

- **Recherchieren:** Informationen zu finden ist eine Basiskompetenz des wissenschaftlichen Arbeitens, die in der Wissensgesellschaft die Grundlage vieler beruflicher Tätigkeiten bildet. Neben dem Auffinden geeigneter Informationen stellt dabei auch ihre Bewertung hinsichtlich Belastbarkeit und kontextspezifischer Bedeutung eine wichtige Kompetenz dar.

- **Texten:** Für Ihre wissenschaftliche Arbeit mussten Sie Fakten und Interpretationen auf strukturierte und verständliche Weise schriftlich kommunizieren. Wenn Sie Ihre Ergebnisse nicht nur in wissenschaftlichen Publikationen, sondern auch in Medien für eine breitere Öffentlichkeit präsentiert haben, kennen Sie sich mit unterschiedlichen Textsorten und Stilen besonders gut aus.

Ähnlich ließen sich weitere Aspekte der Arbeitserfahrung, die Sie in der Wissenschaft sammeln konnten, beschreiben, zum Beispiel Kompetenzen wie Verhandlungsführung oder Finanzmanagement beziehungsweise methodische Fachkenntnisse wie Webdesign oder konkrete EDV- und Statistikmethoden. Machen Sie sich bewusst, dass Sie nicht bei null anfangen, sondern über mehrjährige Arbeitserfahrung verfügen, aus der Sie wertvolle Qualifikationen mitbringen. Je nach Berufsfeld werden möglicherweise andere Begriffe für diese Tätigkeiten verwendet als in der Wissenschaft. Bei der Bewerbung gilt es, Ihre Kompetenzen in der Sprache des Arbeitgebers zu beschreiben. (☞ Kapitel 5.2 »Tipps für Bewerbungsunterlagen und Vorstellungsgespräch«)

REFLEXIONSÜBUNG

Folgende Kompetenzen habe ich in der Wissenschaft erworben, die auch in anderen Berufsfeldern relevant sind:

Folgende Methodenkenntnisse habe ich in der Wissenschaft erworben, die auch für andere Berufsfelder relevant sein können:

Auch wenn Sie in Ihrer wissenschaftlichen Tätigkeit ein breites Spektrum an Aufgaben in Forschung, Lehre und Management übernommen haben, haben Sie vermutlich nicht alle Aufgaben mit der gleichen Leidenschaft (und mit dem gleichen Erfolg) erledigt. Überlegen Sie für die weitere Erkundung Ihrer Fähigkeiten, welche der Aufgaben Ihnen am meisten am Herzen lagen und welcher Aspekt Ihnen dabei besonders entsprach. Wenn Ihnen beispielsweise Lehre Spaß gemacht hat: Lag das an der Kommunikation mit unterschiedlichen Zielgruppen, an der Planung und Strukturierung der Veranstaltung oder an der verständlichen Aufbereitung komplexer Inhalte? Hier liegen besondere Kompetenzen von Ihnen, die Ihnen möglicherweise gar nicht bewusst waren, da sie für Sie so selbstverständlich sind. Für eine Bewerbung außerhalb der Wissenschaft können diese Kompetenzen – gut kommuniziert – der Schlüssel zum Erfolg sein.

Reflexionsübung

Folgende Aufgaben habe ich in der Wissenschaft am liebsten übernommen:
Meine besonderen Kompetenzen liegen dabei in:

1. _____
2. _____
3. _____

Workshops für überfachliche Kompetenzen

Ein- bis zweitägige Workshops, die NachwuchswissenschaftlerInnen in überfachlichen Kompetenzen für eine Wissenschaftskarriere qualifizieren, gibt es inzwischen an allen Wissenschaftseinrichtungen. Viele dieser Kurse trainieren Kompetenzen, die auch außerhalb der Wissenschaft gefragt sind, wie beispielsweise Präsentationsmethoden, Fremdsprachen, Projektmanagement oder Medienkompetenz. In der Regel wechseln sich in diesen Veranstaltungen theoretischer Input zu Methoden und Techniken mit anwendungsorientierten Praxisübungen ab.

Zertifikatsprogramme

Für die Teilnahmen an Kursen für überfachliche beziehungsweise wirtschaftsspezifische Kompetenzen werden Ihnen in der Regel Teilnahmebescheinigungen ausgestellt. Belege über die Teilnahme an einer Weiterbildung in »harten« Kompetenzen wie Führung oder Wirtschaftskenntnissen können Sie passend zum Stellenprofil Ihren Bewerbungsunterlagen beifügen. Einige Wissenschaftseinrichtungen bieten darüber hinaus Zertifikatsprogramme an, in denen Kompetenzen gebündelt trainiert und für potenzielle Arbeitgeber nachgewiesen werden können.

3.2 Reflexion des individuellen Berufsprofils

Die berufliche Tätigkeit, die Sie in Wirtschaft, Verwaltung, Bildung oder Kultur aufnehmen wollen, kann, muss aber nicht mit den Fähigkeiten und Kenntnissen, die Sie in der Wissenschaft erworben haben, zu tun haben. Erweitern Sie Ihre Analyse daher und reflektieren Sie Erfahrungen aus Jobs und Praktika, Studium und Schulzeit, Hobbies oder Ehrenamt. Auch hier haben Sie wertvolle Erfahrungen gemacht, die Sie zu einer befriedigenden beruflichen Aufgabe in Wirtschaft, Verwaltung, Bildung oder Kultur führen können. Jede berufliche Stelle (auch bei einer selbständigen Tätigkeit) setzt sich aus Tätigkeiten (für die Sie entsprechende Kompetenzen benötigen), Fachkenntnissen, Themenbereichen (die Ihren Interessen entsprechen sollten), Werten und Arbeitsbedingungen zusammen. In den folgenden Reflexionsübungen können Sie diese fünf Aspekte zunächst separat betrachten, bevor Sie sie wieder zusammensetzen und Ideen für Berufsbilder entwickeln.

Erlauben Sie sich bei den Übungen nicht nur einen rationalen, sondern auch einen intuitiven Zugang. Lassen Sie sich für die Reflexion Ihres Berufsprofils zunächst nicht von dem leiten, was Sie für die Anforderungen des Arbeitsmarkts halten, sondern gehen Sie von dem aus, was Sie können und mögen. Diese Leidenschaften sind ein Indikator, der Sie zu den Berufsfeldern führen kann, die Sie am meisten begeistern und in denen Sie voraussichtlich langfristig erfolgreich arbeiten können, weil hier Ihre Identität und Ihre Arbeitswelt kongruent sind.

Reflexionsübung: Sieben auf einen Streich

Machen Sie eine Liste mit 20 Ereignissen aus Ihrem Leben, in denen Sie etwas gut und gerne getan haben. Das können Erinnerungen aus Ihrer Kindheit sein oder jüngere Begebenheiten, Erlebnisse aus Ihrer Berufstätigkeit oder Ihrem Privatleben. Geben Sie sich Zeit zum Nachdenken, um diese Liste zu erstellen. Wählen Sie dann die sieben Ereignisse aus, die Sie am meisten ansprechen. Schreiben Sie zu jedem dieser Ereignisse ein paar Sätze darüber, was Sie getan und wie Sie sich dabei gefühlt haben. Notieren Sie, welche Kompetenzen Sie jeweils eingesetzt haben. Wenn sich einige diese Fähigkeiten in den sieben Geschichten wiederholen, kann dies ein Hinweis darauf sein, dass es sich um besondere Qualitäten handelt, die Sie auch beruflich erfolgreich machen. Nutzen Sie die sieben Geschichten, um zu reflektieren, unter welchen Umständen Sie diese guten Leistungen erbracht haben und sich dabei wohlgefühlt haben. An welcher Art von Projekten arbeiten Sie gern? Wann sind Sie stolz auf sich? Dies kann Ihnen eine wertvolle Orientierung für Ihre Berufssuche geben.[17]

Kompetenzen, die ich während der sieben Ereignisse gezeigt habe:

_____

_____

Methodische Kenntnisse, die ich während der sieben Ereignisse gezeigt habe:

_____

_____

Umstände, unter denen ich während der sieben Ereignisse eine gute Leistung erbracht habe:

_____

_____

Wenn Sie eine längere Liste mit Kompetenzen zusammengestellt haben, überlegen Sie, welche dieser Fähigkeiten Ihnen persönlich am meisten entsprechen. Was sind Ihre vorrangigen Qualitäten? Was können Sie gut und was machen Sie gern? Das weist auf Stärken hin, die Sie beruflich einsetzen sollten.

Als Hilfestellung für Ihre Selbsteinschätzung können Sie auf eine Reihe von Persönlichkeitstests zurückgreifen, die auf wissenschaftlich fundierten Modellen, wie dem Fünf-Faktoren-Modell (FFM – auch Big Five genannt), dem Myers-Briggs Type Indicator (MBTI) oder der RIASEC-Methode, basieren. Links zu entsprechenden Online-Tests finden Sie im Anhang. Mithilfe dieser Tests können Sie Ihre Charaktereigenschaften und Verhaltensweisen reflektieren.

Hilfreich kann auch sein, FreundInnen, KollegInnen oder Familienangehörige nach Ihren besonderen Stärken zu fragen. Führen Sie in einem nächsten Schritt Ihre Kenntnisse zu Ihren Kompetenzen aus dem wissenschaftlichen und aus dem privaten Bereich zusammen und identifizieren Sie Ihre drei wichtigsten Kompetenzen:

Meine drei wichtigsten Kompetenzen:

1. _____
2. _____
3. _____

Diese Liste werden Sie bei der Suche nach einer passenden beruflichen Aufgabe gut gebrauchen können. Formulieren Sie für jede der drei Kompetenzen eine kurze Aussage, die diese Fähigkeiten belegt. Später können Sie diese in Bewerbungen und Vorstellungsgesprächen nutzen, um Ihre Passfähigkeit auf Stellen zu belegen.

Kurze Aussage, die meine Kompetenzen belegt:

1. _____
2. _____
3. _____

Legen Sie Ihren Fokus im nächsten Schritt auf die Themen, die Sie am meisten interessieren. Vermutlich sind das teilweise diejenigen Themen, mit denen Sie sich bisher wissenschaftlich beschäftigt haben. Möglicherweise stehen dahinter übergeordnete Interessen von Ihnen, die Sie zu Ihrem Forschungsthema geführt haben. Für welches Thema interessieren Sie sich außerhalb Ihrer Forschung?

REFLEXIONSÜBUNG: INSPIRATION PROKRASTINATION

Die meisten Menschen haben in ihrem Arbeitsalltag Phasen, in denen sie das, was sie eigentlich tun sollten, aufschieben und sich stattdessen mit etwas anderem beschäftigen. Hier könnte ein Schlüssel zu Dingen liegen, die Sie gern tun und die Ihnen wichtig sind. Vielleicht beobachten Sie die Börsenkurse, weil Sie sich für Finanzen interessieren. Oder Sie gehen shoppen, weil Sie eine Affinität zu Mode und Kunst haben. Möglicherweise spielen Sie Computerspiele, weil Ihnen das Entwerfen und Verfolgen von Strategien liegt.[18]

Das mache ich am liebsten, während ich meine wissenschaftlichen Aufgaben aufschiebe. Notieren Sie die Tätigkeit und das damit zusammenhängende Thema:

Tätigkeit	Thema

REFLEXIONSÜBUNG: KOPF HOCH

Ein weiterer Zugang zu den eigenen Interessen kann sein, sich zu vergegenwärtigen, womit Ihr Kopf während Ihrer wissenschaftlichen Beschäftigung gefüllt ist. Sicherlich mit Ihren wissenschaftlichen Themen und Methoden, vielleicht auch mit Freude an der Lehre, Konflikten mit der oder dem Vorgesetzten oder Sorgen um die berufliche Zukunft. Stellen Sie das visuell dar, indem Sie die entsprechenden Gedanken unter einer prägnanten Überschrift in den ersten der unten dargestellten Köpfe schreiben. Visualisieren Sie dabei auch, wie viel Platz die jeweiligen Gedanken bei Ihnen einnehmen.

WAS KÖNNTE ICH ARBEITEN? 37

Daran denke ich, wenn ich wissenschaftlich arbeite....

Überlegen Sie dann, womit Sie sich stattdessen lieber beschäftigen wollen. Tragen Sie entsprechende Schlagworte in den zweiten Kopf ein und visualisieren Sie den Platz, den diese Gedanken für Sie einnehmen sollten.[19]

Stattdessen würde ich mich lieber damit beschäftigen...

Wählen Sie aus den beiden Reflexionsübungen und weiteren Gedanken zum Thema Ihre drei wichtigsten Interessen aus.

Meine drei wichtigsten thematischen Interessen:

1. _____
1. _____
1. _____

Wenden Sie sich nun den Werten zu, die Sie in Ihrem beruflichen und privaten Leben leiten. Für was können Sie sich begeistern? Was ist Ihnen wichtig? Wofür engagieren Sie sich? Welche Werte leiten Sie? Motiviert Sie Gerechtigkeit, Macht, Spaß, Sicherheit oder etwas anderes? Die Interessen und Werte sind wichtig für die Frage, in welcher Branche Sie tätig werden wollen, auf welchem Feld Ihr Arbeitgeber tätig sein und nach welchen Prinzipien dort gearbeitet werden sollte. Wählen Sie unter diesen Werten die drei für Sie wichtigsten aus.

Meine drei wichtigsten Werte:
1.
1.
1.

Wenden Sie sich nun den Arbeitsbedingungen zu, unter denen Sie zufrieden und erfolgreich sind.

Reflexionsübung: Bestandsaufnahme

Stellen Sie eine Pro-und-Contra-Liste über die Arbeit in der Wissenschaft auf. Schreiben Sie auf die Pro-Seite alles, was Sie an der wissenschaftlichen Tätigkeit und den Arbeitsumständen lieben, und auf die Contra-Liste, was Sie daran nicht mögen. Diese Liste wird bei jeder und jedem unterschiedlich ausfallen, auch wenn sie ähnliche Erfahrungen im Rahmen des Wissenschaftssystems gemacht haben: Für die eine Person ist etwa das einsame Arbeiten in den Geisteswissenschaften ein klarer Pluspunkt, für die andere ein Minuspunkt. Voraussichtlich sind die Punkte, die Sie hier für die Wissenschaft notiert haben, verallgemeinerbar für Ihr weiteres Arbeitsleben. Orientieren Sie sich bei Ihrer Berufssuche an den Umständen, Tätigkeiten und Eigenschaften, die auf der Pro-Seite Ihrer Liste stehen und meiden Sie die Punkte aus der Contra-Liste.[20]

Pluspunkte der wissenschaftlichen Tätigkeit	Minuspunkte der wissenschaftlichen Tätigkeit

Identifizieren Sie aus der vorhergehenden Reflexionsübung und der Übung »Sieben auf einen Streich« die Bedingungen, unter denen Sie gut arbeiten können, und überlegen Sie, welche weiteren Rahmenbedingungen Sie sich für Ihre Arbeit vorstellen.

Arbeitsbedingungen, unter denen ich produktiv bin:

Weitere Rahmenbedingungen für meine Arbeit (zum Beispiel Ort, KollegInnen, Räumlichkeiten, Arbeitsweg, Gehalt):

Die gesammelten Informationen zu Fähigkeiten, Kenntnissen, Interessen, Werten und Arbeitsbedingungen sind wichtige Bausteine für Ihre Arbeitssuche. Zusammengesetzt ergeben sie die für Sie ideale Stelle, sei es in einer abhängigen Beschäftigung oder in der Selbständigkeit. Dieses Ideal kann im Folgenden die Suchrichtung für eine passende Stelle vorgeben. Setzen Sie die Puzzleteile also zusammen und machen Sie ein erstes Brainstorming darüber, welche beruflichen Möglichkeiten sich aus der Zusammensetzung der für Sie idealen Einzelaspekte ergeben.

Überlegen Sie etwa, in welchen Berufsfeldern Ihre individuellen Fähigkeiten und Interessen zusammen kommen. Es kann von Vorteil sein, wenn Sie hier eher spezialisierter als zu allgemein denken (»Reiseleiterin zu ökologischem Weinanbau in Griechenland für RentnerInnen« statt »Tourismusbranche«). Für konkrete Ziele sind später leichter passende Arbeitgeber zu identifizieren. Wie immer beim Brainstorming gilt: Jede Idee darf geäußert werden, bewertet und ausgewählt wird später.

Folgende Berufsfelder verknüpfen meine Fähigkeiten und Interessen:

_____

_____

_____

Überlegen Sie als nächstes, welche Branchen oder Arbeitgeber Ihre thematischen Interessen und Werte verbinden.

Folgende Branchen und Arbeitgeber verknüpfen meine thematischen Interessen und Werte:

_____

_____

Denken Sie nach diesem Muster auch weitere der für Sie idealen Aspekte zusammen. Sollten Ihnen zum jetzigen Zeitpunkt nur wenige Berufsbilder oder Arbeitgeber einfallen, wiederholen Sie die Übung, nachdem Sie Kapitel 4 durchgearbeitet haben.

Sie können das Brainstorming auch mit kreativen und unvoreingenommenen Köpfen aus Ihrem Freundes- und Bekanntenkreis durchführen, um auf zusätzliche Ideen zu kommen. Weiterführende Literaturhinweise zur beruflichen Zielfindung finden Sie im Anhang. Auch Workshops zu alternativen Karrierewegen oder ein Coaching kann Sie bei der Analyse Ihrer Kompetenzen und der Identifizierung passender beruflicher Tätigkeiten unterstützen.

> **WORKSHOPS ZU ALTERNATIVEN KARRIEREWEGEN**
> Vermehrt bieten Wissenschaftseinrichtungen Kurse an, die die Entscheidungsfindung und Strategieentwicklung für Karrierewege außerhalb der Wissenschaft zum Thema haben. Die Workshops beinhalten unter anderem Übungen zur Identifizierung von Kompetenzen und Interessen, eine Vorstellung von Karrierewegen in unterschiedlichen Branchen, Tipps zur Bewerbung und Methoden zur Entscheidungsfindung. Besonders nachhaltig sind Kurse, die Vernetzungsmöglichkeiten über den Workshop hinaus oder Nachtreffen anbieten, mit denen die Umsetzung der Kursinhalte begleitet wird.

In den folgenden Kapiteln können Sie Ihre ersten Überlegungen zu für Sie idealen Berufsfeldern mit Recherchen zu Branchen und Berufsbildern abgleichen.

4. Wo könnte ich arbeiten?

Wenn Sie sich ein Bild von Ihren Fähigkeiten und Interessen gemacht haben, gilt es herauszufinden, in welchen Arbeitsfeldern Sie Ihre beruflichen Kompetenzen einsetzen können. Vielleicht haben Sie bereits erste Ideen oder konkrete Vorstellungen für ein Berufsfeld. Möglicherweise gehören Sie aber auch zu denjenigen NachwuchswissenschaftlerInnen, die sich voll auf ihre wissenschaftliche Karriere konzentriert und keine Arbeitserfahrung in anderen Branchen gesammelt haben. Auch ihr Freundes- und Bekanntenkreis fokussiert sich mit der Zeit mehr und mehr auf Personen, die ebenfalls in der Wissenschaft tätig sind. Für Ihren beruflichen Wechsel sollten Sie Ihr Wissen über mögliche Berufsoptionen erweitern. Denn offensichtlich umfasst der Arbeitsmarkt nicht nur die Klassiker Lehrer, Ärztin, Pfarrerin und Feuerwehrmann, die Sie seit Ihrer Kindheit kennen. In seiner Ausdifferenzierung und Komplexität hält er viele Einsatzmöglichkeiten für promovierte Geistes- und SozialwissenschaftlerInnen bereit.

Um differenziertes Bild möglicher Berufsfelder und ihrer Anforderungen zu bekommen, sollten Sie sich eingehend mit dem Arbeitsmarkt auseinandersetzen. Als Einstieg bietet Kapitel 4.1 einen Überblick über verschiedene Branchen mit potenziellen Arbeitgebern für promovierte Geistes- und SozialwissenschaftlerInnen. Einen vertieften Einblick in den Arbeitsalltag unterschiedlicher Berufsbilder, Stellenanforderungen und Einstiegsmöglichkeiten bieten die Porträts in Kapitel 6.

Wenn Sie eine Branche oder ein Arbeitsgebiet identifiziert haben, die Ihnen besonders interessant erscheinen, ist es ratsam, dort ausführlicher zu recherchieren. Zum einen sollten Sie konkreter identifizieren, in welchem Tätigkeitsfeld Ihre beruflichen Fähigkeiten am besten zum Einsatz kommen könnten. Zum anderen sollte es darum gehen herauszufinden, bei welchem Arbeitgeber Sie gern arbeiten oder ob Sie eine berufliche Selbständigkeit anstreben wollen. Und nicht zuletzt ist Hintergrundwissen zu Branche und Arbeitgeber gerade für BerufswechslerInnen essenziell, um eine aussagekräftige und passfähige Bewerbung zu schreiben. Hinweise zum methodischen Vorgehen für die Recherche gibt Kapitel 4.2.

4.1 Der Arbeitsmarkt für promovierte Geistes- und SozialwissenschaftlerInnen

Interessante berufliche Tätigkeiten für promovierte Geistes- und SozialwissenschaftlerInnen gibt es in vielen Branchen. Dabei ist Ihr Doktortitel oft keine Qualifikationsvoraussetzung. Er wird jedoch von Arbeitgebern als Nachweis Ihrer analytischen Kompetenzen und Ihrer Leistungsmotivation gesehen. In vielen Berufsfeldern werden die Kompetenz, das Engagement und die Seriosität geschätzt, die Ihr Doktortitel ausstrahlt. Grundsätzlich lassen sich vier verschiedene Grundlagen für einen Wechsel aus der Wissenschaft in Arbeitsfelder in Wirtschaft, Verwaltung, Bildung oder Kultur identifizieren: Fachkompetenz, Feldkompetenz, Vorerfahrung und Ausbildung.

Fachkompetenz

Für einige Tätigkeitsfelder sind die Fachkenntnisse, die Sie in der Wissenschaft erworben haben, eine direkte Qualifikation, zum Beispiel eine einschlägige thematische Expertise oder fundierte Methodenkenntnisse. Für diesen Weg sind der berufliche Wechsel einer promovierten Politologin ins Arbeitsministerium in Kapitel 6.3.1 oder die selbständige Tätigkeit als Logiktrainer eines promovierten Philosophen in Kapitel 6.5.3 ein Beispiel.

Feldkompetenz

Für andere Tätigkeiten, vor allem in den Bereichen Wissenschaftsmanagement und Hochschulpolitik, ist die Feldkompetenz zum Wissenschaftssystem, die Sie in Ihrer akademischen Laufbahn erworben haben, eine Einstellungsvoraussetzung. Dies zeigen die Porträts der promovierten Ethnologin im Schreibzentrum in Kapitel 6.2.2, der promovierten Historikerin, die bei einer internationalen Nichtregierungsorganisation tätig ist, in Kapitel 6.3.2 und des promovierten Psychologen, der bei einer Stiftung arbeitet, in Kapitel 6.3.3.

Vorerfahrung

Einige Tätigkeiten setzen eine einschlägige berufliche Vorerfahrung voraus. Diese kann beispielsweise durch Praktika, Hospitationen beziehungsweise studien- oder promotionsbegleitende Tätigkeiten erworben werden, wie das Beispiel der promovierten Sprachwissenschaftlerin im Unternehmen in Kapitel 6.5.1 zeigt.

Ausbildung

Gerade für Berufsfelder, die sich inhaltlich und methodisch wenig mit der wissenschaftlichen Tätigkeit überschneiden, ist eine Ausbildung oder ein intensive Einarbeitung Einstiegsvoraussetzung. Hierfür müssen Sie breit sein, sich umschulen zu lassen und beruflich neu zu beginnen. Das zeigen die Beispiele des promovierten Germanisten, der als wissenschaftlicher Bibliothekar arbeitet, in Kapitel 6.4.2 und der promovierten Kunsthistorikerin, die als Unternehmensberaterin tätig ist, in Kapitel 6.5.2.

Der folgende Überblick stellt Ihnen Berufsoptionen im Wissenschaftsmanagement, in Politik und Verwaltung, in Kultur, Medien und Bildung, in Wirtschaft und Beratung sowie alternative wissenschaftlichen Tätigkeiten vor. Die Zusammenschau soll Ihnen eine Systematik für Ihre Berufssuche an die Hand geben, Ideen vermitteln und zeigen, wo promovierte Geistes- und SozialwissenschaftlerInnen auf dem Arbeitsmarkt gute Chancen haben. Lassen Sie sich beim Lesen von den Kompetenzen und Interessen leiten, die Sie in Kapitel 3 identifizieren konnten. Sollten Sie auf ein Berufsfeld stoßen, für das Ihnen noch einschlägige Qualifikationen oder Vorerfahrung fehlen, können Sie diese möglicherweise noch nachholen. (☞ Kapitel 4.2 »Recherchestrategien«)

Exkurs: Alternative wissenschaftliche Tätigkeiten

80 Prozent aller promovierten Geistes- und SozialwissenschaftlerInnen, die nach der Promotion noch an einer Hochschule oder Forschungsinstituten arbeiten, haben einer aktuellen Studie von Stifterverband und dem Deutschen Zentrum für Hochschul- und Wissenschaftsforschung (DZHW) zufolge das berufliche Ziel, in der Forschung zu arbeiten.[21] Wie zu Beginn diskutiert, ist jedoch die Zahl der Universitätsprofessuren begrenzt und unbefristete wissenschaftliche Stellen unterhalb einer Professur sind im deutschsprachigen Raum rar. Welche Alternativen zur Universitätsprofessur sich in der Wissenschaft bieten, zeigt der folgende Exkurs. Er soll die Perspektive um weniger bekannte wissenschaftliche Berufsoptionen erweitern.

Eine Alternative zur klassischen Forschungsstelle können an Universitäten und außeruniversitären Forschungseinrichtungen Dauerstellen im Bereich der Forschungs- und Informationsinfrastruktur sein, zum Beispiel in Digitalisierungsprojekten, in großen Studien, im Datenmanagement und in akademischen Sammlungen. Die Anzahl dieser sogenannten Funktionsstellen soll nach Stand der aktuellen hochschulpolitischen Debatte ausgebaut werden,[22] bislang wurde dies jedoch nicht in größerem Maßstab realisiert. Auch in der Lehre werden in letzter Zeit vermehrt Dauerstellen eingerichtet, wie etwa Stellen für LektorInnen und HochschuldozentInnen. Aufgrund der hohen Lehrverpflichtung von 16 bis 18 Semesterwochenstunden und den daran anschließenden Betreuungs- und Prüfungsaufgaben bieten diese Stellen wie auch die Funktionsstellen allerdings wenig Zeit für die eigene Forschung.

Eine interessante Option können Forschungsstellen im Bereich der Ressortforschung darstellen. Zurzeit gibt es über 40 Bundeseinrichtungen und mehr als 100 Landeseinrichtungen mit Forschungsaufgaben.[23] Sie unterstehen einzelnen Bundes- beziehungsweise Landesministerien, greifen aktuelle gesellschaftliche, wissenschaftliche und wirtschaftliche Probleme auf und erarbeiten Handlungsoptionen für staatliche Maßnahmen. Forschung ist ein wichtiger Teil der Aufgaben in dieser wissenschaftsbasierten Politikberatung, allerdings können die Forschungsthemen nicht frei gewählt werden, sondern sind durch die jeweiligen politischen Prioritäten vorgegeben. Hinzu kommen Aufgaben in Beratung und Dienstleistung. Wie hoch der Anteil der verschiedenen Aufgaben ist, variiert von Einrichtung zu Einrichtung. Weitere von Bund und Ländern geförderte Forschungseinrichtungen auf dem Gebiet der Sozial- und Geisteswissenschaften[24] sind unter anderem acht Forschungsmuseen und die in der Max Weber Stiftung[25] zusammengefassten Deutschen Geisteswissenschaftlichen Institute im Ausland, die Akademien der Wissenschaften[26] und Bundes- und Landesarchive. Zudem gibt es auch in den Geistes- und Sozialwissenschaften einige private Forschungsinstitute. Für alle genannten Einrichtungen gilt, dass der Schwerpunkt bei den meisten Dauerstellen weniger bei der Forschungstätigkeit als bei Leitungsaufgaben und Projektmanagement liegt. Zu den Auswahlkriterien für diese Positionen zählen neben einem einschlägigen Forschungsprofil auch die bisherigen akademischen Leistungen.

Eine interessante Alternative zu einer Professur an einer staatlichen Universität können Professuren an einer der 120 privaten Hochschulen[27], sechs Pädagogischen Hochschulen[28] und 106 staatlichen Fachhochschulen sein.[29] Vor allem an Fachhochschulen und private Hochschulen werden in den kommenden Jahren voraussichtlich neue Professuren geschaffen.[30] Fachhochschulprofessuren umfassen ein hohes Lehrpensum von zumeist 18 Semesterwochenstunden und die Zeit für Forschung ist daher knapp bemessen. Als Qualifikation für Fachhochschulprofessuren ist eine Promotion und anschließende wissenschaftliche Tätigkeit ausreichend, eine Habilitation wird nicht vorausgesetzt. Da Fachhochschulen praxisorientiert ausbilden, ist eine mindestens fünfjährige Arbeitserfahrung, davon drei Jahre außerhalb der Hochschule, Einstellungsvoraussetzung, Netzwerke in einschlägigen Bereichen in Wirtschaft, Verwaltung, Bildung oder Kultur sind von Vorteil. Die praxisorientierte Ausbildung hat zur Folge, dass an den Fachhochschulen gerade in den Geistes- und Sozialwissenschaften nicht alle universitären Fachrichtungen vertreten sind. Es lohnt sich, hier etwas breiter zu recherchieren und zu schauen, ob die eigene Qualifikation in einem anderen fachlichen Rahmen gefragt ist. Der Arbeitsalltag und das Berufungsverfahren für die Fachhochschulprofessur werden in Kapitel 6.1.1 vorgestellt.

Wissenschaftsmanagement

An Hochschulen und Forschungsinstituten werden immer mehr Stellen geschaffen, um Prozesse und Dienstleistungen rund um Forschung und Lehre professionell zu gestalten. Diese neuen Berufsbilder werden als Wissenschaftsmanagement bezeichnet und umfassen ganz unterschiedliche Aufgaben, wie zum Beispiel Forschungs- oder Nachwuchsförderung, internationale oder Alumni-Beziehungen, Qualitätsmanagement oder Öffentlichkeitsarbeit, die Geschäftsführung einer Graduiertenschule oder eines Fachbereichs sowie Beratungsaufgaben rund um Studium, Forschung, Lehre oder Karriere. Das breite Tätigkeitsspektrum einer Forschungsreferentin an einer Universität wird Ihnen in Kapitel 6.2.1 vorgestellt, als Beispiel aus dem Bereich Studium und Lehre dient das Porträt einer Referentin im Schreibzentrum in Kapitel 6.2.2. Stellen von WissenschaftsmanagerInnen können sowohl in der zentralen Verwaltung als auch in Fakultäten, Instituten oder Drittmittelverbünden angesiedelt sein. Stellen mit Daueraufgaben sind in der Regel unbefristet, andere Stellen sind befristet, da sie zeitlich begrenzte Aufgaben übernehmen oder aus Drittmitteln finanziert sind. Neben den Forschungseinrichtungen bieten auch die Wissenschaftsförderer interessante Berufsoptionen im Wissenschaftsmanagement. In Kapitel 6.2.3 bekommen Sie Einblicke in den Arbeitsalltag eines Referenten bei einer Forschungsförderorganisation.

NachwuchswissenschaftlerInnen sind einerseits sehr gut für diese Stellen qualifiziert, da sie den Wissenschaftsbetrieb aus eigener Anschauung kennen und Praxiserfahrung aus Forschung und Lehre mitbringen. Gerade für Führungspositionen wird ein Doktortitel oft als Voraussetzung gesehen. Andererseits sind neben einem grundsätzlichen Verständnis für den Wissenschaftsbetrieb auch Kompetenzen in Management und Verwaltung sowie je nach Einsatzbereich Fachexpertise in Öffentlichkeitsarbeit, Qualitätsmanagement, Personalentwicklung oder Forschungsförderung Voraussetzung. Hierfür werden seit einigen Jahren spezifische berufsbegleitende Weiterbildungen und Studiengänge angeboten. Weiterführende Informationen hierzu finden Sie im Anhang. Grundsätzlich sollten Sie sich bewusst sein, dass Stellen im Wissenschaftsmanagement zwar nah am Forschungsgeschäft angesiedelt sind, aber in aller Regel keine eigene Forschungstätigkeit ermöglichen. Sie sollten eine solche Stelle nur annehmen, wenn Sie innerlich mit Ihrer Wissenschaftskarriere abgeschlossen haben, sonst kann das Frustrationspotenzial groß sein.

Politik und Verwaltung

Politik und Verwaltung, Stiftungen und Verbände bieten viele Berufsmöglichkeiten für promovierte Geistes- und SozialwissenschaftlerInnen. Hier kommen zum einen Fachaufgaben infrage, die thematisch mit Ihrem bisherigen Forschungsgebiet zusammenhängen. Beispiele hierfür sind Referentenstellen in Ministerien, Verbänden sowie politischen und gemeinnützigen Stiftungen, Büroleitungs- oder wissenschaftliche Mitarbeiterstellen in Parteien und Parlamenten sowie Fachreferentenstellen in der kommunalen Verwaltung und in Nichtregierungsorganisationen. Kapitel 6.3.1 stellt das abwechslungsreiche Tätigkeitsprofil einer Referentin in einem Landesministerium vor, in Kapitel 6.3.3 lernen Sie den Arbeitsalltag und die benötigten Kompetenzen für die Arbeit in einer Stiftung kennen. Zum anderen gibt es ähnlich wie im Wissenschaftsmanagement zahlreiche Querschnittsaufgaben, wie Öffentlichkeitsarbeit, Personalverwaltung, Prozess- und Qualitätsmanagement. Neben einem grundlegenden thematischen Bezug sind dafür einschlägige Vorerfahrung und/oder Weiterbildungen für den Tätigkeitsbereich erwünscht. Der Doktortitel wird in diesen Arbeitskontexten gern gesehen.

Neben den nationalen Ministerien und Verbänden können auch Institutionen auf internationaler Ebene interessante Arbeitgeber sein. In den Institutionen der Europäischen Union arbeiten rund 40.000 Personen unterschiedlichster Kulturen und beruflichen Hintergründe in vielfältigen Berufsfeldern. Für die befristeten und unbefristeten Stellen gibt es spezielle Auswahlverfahren, die zentral vom Europäischen Amt für Personalauswahl (EPSO) organisiert werden. Für andere europaweit tätige Institutionen können Sie sich auf reguläre Stellenausschreibungen bewerben. Wie die Arbeit als Referentin in einer europäischen Nichtregierungsorganisationen aussieht, erfahren Sie in Kapitel 6.3.2. Die praktische Berufserfahrung in Politik, Verwaltung, Stiftungen und Verbänden kann auch eine interessante Möglichkeit darstellen, mit der Sie sich für eine Professur an Fachhochschulen oder privaten Hochschulen qualifizieren.

Kultur, Medien, Bildung

Eine große Anzahl promovierter Geistes- und SozialwissenschaftlerInnen würde gern eine alternative berufliche Tätigkeit im Bereich Kultur, Medien, Bildung ergreifen. Der Markt für feste Stellen ist in diesem Segment jedoch klein. Bei vielen beruflichen Tätigkeiten sind einschlägige Arbeitserfahrung, Weiterbildungen oder Volontariate Einstellungsvoraussetzung. Ihre wissenschaftliche Qualifikation durch die Promotion ist vor allem in wissenschaftlichen Verlagen, im Wissenschaftsjournalismus und im Ausstellungs- und Museumsbereich gefragt. Kapitel 6.4.1 bietet Ihnen Innenansichten aus dem Berufsleben eines promovierten Verlagslektors. Ohne entsprechende Vorerfahrung ist ein Quereinstieg nach der Promotion in vielen der Arbeitsfelder jedoch fast unmöglich. Im Journalismus oder Kulturmanagement, in Verlagen und Museen, als Übersetzer oder Dramaturgin konkurrieren Sie mit HochschulabsolventInnen, die statt der Doktorarbeit Zeit mit einschlägigen Praktika verbracht haben.

Dennoch bietet dieses Segment des Arbeitsmarkts Optionen für promovierte Geistes- und SozialwissenschaftlerInnen. Zum einen gibt es berufliche Nischen, wie das Beispiel des Media Consultant in Kapitel 6.4.3 für die Zeitungsbranche zeigt. Die Arbeit im Marketing wird hier kombiniert mit freiberuflicher journalistischer Tätigkeit und Lehraufträgen. Zum anderen bieten Berufsfelder, für die eine wissenschaftliche Qualifikation gefragt ist und eine Ausbildung durchlaufen werden muss, Chancen, wie die Tätigkeit in wissenschaftlichen Bibliotheken und Archiven. Den Aufgabenbereich eines wissenschaftlichen Bibliothekars beschreibt Kapitel 6.4.2. Auch Tätigkeiten in der Erwachsenenbildung und im Schuldienst sind aktuell für Promovierte eine Option, wenn sie Kompetenz in sogenannten Mangelfächern mitbringen. Arbeitgeber können neben Schulen auch Volkshochschulen, Bildungswerke oder beispielsweise politische Bildungsstätten sein.

Darüber hinaus bietet der Bereich Kultur, Medien, Bildung verschiedene Möglichkeiten, sich mit der eigenen Expertise selbständig zu machen. Vielleicht kommen zum Beispiel Tätigkeiten als Reiseleitung, BiografIn, JournalistIn, ImagefilmerIn, LektorIn, ÜbersetzerIn oder EventmanagerIn für Sie infrage. Da die Honorare im genannten Bereich in der Regel nicht hoch sind, ist es umso wichtiger, dass Sie Ihre berufliche Selbständigkeit sorgfältig planen und sich im Vorfeld unter anderem Gedanken über Ihr

Alleinstellungsmerkmal, Ihren Finanzplan und ein professionelles Marketing machen. Hinweise zur Planung einer selbständigen Tätigkeit finden Sie in Kapitel 5.3.

Wirtschaft und Beratung

Auch die Wirtschaft bietet ein breiteres Spektrum an Arbeitsmöglichkeiten für promovierte Geistes- und SozialwissenschaftlerInnen, als auf den ersten Blick ersichtlich ist. Zum einen kommen hier forschungsnahe Tätigkeiten infrage, etwa in der Markt- und Meinungsforschung oder in der Nutzerforschung. Voraussetzung ist in der Regel, dass Sie über ein einschlägiges quantitatives und qualitatives Methodenspektrum verfügen. Beste Chancen haben Sie hier, wenn Sie bereits während des Studiums oder Ihrer wissenschaftlichen Tätigkeit Kontakte zu entsprechenden Unternehmen aufbauen konnten.

In Unternehmen kommen für promovierte Geistes- und SozialwissenschaftlerInnen Tätigkeiten in den Bereichen Qualitätsmanagement, Personal, Öffentlichkeitsarbeit oder Marketing infrage. Nischen gibt es auch für HistorikerInnen, die in Unternehmensarchiven beschäftigt sind oder die Firmengeschichte aufarbeiten. Einstiegchancen in die Wirtschaft und den Arbeitsalltag einer Personalleiterin können Sie in Kapitel 6.5.1 kennenlernen. Ähnlich wie in anderen Branchen sind für diese Querschnittsaufgaben neben einer Affinität zu den Produkten des Unternehmens einschlägige Vorerfahrung und/oder Weiterbildungen erwünscht. Große Unternehmen haben den Vorzug, dass sie mehr Stellen in den genannten Bereichen besetzen. Kleine und mittlere Unternehmen sind hingegen in der Regel weniger bekannt und die Bewerberlage kann dort für Sie vorteilhafter sein.

Auch Unternehmensberatungen stellen gern Promovierte ein: Hier sind zwischen 33 und 50 Prozent der Berufseinsteiger promoviert, auf Seniorpartner- beziehungsweise Geschäftsführerebene und den nachfolgenden Partner- und Direktoren-Ebenen liegt der Anteil mit 60 bis 75 Prozent sogar noch höher.[31] Durch die Promotion werden für die Beratungsbranche einschlägige überfachliche Kompetenzen wie Analysekompetenz, Arbeitsorganisation, Kreativität, Innovationsfähigkeit und Belastbarkeit nachgewiesen. Besonders relevante Qualifikationen für Unternehmensberatungen aus dem wirtschaftlichen Spektrum sind betriebswirtschaftliche und weitere unternehmensbezogene sozialwissenschaftliche Themen; für Unternehmensberatungen mit Klientel in Bildung und Verwaltung können aber auch beispielsweise bildungspolitische Themen eine relevante Qualifikation darstellen. Erfahrungen einer Kunsthistorikerin bei zwei Unternehmensberatungen können Sie in Kapitel 6.5.2 nachlesen.

Grundsätzlich besteht selbstverständlich auch die Möglichkeit, sich umschulen zu lassen und in der Wirtschaft beispielsweise als ProgrammiererIn oder FinanzberaterIn zu arbeiten. Bei einem beruflichen Wechsel von der Wissenschaft in die Wirtschaft ist zu beachten, dass hier ökonomische Vorgaben das Arbeitsgeschehen bestimmen. So sind auch Tätigkeiten in den Forschungs- und Entwicklungsabteilungen einer Firma, obwohl forschungsbezogen, weniger frei hinsichtlich der Wahl von Forschungsfragen und -methoden und eher ergebnis- als interessengetrieben. Managementaufgaben sind stärker zahlen- und kostenorientiert als in der Wissenschaft. Wenn Sie eine Führungs- oder Managementaufgabe anstreben, ist es ratsam, sich in Managementtechniken zu qualifizieren. Auch die Tätigkeit in Unternehmen kann als praktische Berufserfahrung und damit als Qualifikationsvoraussetzung für eine Fachhochschulprofessur zählen.

> **WORKSHOPS FÜR WIRTSCHAFTSSPEZIFISCHE KOMPETENZEN**
> Einige Wissenschaftseinrichtungen bieten Workshops an, in denen überfachliche Kompetenzen für Berufsfelder außerhalb der Wissenschaft vermittelt werden. Oft zielen diese Kurse auf wirtschaftsspezifische Kompetenzen, wie Basiskurse in Betriebs- oder Volkswirtschaftslehre, in Führungs- und Managementkompetenzen, in buchhalterischen oder rechtlichen Grundlagen. Ähnliche Kurse können Sie auch an Volkshochschulen absolvieren.

Nicht zuletzt besteht die Möglichkeit, mit einer eigenen Geschäftsidee den Schritt in die Selbständigkeit zu wagen. Viele Geistes- und SozialwissenschaftlerInnen machen sich im Dienstleistungsbereich selbständig. Klassische Felder sind eine Beratungstätigkeit mit methodisch-thematischem Schwerpunkt, Karriereberatung, Moderation, Mediation oder eine Tätigkeit als

TrainerIn. Für diese Tätigkeiten empfiehlt sich, zur Professionalisierung eine zertifizierte methodische Ausbildung zu absolvieren, die idealerweise ein Modul zum Selbstmarketing enthält. Selbstverständlich können Sie auch mit ganz anderen Dienstleitungen oder Produkten an den Markt gehen. Dass dies nicht immer naheliegende Dinge sein müssen, zeigt das Porträt des Logiktrainers in Kapitel 6.5.3. Wichtig ist, dass Sie sich mit Ihrem Geschäftsinhalt identifizieren und Sie sich einen ausreichend großen Markt erschließen. Weitere Hinweise zu einer selbständigen Tätigkeit finden Sie in Kapitel 5.3.

REFLEXIONSÜBUNG

Folgende Branchen passen besonders gut zu meinen Interessen:

_____

_____

Folgende Berufsbilder könnten zu meinen Fähigkeiten passen:

_____

_____

Das möchte ich noch über diese Branchen/Berufsbilder herausfinden:

_____

_____

Folgende Produkte oder Dienstleistungen könnte ich im Rahmen einer beruflichen Selbständigkeit anbieten:

_____

_____

4.2 Recherchestrategien

In den in Kapitel 4.1 kursorisch vorgestellten Branchen gibt es eine Vielzahl unterschiedlicher Aufgabenprofile und Arbeitgeber. Für Ihren beruflichen Wechsel sollten Sie ein möglichst konkretes Bild davon haben, welche Tätigkeitsfelder und Funktionen sich Ihnen in Wirtschaft, Verwaltung, Bildung oder Kultur bieten. Es ist dabei ratsam, das breite Spektrum an Arbeitgebern in der Branche, in die Sie sich orientieren wollen, zu kennen. So bieten sich beispielsweise in weltweit tätigen Konzernen, mittelständischen Unternehmen oder kleinen Firmen recht unterschiedliche Arbeitskontexte. Sammeln Sie daher möglichst umfangreiche Informationen zum Berufsfeld und zu Arbeitgebern, um herauszufinden, welcher Arbeitsplatz zu Ihnen passen würde. Gleiches gilt, wenn Sie eine berufliche Selbständigkeit planen: Auch hier müssen Sie über den Markt, KundInnen und WettbewerberInnen informiert sein.

Je umfassender Ihre Informationen zur Branche, zu einzelnen Arbeitgebern und zu Aufgabenbereichen sind, umso passgenauer können Sie sich in Bewerbung, Vorstellungsgespräch oder Ihrem Marktauftritt als Selbständige beziehungsweise Selbständiger mit Ihrem Profil und Ihren Kenntnissen präsentieren. Damit erhöhen Sie Ihre Chancen auf einen erfolgreichen beruflichen Wechsel. Wichtige Informationen hierfür sind:

- In welchen Sparten ist der Arbeitgeber tätig?
- Wer sind die KundInnen und PartnerInnen des Arbeitgebers?
- Wer sind die Mitbewerber des Arbeitgebers? Wie unterscheiden sie sich?
- Wie finanziert sich der Arbeitgeber? Was sind die wichtigsten Einnahmequellen beziehungsweise wer sind die Mittelgeber?
- Was sind die zukünftigen Trends und Herausforderungen für die Branche und den Arbeitgeber? Wo liegen Chancen?
- An welchen Standorten ist der Arbeitgeber tätig?
- Wie ist die interne Organisationsstruktur des Arbeitgebers? Wo sind für Sie interessante Positionen angesiedelt?
- Welche Aufgaben umfasst die für Sie interessante Position genau? Wie ist sie in interne und externe Abläufe eingebunden?

- Welche Fähigkeiten und Qualifikationen werden erwartet?
- Wie sehen die Arbeitsbedingungen aus (Arbeitszeiten, Gehalt, Reisetätigkeit etc.)?
- Was sind typische Karriereverläufe für die interessante Position? Wie sollten QuereinsteigerInnen qualifiziert sein?[32]

Dieses Hintergrundwissen hilft Ihnen dabei, die Perspektive des Arbeitgebers kennenzulernen und mehr über seine Anforderungen an eine zu besetzende Stelle zu erfahren. So machen Sie sich auch mit der Terminologie der Branche vertraut und können diese für Ihre Bewerbung nutzen. Nicht zuletzt demonstrieren Sie mit der Recherche Interesse an dem Arbeitsgebiet. Ähnliche Fragen können Sie auch für Ihre Marktanalyse für eine berufliche Selbständigkeit stellen und die Informationen nutzen, um sich Ihren KundInnen überzeugend und mit erfolgversprechendem Konzept zu präsentieren.

Nutzen Sie die Möglichkeit der Recherche sowohl bei Ihrer ersten Orientierung über mögliche Berufsfelder und Arbeitgeber als auch später, wenn Sie sich vertiefter mit den drei bis vier interessantesten Arbeitgebern der Branche beschäftigen wollen oder sich auf Bewerbung und Vorstellungsgespräch vorbereiten. Grundsätzlich gibt es vier Methoden, mit denen Sie Ihr Hintergrundwissen zu Aufgabenfeldern und Arbeitgebern ausbauen können: Internetrecherche, Recherche über Berufsverbände und berufliche Netzwerke, Informationsgespräche und berufspraktische Erfahrung.

Internetrecherche

Das Internet bietet einen großen Pool an Informationen zu möglichen Arbeitgebern und Tätigkeitsfeldern. Sie können sich Branchen und Berufsbilder leicht durch Stichwortsuche erschließen. Bei der Recherche zu einzelnen Unternehmen ist zum einen die Selbstpräsentation auf der jeweiligen Homepage interessant. Je nach Branche sind hier auch Organigramme und Geschäftsberichte einsehbar, die Ihnen wertvolle Informationen zu Größe, Struktur, Finanzen und Tätigkeitsfeldern des potenziellen Arbeitgebers bieten. Hintergrundinformationen zu Branchen und einzelnen Unternehmen finden Sie in den Archiven von Zeitungen und Zeitschriften. Neben der Recherche zu Arbeitgebern, die Sie interessieren, kann es auch aufschlussreich sein, sich über deren Zulieferer oder Mitbewerber zu informieren. Vielleicht stoßen Sie bei Ihrer Recherche auch auf Ankündigungen von öffentlichen Veranstaltungen, wie etwa einen Tag der offenen Tür, an dem Sie einen Einblick in die Institution bekommen und erste persönliche Kontakte knüpfen können.

Auch das Personal ist ein Zugang zu aufschlussreichen Informationen über einen für Sie interessanten Arbeitgeber. Sie können im Internet beispielsweise nach biografischen Hintergründen von Führungspersonen und in den sozialen Medien nach dem typischen Werdegang von Mitarbeitenden recherchieren. (☞ Kapitel 5.1 »Bewerbungsstrategien«) Auch Veröffentlichungen und Fachartikel von potenziellen KollegInnen oder Vorgesetzten können Ihnen Hintergrundinformationen über die Branche und Anknüpfungspunkte im Vorstellungsgespräch geben. Nicht zuletzt können Stellenanzeigen aus der für Sie interessanten Branche eine gute Informationsquelle sein, aus der Sie mehr über Terminologie und Anforderungen der Branche erfahren.

Einschlägige Internetressourcen und Medien für das Berufsfeld, das mich interessiert:

Recherche über Berufsverbände und Veranstaltungen

Viele Angehörigen eines Berufsfelds sind in beruflichen Vereinigungen wie Berufsverbänden, Gewerkschaften oder Kammern zusammengeschlossen. Neben der Interessenvertretung haben diese das Ziel, über das jeweilige Berufsfeld zu informieren. Oft bieten sie auf ihrem Internetauftritt Informationen zum Berufseinstieg, Jobbörsen und Hinweise zu relevanten Aus- und Weiterbildungen. Darüber hinaus veranstalten sie berufliche Vorträge und Tagungen zu Arbeits- und Karrierethemen. Einige Berufsverbände haben auch Mentoring-Programme für BerufseinsteigerInnen. Gründernetzwerke unterstützen mit Rat und Tat bei ersten Schritten in die Selbständigkeit.

Die Möglichkeit zu einem persönlichen Gespräch zum Berufseinstieg in einer bestimmten Branche bietet sich bei öffentlichen Veranstaltungen des Arbeitgebers, bei Fachtagungen und branchenspezifischen Messen sowie den Karrieremessen. Bei Veranstaltungen des Arbeitgebers oder Fachtagungen werden Sie eher die Gelegenheit haben, Mitarbeitende aus den Fachabteilungen zu treffen. Karrieremessen haben demgegenüber den Vorteil, dass Sie hier innerhalb eines Tages Informationen zu vielen verschiedenen Arbeitgebern sammeln können.

> **KARRIEREMESSEN**
>
> Zahlreiche Universitäten veranstalten Karrieremessen für ihre AbsolventInnen oder sind Veranstaltungsort für Karrieremessen externer Veranstalter. Einige Messen finden fachübergreifend statt, viele haben jedoch einen fach- oder branchenspezifischen Schwerpunkt. An Informationsständen potenzieller Arbeitgeber können Sie mit MitarbeiterInnen ins Gespräch kommen. Nutzen Sie das persönliche Gespräch, um mehr über Arbeitsfelder und Einsatzmöglichkeiten für Promovierte zu erfahren. Oft gibt es auch Vorträge, in denen Tipps für Bewerbungsverfahren gegeben werden, und die Möglichkeit, die Unterlagen prüfen zu lassen oder Bewerbungsfotos zu machen.

Das persönliche Gespräch mit Mitarbeitenden eines interessanten Unternehmens oder einer interessanten Institution bietet Ihnen die Gelegenheit, zusätzliche Informationen über den potenziellen Arbeitgeber zu sammeln. Sie können hier Fragen stellen, die Ihnen einen besseren Eindruck über die konkrete Tätigkeit oder Rekrutierungsstrategien vermitteln. Anknüpfungspunkte können auch fachliche Themen, zukünftige Entwicklungen in der Branche oder Fragen zur Unternehmenskultur sein. Informieren Sie sich vorab auf den Internetseiten des Arbeitgebers und gehen Sie vorbereitet in das Gespräch. Nutzen Sie die Gelegenheit, sich kurz vorzustellen. Bereiten Sie drei bis vier Sätze vor, mit denen Sie Ihre Qualifikationen und den Bezug zur Branche auf den Punkt bringen. Vergessen Sie nicht, Ihre Visitenkarten mitzunehmen, und vernetzen Sie sich gegebenenfalls anschließend mit Ihren GesprächspartnerInnen auf Xing oder LinkedIn. (☞ Kapitel 5.1 »Bewerbungsstrategien«)

> **IMPULSVORTRÄGE VON BERUFSPRAKTIKERINNEN**
>
> An vielen Wissenschaftseinrichtungen werden Vortragsformate angeboten, in denen BerufspraktikerInnen aus verschiedenen Branchen Einblicke in ihren Berufsalltag geben. Hier erfahren Sie Interessantes zum beruflichen Werdegang, zu benötigten Qualifikationen und Arbeitsinhalten und erhalten in der Regel die Möglichkeit zu individuellen Rückfragen. Neben Insider-Informationen, die für die Bewerbung relevant sein können, bieten Ihnen diese Impulsvorträge eine gute Möglichkeit, herauszufinden, welche konkreten Berufsmöglichkeiten es in unterschiedlichen Branchen gibt. An manchen Universitäten sind die Impulsvorträge als semesterübergreifende Reihen angelegt, an anderen Institutionen finden sie in Blockveranstaltungen oder Karrieretagen statt. Auch Veranstaltungen, die sich an Studierende richten, können interessant sein. Nutzen Sie diese Gelegenheiten, um nach Einsatzmöglichkeiten für Promovierte zu fragen.

Berufsverbände, mit denen ich Kontakt aufnehmen möchte:

_____

_____

_____

Karrieremessen und Veranstaltungen, die ich besuchen möchte:

_____

_____

_____

Informationsgespräche

Auch außerhalb der öffentlichen Veranstaltungen ist es eine effektive Recherchemethode, mit Menschen zu sprechen, die in der Branche, die Sie interessiert, arbeiten. Fangen Sie in Ihrem Bekanntenkreis an und sprechen Sie mit Verwandten, FreundInnen, NachbarInnen oder ehemaligen KollegInnen. Wenn von ihnen niemand in der angestrebten Branche arbeitet, fragen Sie diese nach Empfehlungen für geeignete GesprächspartnerInnen. Auch soziale Medien, in denen Sie entfernte Schul- und StudienfreundInnen oder andere Personen finden, die in für Sie interessanten Berufsfeldern arbeiten, oder Alumni-Datenbanken können gute Informationsquellen sein. (☞ Kapitel 5.1 »Bewerbungsstrategien«) Alternativ können Sie über ein Mentoring-Programm an passende GesprächspartnerInnen kommen.

Eine besonders effektive Variante solcher Gespräche sind sogenannte Informationsgespräche.[33] Dabei stellen Sie den Personen aus der Sie interessierenden Branche sieben Fragen zu deren Berufstätigkeit. Im Mittelpunkt der Informationsgespräche steht nicht die Suche nach offenen Stellen, sondern die Suche nach Informationen zu interessanten Berufsbildern und Arbeitgebern. Am effektivsten ist es, wenn Sie die Gespräche persönlich und am Arbeitsplatz der von Ihnen befragten Person führen. So schaffen Sie eine bessere Vertrauensbasis als am Telefon und lernen durch eigene Anschauung viel über die jeweilige Branche.

Erklären Sie bei der Verabredung zum Informationsgespräch, dass Sie sich derzeit in einer beruflichen Orientierungsphase befinden und sich dabei speziell für die Branche oder das Tätigkeitsfeld Ihrer Gesprächspartnerin beziehungsweise Ihres Gesprächspartners interessieren. Die meisten Menschen freuen sich über Interesse an ihrem Beruf und erzählen bereitwillig von ihrem Arbeitsalltag. Rücken Sie nicht die Stellensuche in den Vordergrund, das verursacht bei Ihrem Gegenüber eher Druck. Der Ablauf eines Informationsgesprächs orientiert sich an sieben Fragen:

1. Wie sind Sie zu Ihrer beruflichen Tätigkeit gekommen?
2. Was sind die drei bis fünf wichtigsten Aufgaben, die Sie täglich erledigen?
3. Was gefällt Ihnen an Ihrer beruflichen Tätigkeit?
4. Was gefällt Ihnen möglicherweise nicht an Ihrer beruflichen Tätigkeit?
5. Wie wird sich dieser Arbeitsbereich in den nächsten fünf bis zehn Jahren entwickeln?
6. Welche Leute werden dann voraussichtlich in diesem Arbeitsbereich gebraucht? Welche Fähigkeiten, Eigenschaften und Kenntnisse sollten diese mitbringen?
7. Können Sie mir zwei oder drei weitere Personen nennen, die in Ihrer Branche arbeiten und mit denen ich Gespräche führen könnte?[34]

Mithilfe der letzten Frage können Sie per Schneeballsystem weitere Informationsgespräche führen und sich auf diese Weise ein umfangreiches Netzwerk in der für Sie interessanten Branche aufbauen. Nutzen Sie die Empfehlung durch Ihre vorige Gesprächspartnerin beziehungsweise Ihren vorigen Gesprächspartner als Türöffner bei der Kontaktaufnahme mit Ihnen unbekannten Personen. Wenn Sie während des Informationsgesprächs merken, dass Sie lieber in einem benachbarten oder anders spezialisierten Gebiet, in einer größeren oder kleineren Organisation etc. arbeiten wollen, variieren Sie die siebte Frage: »Können Sie mir zwei oder drei weitere Personen nennen, die auf dem Gebiet xy arbeiten/Ihre Tätigkeit in einer kleineren/größeren Organisation ausüben?«

Schreiben Sie gleich nach dem Informationsgespräch eine E-Mail oder eine Karte. Bedanken Sie sich für das interessante Gespräch und benennen Sie eine konkrete Information, die Ihnen weitergeholfen hat. Dies drückt nicht nur Ihre Wertschätzung für die Unterstützung aus, sondern dient Ihrem Gegenüber auch als Möglichkeit, mit Ihnen Kontakt zu halten und Ihnen zum Beispiel weitere Informationen oder Hinweise auf frei werdende Stellen in diesem Bereich zukommen zu lassen.

Wie Sie an der Struktur der Informationsgespräche sehen, ist das Erfolgsgeheimnis dieser Methode, dass weder Ihre Arbeitssuche noch Ihre Person oder Qualifikation in den Mittelpunkt gestellt werden. Dies ist für die Gesprächsatmosphäre und die Bereitschaft des Gegenübers, Ihnen Informationen zu geben, oft entscheidend. Sie sammeln in den Gesprächen Insider-Informationen zu Berufsfeldern und Branchen, die Sie im Bewerbungsverfahren nutzen können. Sie bekommen ein Gefühl dafür, ob Ihnen eine Arbeit in diesem Tätigkeitsfeld zusagen würde und erweitern Ihr berufliches Netzwerk. So werden Sie auch attraktiver für Branchen, in denen Sie bislang noch keine Berufserfahrung sammeln konnten. Nicht zuletzt kann Ihnen dieses Verfahren dazu dienen, sich durch Kontakte und Hinweise auch diejenigen offenen Stellen zu erschließen, die nicht öffentlich ausgeschrieben werden.

Mit folgenden Personen möchte ich Informationsgespräche führen:

Folgende Personen möchte ich nach passenden GesprächspartnerInnen für Informationsgespräche fragen:

_____

_____

_____

Praxiserfahrung und Ausbildungen

In einigen Konstellationen ist es möglich, bereits während der wissenschaftlichen Qualifizierung Brücken zu Arbeitsfeldern in Wirtschaft, Verwaltung, Bildung oder Kultur zu schlagen. Sei es, dass das eigene Forschungsprojekt als externe Promotion durchgeführt wird, dass inhaltlich mit einer Institution in Wirtschaft, Verwaltung, Bildung oder Kultur kooperiert wird oder dass über eine solche Einrichtung geforscht wird. Neben der inhaltlichen Expertise für den außeruniversitären Arbeitsmarkt, die Sie hier bereits während Ihrer Zeit an der Universität erwerben, bietet sich möglicherweise auch die Gelegenheit zu Gesprächen über die Branche und potenzielle Arbeitsfelder. Falls sich solche Kontakte nicht unmittelbar über Ihre Forschung ergeben, ist es vorstellbar, dass diese sich über Ihre Vorgesetzten oder über Mitglieder Ihres Promotionsprogramms beziehungsweise Ihres Forschungsverbunds herstellen lassen.

> **VERNETZUNGSEVENTS**
>
> An Wissenschaftseinrichtungen gibt es viele Gelegenheiten, Menschen aus interessanten Branchen kennenzulernen. An manchen Einrichtungen finden explizite Vernetzungsevents statt, etwa im Rahmen von Kaminabenden in Mentoring- oder Promotionsprogrammen. Auch wissenschaftliche Fachvorträge und Konferenzen bieten die Möglichkeit, interessante GesprächspartnerInnen aus anderen Branchen zu treffen. Hier gilt es, neben der wissenschaftlichen Brille auch die »Karrierebrille« aufzusetzen und strategisch neue Berufsfelder zu erkunden, ohne die wissenschaftlichen Interessen zu vernachlässigen.

Je ferner die angestrebte berufliche Tätigkeit von Ihrer wissenschaftlichen Erfahrung ist, umso sinnvoller ist es, im Vorfeld einer Bewerbung im entsprechenden Berufsfeld zu hospitieren, ein Kurzpraktikum[35] zu machen oder als freie Mitarbeiterin beziehungsweise freier Mitarbeiter tätig zu werden. Wenn sich über Ihr Arbeitsumfeld keine für Sie passenden Kontakte herstellen lassen, können Sie auch bei Mentoring-Programmen, dem Career Service oder über die Alumni-Datenbank Ihrer Universität an passende AnsprechpartnerInnen kommen. Es ist hilfreich, wenn Sie möglichst konkret benennen können, was Sie suchen und wie viel Zeit Sie zur Verfügung haben. Je nach Berufsfeld können Sie auch durch eine ehrenamtliche Tätigkeit oder einen Freiwilligeneinsatz einschlägige Arbeitserfahrung sammeln. Durch alle verschiedenen Formen von Praxiserfahrung gewinnen Sie Einblicke in Berufsfelder, die Sie interessieren, vertiefen möglicherweise berufsrelevante Kompetenzen (Teamfähigkeit, wirtschaftliches Denken etc.) und knüpfen berufliche Kontakte. Die Praxiserfahrung dokumentiert auch Ihre Initiative und lässt sich sinnvoll in Ihrer schriftlichen Bewerbung darstellen.

Mentoring

Deutschlandweit gibt es zahlreiche Mentoring-Programme, in denen beruflich erfahrene Mentorinnen und Mentoren NachwuchswissenschaftlerInnen bei der Karriereplanung unterstützen. In der Regel sind diese Programme auf ein Jahr angelegt und beinhalten neben den Treffen zwischen Mentees und MentorInnen auch Vernetzungs- und Weiterbildungsangebote. Durch das Mentoring eröffnen sich Einblicke in Berufsfeld und Arbeitsalltag der MentorInnen, Sie erhalten Tipps und Tricks zu beruflichen Entwicklungsmöglichkeiten, Kontakte in die entsprechende Branche und nicht zuletzt ein Rollenvorbild zu Ihrer persönlichen Orientierung. In einigen Fällen kann der Mentor oder die Mentorin in einem *job shadowing* am Arbeitsplatz begleitet werden. Oft gibt es an Wissenschaftseinrichtungen mehrere Mentoring-Programme für unterschiedliche Zielgruppen und verschiedene Karriereziele. Recherchemöglichkeiten zu Mentoring-Programmen finden Sie im Anhang.

Für viele Berufsfelder in Wirtschaft, Verwaltung, Bildung oder Kultur gibt es einschlägige berufsbegleitende Aus- und Weiterbildungen von unterschiedlicher Dauer. Es kann sinnvoll sein, solche Weiterbildungen parallel zu Ihrer Forschungstätigkeit zu absolvieren. Neben der Qualifikation, die Sie hierdurch erlangen, gibt Ihnen die Ausbildung auch einen Einblick in die neue berufliche Tätigkeit und vermittelt Ihnen ein Gefühl dafür, ob diese wirklich für Sie infrage kommt.

Folgende Praxiserfahrung habe ich schon gemacht/möchte ich gern machen:

Folgende Ausbildungen sind relevant für mein Gebiet:

Reflexionsübung

Machen Sie anhand Ihrer Notizen einen Plan für Ihre Arbeitsmarktrecherche. Folgende Recherchemethoden möchte ich anwenden:

Folgende Recherchen werde ich als nächstes durchführen:

5. Wie bekomme ich eine Stelle?

Sie haben sich mit Ihren beruflichen Fähigkeiten und Interessen auseinandergesetzt und herausgefunden, welches Berufsfeld in Wirtschaft, Verwaltung, Bildung oder Kultur Ihnen Spaß machen würde. Daraufhin haben Sie Recherchen durchgeführt, um ausreichend Informationen über konkrete Berufsbilder und Branchen zusammenzutragen. Durch Methoden wie Informationsgespräche oder berufspraktische Erfahrung haben Sie Kontakte in Berufsfelder und zu Arbeitgebern geknüpft oder Sie haben wertvolle Informationen für eine berufliche Selbständigkeit gesammelt. Vermutlich haben Sie während dieser intensiven Auseinandersetzung mit Ihren Karriereoptionen nach der Wissenschaft ein Wechselbad an Gefühlen erlebt, von Angst über Frustration bis Neugier, von Enttäuschung über Ungeduld bis Zuversicht. Wahrscheinlich haben Sie vieles über den Arbeitsmarkt außerhalb der Wissenschaft gelernt und haben Bereiche identifiziert, in denen Sie es sich gut vorstellen könnten zu arbeiten.

Je konkreter Sie sich in diesem Prozess bewusst geworden sind, was Sie selbst zu bieten haben und welche berufliche Tätigkeit Sie bei welcher Art von Arbeitgeber suchen, umso gezielter und effizienter können Sie Ihren Bewerbungsprozess gestalten. Im Folgenden geht es darum, wie Sie sich erfolgreich auf eine passende Stelle bewerben. Zur Ansprache von Arbeitgebern werden Ihnen in Kapitel 5.1 verschiedene Strategien vorgestellt. Zusätzlich erhalten Sie in Kapitel 5.2 Tipps, was Sie bei einer Bewerbung für den beruflichen Wechsel von der Wissenschaft in Wirtschaft, Verwaltung, Bildung oder Kultur beachten sollten und wie Sie sich erfolgreich in Vorstellungsgesprächen präsentieren. Falls Sie vorhaben, sich selbständig zu machen, finden Sie in Kapitel 5.3 Anregungen für die Planung Ihres Unternehmens.

Zusätzlich zu den vier im Folgenden genannten Strategien kann es hilfreich sein, sich ein persönliches Unterstützernetzwerk zu organisieren. Das kann eine Sparring-Partnerin oder ein Sparring-Partner sein, die oder der ebenfalls auf Stellensuche in Wirtschaft, Verwaltung, Bildung oder Kultur ist. Oder eine lose Gruppe von UnterstützerInnen, die Sie an Ihr Vorhaben erinnern, Bewerbungsunterlagen Korrektur lesen oder für wichtige Termine die Daumen drücken. Achten Sie bei der Auswahl geeigneter Personen darauf, dass diese konstruktiv, lösungsorientiert und konkurrenzfrei sind und Ihrem wissenschaftlichen Umfeld gegenüber Stillschweigen bewahren. Es ist empfehlenswert, dass Sie mit Ihren UnterstützerInnen besprechen, worin sie Ihnen helfen können, und sich ihres Einverständnisses versichern.

5.1 Bewerbungsstrategien

Viele Promovierte verfolgen bei ihrer Bewerbung in Wirtschaft, Verwaltung, Bildung oder Kultur zwei Strategien: die Bewerbung auf Stellenanzeigen oder eine Initiativbewerbung. Viele von ihnen sind jedoch frustriert, wenn sie mit diesem Vorgehen keine geeigneten Ausschreibungen finden oder auf Bewerbungen keine Rückmeldung bekommen.

Für eine Studie des Instituts für Arbeitsmarkt- und Berufsforschung wurden 2015 13.000 Arbeitgeber aller Wirtschaftsbereiche danach gefragt, auf welchem Weg sie in den letzten zwölf Monaten eine Stelle besetzt hatten. Für AkademikerInnen ergab sich dabei:

- Sieben Prozent der Positionen wurden mit BewerberInnen besetzt, die sich auf eine Stellenanzeige in einer Zeitung oder Zeitschrift beworben hatten.

- 26 Prozent der Stellen gingen an BewerberInnen, die sich auf Stellenanzeigen in Internet-Jobbörsen beworben hatten.

- 18 Prozent der Positionen wurden mit AkademikerInnen besetzt, die sich auf eine Stellenanzeige auf der Homepage des Arbeitgebers beworben hatten.

- Nur acht Prozent der Stellen wurden aufgrund von Initiativbewerbungen vergeben.

- 20 Prozent der Stellen wurden hingegen mit Personen besetzt, die von den Mitarbeitenden des Arbeitgebers empfohlen wurden oder zu denen persönlicher Kontakt bestand.
- Zwei Prozent der Stellenbesetzungsverfahren wurden mit Neueinstellungen über soziale Medien (Xing, Facebook etc.) abgeschlossen.
- Weitere zwei Prozent der Stellen wurden mit ehemaligen PraktikantInnen, Volontären etc. besetzt.[36]

Diese Daten, die übergreifend für AkademikerInnen aller Fächer und mit Abschlüssen von Bachelor bis Promotion erhoben wurden, zeigen, dass die Bewerbung auf Stellenanzeigen eine erfolgversprechende Methode ist. Dennoch wird ein großer Teil der Stellen über persönliche Kontakte und Netzwerke vergeben.[37] Für Ihre Bewerbung auf Stellen in Wirtschaft, Verwaltung, Bildung oder Kultur lassen sich daraus folgende Strategien ableiten:

Stellenanzeigen und Jobbörsen

Sich nach passenden Stellenausschreibungen umzuschauen, lohnt sich. Umso mehr, je klarer Sie sich über Ihr Profil und Ihren Berufswunsch sind. So können Sie gezielt nach Stellen suchen, bei denen Sie Chancen auf eine erfolgreiche Bewerbung haben. Im Anhang und bei den Porträts finden Sie Hinweise zu Online-Stellenbörsen. Einige der fachübergreifenden Jobportale nutzen Metasuchmaschinen: So stellt die Seite *jobrobot.de* Stellenanzeigen aus über 70 Online-Jobbörsen zusammen. Besonders effektiv kann es sein, wenn Sie sich drei bis fünf passgenaue Stellenbörsen zu Ihrem Fach oder Ihrem beruflichen Ziel suchen. Bei KunsthistorikerInnen könnten dies etwa *museumsbund.de*, *museums.ch* und *kunsthistoriker.org* sein.

In den fachübergreifenden Stellenbörsen haben Sie häufig die Möglichkeit, Ihr Jobprofil zu veröffentlichen. Hier können Arbeitgeber selbst nach interessanten BewerberInnen suchen und gegebenenfalls mit Ihnen in Kontakt treten. Erfahrungsgemäß ist diese Methode besonders effizient, wenn Sie sich mit einem spezifischen Profil präsentieren und in einem Wirtschaftsunternehmen arbeiten wollen. Außerhalb der Wirtschaft sind branchenspezifische Jobbörsen und Newsletter, zum Beispiel über die Berufsverbände, eine ergiebige Quelle für passende Stellenausschreibungen. Zusätzlich zu Jobbörsen sollten Sie aber auch auf den Webseiten derjenigen Arbeitgeber, die für Sie besonders interessant sind, regelmäßig nach Stellenausschreibungen suchen.

Für berufliche Tätigkeiten in Bildung, Kultur und Sozialwesen ist auch der Infodienst des Wissenschaftsladen Bonn zu empfehlen. Er bietet wöchentlich eine Übersicht über 400 bis 500 aktuelle und qualifizierte Stellen für Geistes- und SozialwissenschaftlerInnen in Deutschland, Österreich und der Schweiz. Darüber hinaus enthält er branchenspezifische Hintergrundberichte, beispielsweise über die Entwicklung neuer Berufsfelder, Tipps rund um das Thema Bewerbung sowie Terminhinweise zu Fachtagungen, Jobmessen und ausgewählten Fortbildungsangeboten. Ein weiterer Infodienst des Wissenschaftsladens beinhaltet Stellenangebot im Bereich Umwelt und Natur.

Persönliche Netzwerke

Für Arbeitgeber kann es Vorteile haben, BewerberInnen einzustellen, die dem Unternehmen oder der Institution schon bekannt sind, wie etwa durch Traineeprogramme oder Praktika, oder die von Mitarbeitenden empfohlen werden. Zum einen kann dies die Wahrscheinlichkeit, passende KandidatInnen einzustellen, erhöhen, zum anderen spart dieses Vorgehen Zeit bei der Einstellung, da so das Ausschreibungs- und Auswahlverfahren verkürzt werden kann.[38] Diese Tatsache können Sie für Ihre Bewerbungsstrategie nutzen. Ideal ist, wenn Sie bereits praktische Erfahrung bei einem Arbeitgeber in Wirtschaft, Verwaltung, Bildung oder Kultur sammeln konnten, sei es im Zusammenhang mit Ihrer Forschung, durch Hospitationen oder freie Mitarbeit. (☞ Kapitel 4.2 »Recherchestrategien«)

Zu persönlichen Netzwerken gehören aber auch Menschen aus Ihrem privaten oder beruflichen Umfeld, die bei einem für Sie interessanten Arbeitgeber tätig sind. Weitere Kontakte konnten Sie bei Ihrer Recherche möglicherweise bei Karrieremessen oder Veranstaltungen von Berufsverbänden knüpfen. Darüber hinaus sind die in Kapitel 4.2 beschriebenen Informationsgespräche eine besonders wirkungsvolle Methode des beruflichen Netzwerkens. Häufig werden Ihre GesprächspartnerInnen Sie nach einem Informationsgespräch kontaktieren, wenn eine passende Stelle in ihrer Organisation frei wird. Gerade kurzfristigere Angebote wie Elternzeitvertretungen werden gern über persönliche Netzwerke besetzt. Diese können

Ihnen Qualifikations- und Einstiegsmöglichkeiten in die Branche bieten, die Sie als Berufserfahrung und Beleg Ihrer Branchenaffinität für weitere Bewerbungen nutzen können.

Soziale Medien

Professionelle Netzwerke wie Xing oder LinkedIn bieten ihren Mitgliedern zahlreiche Möglichkeiten, ihre beruflichen Kontakte zu erweitern und potenzielle Arbeitgeber zu finden. Zum einen können Sie diese Netzwerke nutzen, um auf Ihr berufliches Profil aufmerksam zu machen. Wenn Sie über Spezialwissen oder besondere Methodenkenntnisse verfügen, kann dies dazu führen, dass Arbeitgeber Sie auf diesem Wege finden und Ihnen eine Stelle anbieten. Füllen Sie dafür die Profilmaske entsprechend Ihrem Lebenslauf möglichst vollständig aus, präsentieren Sie sich mit einem spezifischen Profil, das in Richtung Ihres favorisierten Arbeitsfeldes weist, und verwenden Sie branchenspezifische Schlüsselbegriffe, die bei einer Online-Suche gefunden werden können.

Zum anderen können Sie in thematischen Foren oder Interessengruppen einen Einblick in aktuelle Diskussionen im angestrebten Arbeitsfeld bekommen und sich selbst durch Beiträge unter den Mitgliedern bekannt machen. Rubriken zu Unternehmen liefern Ihnen Informationen und Kontaktdaten. Auf den internen Stellenmärkten bekommen Sie zu Ihrem Profil passende Jobangebote angezeigt und können nach weiteren Stellenangeboten suchen.

Darüber hinaus können Sie die Online-Netzwerke für Ihre Bewerbungsstrategie nutzen, um über Ihre Kontakte Informationen über eine Firma oder Institution oder die Entwicklungen in einer für Sie interessanten Branche zu sammeln. Neben den genannten professionellen Netzwerken bieten auch Alumni-Initiativen von Universitäten und Förderorganisationen oft die Möglichkeit, sich in eine Datenbank aufnehmen zu lassen und in dem Portal nach Bekannten, die interessanten neuen Tätigkeiten nachgehen, oder nach neuen Kontakten, die in einem bestimmten Berufsfeld arbeiten, zu suchen.

Zu den ungeschriebenen Gesetzen der sozialen Medien gehört, dass Sie erst nach potenziellen Stellen fragen sollten, wenn Sie einen guten Kontakt hergestellt haben. Im Übrigen gelten auch in den sozialen Medien die üblichen Netzwerkregeln: Kommunizieren Sie auf Augenhöhe und achten Sie auf eine Balance von Geben und Nehmen. Literaturhinweise für Bewerbungen über soziale Medien finden Sie im Anhang. Bei ihrer Nutzung sollten Sie in jedem Fall beachten, dass auch Ihr wissenschaftliches Umfeld in den professionellen Netzwerken aktiv sein kann und Ihre außerwissenschaftlichen Karriereabsichten sieht. Darüber hinaus nutzen viele Arbeitgeber die Chance, im Internet über ihre BewerberInnen zu recherchieren. Machen Sie daher im Rahmen Ihrer Bewerbungsstrategie unbedingt eine Internetrecherche nach Ihrem Namen und löschen Sie gegebenenfalls Fotos, Kommentare und Informationen, die ein Arbeitgeber nicht von Ihnen sehen sollte.

Selbstmarketing

Selbstmarketing über eigene Informations- und Dienstleistungsangebote kann auch jenseits einer geplanten Selbständigkeit eine interessante, wenn auch zeitaufwändige Bewerbungsstrategie sein. Überlegen Sie, welche Ihrer Expertisen für eine breitere Öffentlichkeit oder eine fachlich spezialisierte Gruppe interessant sein könnte. Schreiben Sie dazu einen Blog oder twittern Sie. Geben Sie einen Kurs bei der Volkshochschule, schreiben Sie Zeitungsartikel oder bieten Sie Dienstleistungen vor Ort oder über das Internet an. Gestalten Sie eine persönliche Webseite, auf der diese Aktivitäten sichtbar sind, und lassen Sie sich von KundInnen und Bekannten weiterempfehlen.

5.2 Tipps für Bewerbungsunterlagen und Vorstellungsgespräch

Sie haben eine passende Ausschreibung gefunden oder über Ihr Netzwerk von einer freien Stelle gehört, haben idealerweise bereits Kontakte beim Arbeitgeber oder in der Branche geknüpft und wollen sich bewerben. Als Promovierte beziehungsweise Promovierter verfügen Sie über fundierte Erfahrung in der Wissenschaft, haben beruflich viel investiert und zählen für die Arbeitsmarktforschung als hochqualifiziert. Sowohl in der Wissenschaft als auch in Wirtschaft, Verwaltung, Bildung oder Kultur ist es für eine erfolgreiche Bewerbung jedoch immer entscheidend, dass Sie als *passend* qualifiziert wahrgenommen werden. Es ist daher nicht sinnvoll, Ihre gesamte berufliche Erfahrung darzustellen. Stattdessen ist es empfehlenswert, klug auszuwählen und die Bewerbung an der Anforderung der neuen Stelle auszurichten. Wichtig ist dafür, dass Sie die Perspektive des Arbeitgebers kennen und Ihre Ansprache an seinen Bedürfnissen orientieren. Sowohl für die schriftliche Bewerbung als auch für das Vorstellungsgespräch sollten Sie daher möglichst umfassend über den potenziellen Arbeitgeber informiert sein. Strategien für die Recherche wurden in Kapitel 4 vorgestellt. Auch die Porträts in Kapitel 6 bieten zahlreiche Tipps, wie Sie Ihre Bewerbung zielgerichtet vorbereiten können.

Präsentieren Sie die für die Stelle einschlägigen Qualifikationen, Fähigkeiten und Interessen, stellen Sie Ihre Motivation für die neue berufliche Aufgabe dar und klammern Sie gegebenenfalls weitere Erfahrungen, die nicht zum Suchprofil des Arbeitgebers passen, aus. Ihre wissenschaftlichen Bewerbungsunterlagen sollten Sie für eine Bewerbung in Wirtschaft, Verwaltung, Bildung oder Kultur in der Regel grundlegend überarbeiten. Stimmen Sie Ihre Bewerbung anhand der Rechercheergebnisse individuell auf Stelle und Arbeitgeber ab. Das bedeutet, dass Sie für jede Stelle Ihre Bewerbungsunterlagen anpassen müssen.

Für Bewerbungsunterlagen und Vorstellungsgespräche in Wirtschaft, Verwaltung, Bildung oder Kultur gibt es zahlreiche fundierte Ratgeber. Entsprechende Literaturhinweise finden Sie im Anhang, besonders einschlägige Informationen erhalten Sie in Ratgebern für HochschulabsolventInnen. Befolgen Sie grundsätzlich deren Ratschläge und Vorgaben, auch wenn Ihnen diese, wenn Sie aus der Wissenschaft kommen, fremd erscheinen mögen. Im Folgenden finden Sie einige Hinweise, die für eine Bewerbung aus der Wissenschaft heraus besonders relevant sind.

Bewerbungsunterlagen

Das Anschreiben sollte anderthalb Seiten nicht überschreiten. Es lebt von seiner Passgenauigkeit. Wenn Sie durch Recherchen und Informationsgespräche ein umfassendes Bild von Branche, Arbeitgeber und Tätigkeitsfeld gewonnen haben, können Sie das Anschreiben konkret auf die Anforderungen der freien Stelle anpassen. So demonstrieren Sie dem Arbeitgeber, dass Ihnen klar ist, auf was Sie sich beruflich einlassen wollen.

Schildern Sie im Anschreiben Ihren wissenschaftlichen Werdegang allenfalls kurz. Machen Sie stattdessen Ihre Motivation für das neue Aufgabengebiet deutlich. Zeigen Sie, welche überfachlichen Kompetenzen und relevanten Kenntnisse Sie für die Stelle mitbringen. Hier hilft Ihnen die Selbstreflexion über Ihre Interessen und Ihr Können, die Sie anhand der vorigen Kapitel durchführen konnten. (☞ Kapitel 3 »Was könnte ich arbeiten?«) Bezeichnen Sie im Anschreiben Ihre in der Wissenschaft erworbenen Fähigkeiten mit den Begriffen, die in der neuen Branche verwendet werden, wie Projektmanagement, Führungstechniken und Präsentationskompetenz. Es ist strategisch sinnvoll, dass Sie zentrale Schlüsselbegriffe aus der Stellenanzeige in Ihr Anschreiben einbauen. Schreiben Sie in kurzen Sätzen mit prägnanter Aussage, vermeiden Sie einen wissenschaftlichen Schreibstil und Schachtelsätze.

Stellen Sie gegebenenfalls dar, welche einschlägige Arbeitserfahrung Sie außerhalb der Wissenschaft gesammelt haben. Wenn Sie einige Informationsgespräche in der neuen Branche geführt oder bei Messen und Vorträgen Kontakte zum Arbeitgeber geknüpft haben, können Sie dies erwähnen und so verdeutlichen, dass Sie bereits über Einblicke und Netzwerke in der Branche verfügen.

Gestalten Sie Ihr Anschreiben und Ihren Lebenslauf grundsätzlich entsprechend der Anforderungen der neuen Branche. Vorlagen finden Sie in den Bewerbungsratgebern. So zeigen Sie Ihrem zukünftigen Arbeitgeber, dass Sie sich von der Wissenschaft gelöst haben und sich der Spielregeln bewusst sind, die außerhalb der Wissenschaft gelten. Achten Sie auch darauf, dass Ihre schriftliche Bewerbung keine Schreib- oder Tippfehler enthält. Lassen Sie sie gegebenenfalls von einer Vertrauensperson Korrektur lesen.

Der Lebenslauf sollte prägnanter als in der Wissenschaft sein und etwa drei Seiten umfassen. Auch hier sollte nicht Ihr akademischer Werdegang im Vordergrund stehen, sondern die Kompetenzen und Erfahrungen, die zur Stellenausschreibung passen. Hierfür gibt es verschiedene Methoden: Stellen Sie die wissenschaftliche Berufserfahrung möglichst kompakt dar. Falls Sie einige kürzere wissenschaftliche Stationen hatten, wie etwa mehrere unterschiedliche Anstellungsverhältnisse und Stipendien an derselben Universität, kann es vorteilhaft sein, wenn Sie diese zu einem Punkt zusammenfassen. Heben Sie Ihre Berufserfahrung in Wirtschaft, Verwaltung, Bildung oder Kultur hervor, entweder in einer gemeinsamen Rubrik »Berufserfahrung« mit Ihren wissenschaftlichen Stationen oder als separate Rubrik. Führen Sie auch Hospitationen, Praktika, nebenberufliche und ehrenamtliche Tätigkeiten an.

Listen Sie unter den einzelnen beruflichen Stationen prägnant auf, welche Tätigkeiten damit verbunden waren. Nennen Sie drei oder vier der wichtigsten Tätigkeiten, orientieren Sie sich dabei an der in der Branche üblichen Terminologie. Wenn Sie Budget- oder Führungsverantwortung übernommen haben (auch für studentische Hilfskräfte und technisches Personal), stellen Sie dies mit Nennung der Höhe des Budgets und der Anzahl der Mitarbeitenden anschaulich dar. Auch die Übernahme von Einarbeitungsaufgaben, Trainingsmaßnahmen, Veranstaltungsorganisation, IT- und Webseitenbetreuung können je nach Stelle relevante Qualifikationen sein, die Sie nennen sollten.

Wenn Sie Ihren Lebenslauf auf die neue Karriereoption ausrichten, kann dies je nach Berufsfeld auch bedeuten, dass Sie Qualifikationen, die für Ihre wissenschaftliche Karriere wesentlich waren und die Ihnen viel bedeuten, weglassen oder kürzen sollten. Ihr Lehr-, Publikations- und Vortragsverzeichnis sollten Sie je nach Art der angestrebten Tätigkeit stark komprimieren oder gegebenenfalls ganz weglassen. Auf einen Arbeitgeber, für den wissenschaftliche Lehr-, Publikations- und Vortragstätigkeit nicht relevant ist, können diese Verzeichnisse so wirken, als hätten Sie innerlich noch nicht mit Ihrer wissenschaftlichen Tätigkeit abgeschlossen. Achten Sie darauf, dass Ihr Lebenslauf auch außerhalb der Wissenschaft verständlich ist. Verwenden Sie keine Abkürzungen oder wissenschaftsimmanenten Fachbegriffe.

In den Lebenslauf aufnehmen können Sie hingegen Weiterbildungen, die für die künftige Tätigkeit relevant sind. Die Angabe von zwei bis drei Hobbies ist in nicht-wissenschaftlichen Lebensläufen durchaus üblich. Nennen Sie hier nach Möglichkeit Hobbies, die auf arbeitsrelevante Kompetenzen wie beispielsweise Teamfähigkeit hinweisen, und die Anknüpfungspunkte für Gespräche bieten.

BEWERBUNGSUNTERLAGENCHECK
An vielen Universitäten besteht die Möglichkeit, die fertigen Bewerbungsunterlagen (insbesondere Lebenslauf und Anschreiben) gegenlesen zu lassen. Dabei können Sie wertvolle Hinweise dazu bekommen, ob Ihre Dokumente formal korrekt sind, inhaltlich zu der entsprechenden Stelle passen und Ihre persönlichen Stärken angemessen hervorheben. Es ist hilfreich, wenn Sie hierfür neben Ihren vollständigen Bewerbungsunterlagen den Ausschreibungstext einreichen, sodass geprüft werden kann, ob alles stimmig ist. Auch das Hochschulteam Ihrer Arbeitsagentur bietet in der Regel die Prüfung Ihrer Bewerbungsunterlagen an.

Vorstellungsgespräch

Im Vorstellungsgespräch geht es darum, Ihr Interesse und Ihre Passfähigkeit zu der zu besetzenden Stelle deutlich zu machen. Seien Sie darauf vorbereitet, Ihre Motivation für die neue Stelle aus dem neuen Aufgabenfeld heraus zu begründen. Stellen Sie im Gespräch diejenigen Erfahrungen und Qualifikationen in den Vordergrund, die für die angestrebte Stelle relevant sind. Versetzen Sie sich in den Arbeitgeber hinein und präsentieren Sie Ihre Vorzüge aus seiner Sicht. Stellen Sie sich also mithilfe Ihrer Recherchen zu Branche und Arbeitgeber auf das konkrete Aufgaben- und Anforderungsprofil ein und liefern Sie Argumente für Ihre Einstellung.

In aller Regel werden Sie zu Beginn des Vorstellungsgesprächs um eine kurze Selbstpräsentation gebeten. Bereiten Sie diese vor und üben Sie sie. Sprechen Sie dabei nicht ausführlich über Ihren wissenschaftlichen Werdegang, sondern gehen Sie auf Ihre persönlichen Fähigkeiten und fachlichen Kenntnisse ein, die relevant für die neue Stelle sind. Wenn Sie danach gefragt werden, sollten Sie auch in der Lage sein, Ihre Doktorbeziehungsweise Forschungsarbeit in drei Sätzen vorstellen zu können. Achten Sie dabei auf Anschaulichkeit und Verständlichkeit für ein fachfremdes Publikum und stellen Sie, falls sinnvoll, Bezüge zum neuen Aufgabenprofil her.

Für das weitere Gespräch ist es ratsam, Statements und Beispiele aus Ihrer wissenschaftlichen Berufserfahrung, aus Hospitationen, Praktika und

Ehrenamt vorzubereiten, mit denen Sie Ihre einschlägigen Erfahrungen für die neue Stelle belegen können. Möglicherweise können Sie hierfür auf die Erkenntnisse aus der Selbstreflexion über Ihre Fähigkeiten und Interessen aus Kapitel 3 zurückgreifen und so Ihre einschlägigen Qualifikationen auf den Punkt bringen. Übertreiben Sie bei der Darstellung Ihrer Erfahrung nicht, werten Sie Ihre Kompetenz aber auch nicht ab. Nutzen Sie dabei Sprache und Begrifflichkeit des Arbeitgebers.

Wenn Sie über Ihre Erfahrungen in der Wissenschaft sprechen, sollten Sie anhand authentischer Beispiele ein positives Bild zeichnen. Bringen Sie weder in Ihren Bewerbungsunterlagen noch im Vorstellungsgespräch negative Emotionen über Ihre Erfahrungen oder über Ihren Ausstieg aus der Wissenschaft zum Ausdruck. Wenn Sie emotional stark an der Wissenschaft hängen und möglicherweise verbittert über den Abschied sind, wirkt sich das negativ auf Ihre Bewerbungschancen aus. Machen Sie grundsätzlich keine negativen Aussagen über Ihre vorigen Tätigkeiten und Arbeitgeber, das wirft ein schlechtes Licht auf Ihre Person. Um dies zu vermeiden, kann es helfen, im Vorfeld eine ehrliche Bilanz über Ihre Karrierephase in der Wissenschaft zu ziehen: Was hat Ihnen gut gefallen? Was hat Ihnen nicht gefallen? Was haben Sie über sich gelernt? Welche Erkenntnisse nehmen Sie für sich in eine Arbeit außerhalb der Wissenschaft mit? Wählen Sie für das Vorstellungsgespräch positive Erfahrungen aus Ihrer wissenschaftlichen Tätigkeit aus, von denen Sie berichten können. Begründen Sie auf die neue Arbeitsstelle bezogen, warum diese für Sie passend und interessant ist.

Anders als in der Wissenschaft üblich, können Sie bei einem Vorstellungsgespräch in Wirtschaft, Verwaltung, Bildung oder Kultur auch Fragen zu Ihrer Persönlichkeit erwarten. Nehmen Sie diese ernst und bereiten Sie (gegebenenfalls mithilfe von Bewerbungsratgebern) Antworten auf typische Vorstellungsgesprächsfragen vor. Trainieren Sie das Gespräch im Vorfeld mit FreundInnen oder einem Coach. In einigen Branchen ist es üblich, dass Sie in der schriftlichen Bewerbung oder im Vorstellungsgespräch Ihre Gehaltsvorstellungen formulieren. Informieren Sie sich im Vorfeld, was hierfür branchenübliche Margen sind. Hinweise zu entsprechenden Gehaltsübersichten finden Sie im Anhang.

Neben einem Vorstellungsgespräch setzen einige Arbeitgeber Assessment-Center ein oder verlangen Arbeitsproben, wie Vorträge oder Fallstudien. In der Regel wird Ihnen das im Einladungsschreiben mitgeteilt. Für

Ihre Vorbereitung können Sie auch telefonisch erfragen, wie lange das Auswahlgespräch dauert, welche Elemente es umfasst und wer an der Auswahl beteiligt ist.

Viele Bewerberinnen und Bewerber beschäftigen sich im Vorfeld des Vorstellungsgesprächs mit der Frage, ob diese Stelle überhaupt ihren Vorstellungen von einem Arbeitsplatz entspricht. Vertagen Sie die Entscheidung, ob Sie die Stelle annehmen, auf den Zeitpunkt nach dem Auswahlgespräch. Erst dann haben Sie in der Regel genügend ausschlaggebende Informationen vorliegen. Setzen Sie sich mit ganzer Energie im Vorstellungsgespräch dafür ein, sich als gute Kandidatin beziehungsweise guter Kandidat zu präsentieren. Denn letztlich können Sie sich erst für eine Stelle entscheiden und sie annehmen, wenn Sie diese auch angeboten bekommen.

Es kann hilfreich sein, sich vor dem Auswahlgespräch noch einmal zu vergegenwärtigen, welche Kriterien Ihnen bei einem künftigen Arbeitgeber wichtig sind. Wie sollten Arbeitsaufgaben, Entscheidungsspielräume und Rahmenbedingungen beschaffen sein? Bilanzieren Sie nach dem Vorstellungsgespräch, was Sie dort über Arbeitgeber und Aufgabe erfahren haben: Welche Ihrer Kriterien wurden erfüllt, wie haben Ihnen Atmosphäre und Umgang gefallen? Reflektieren Sie auch Ihren eigenen Auftritt und stellen Sie fest, was Ihnen gelungen ist und an welchen Stellen Sie gegebenenfalls bei einem weiteren Vorstellungsgespräch anders agieren würden.

> **WORKSHOPS ZU BEWERBUNGSTHEMEN**
>
> Zahlreiche Wissenschaftseinrichtungen bieten Bewerbungstrainings für den Arbeitsmarkt außerhalb der Wissenschaft an. Das Themenspektrum reicht vom Verfassen von Bewerbungsunterlagen über Vorstellungsgespräche bis hin zu Assessment-Center-Trainings. Diese Kurse können sehr hilfreich sein, um die Anforderungen an Bewerbungen in Wirtschaft, Verwaltung, Bildung oder Kultur kennenzulernen. So lassen sich typische Fehler im Bewerbungsprozess vermeiden. In praktischen Übungen können Sie mehr Sicherheit für Vorstellungsgespräche gewinnen und mithilfe von Feedback Ihre Chancen verbessern. Auch die Hochschulteams der Arbeitsagenturen bieten sinnvolle Unterstützungsmaßnahmen für Bewerbungen an.

5.3 Planung einer beruflichen Selbständigkeit

Sie haben eine Idee für eine Dienstleistung oder ein Produkt, mit denen Sie sich selbständig machen könnten? Aber Sie sind sich nicht sicher, ob diese Idee tragen könnte oder was Sie für die Umsetzung tun müssten? Vielleicht haben Sie Beispiele von anderen Selbständigen vor Augen, die sich finanziell nur mühsam über Wasser halten können. Oder Sie brauchen mehr Sicherheit, um sich nach einer angestellten Beschäftigung auf das Risiko Selbständigkeit einzulassen. Für eine berufliche Selbständigkeit gilt es, zusätzlich zur zündenden Geschäftsidee auch eine solide Unternehmensplanung zu machen. Diese hilft Ihnen, die wirtschaftliche Umsetzung gleich auf einer stabilen Basis aufzubauen. Aber auch wenn Sie sich erst mit dem Gedanken an eine berufliche Selbständigkeit tragen, kann es hilfreich für Ihre Entscheidung sein, die mögliche Unternehmensplanung einmal durchzuspielen.

Im Folgenden sind grundlegende Fragen zusammengestellt, die Sie auch für die Erstellung eines Businessplans beantworten müssen. Sie bilden die zentralen Aspekte ab, über die Sie sich für eine selbständige Tätigkeit als erstes Gedanken machen sollten. Durch die Beantwortung der Fragen können Sie die Ideen ergänzen, die Sie schon entwickelt haben, und sicherstellen, dass Sie für alle wichtigen Fallstricke erste Lösungen erarbeitet haben.

Meine Idee

Machen Sie sich konkretere Gedanken zu der Dienstleistung oder dem Produkt, das Sie anbieten wollen. Vergegenwärtigen Sie sich Ihrer Expertise, stecken Sie eine passende Zielgruppe ab und überlegen Sie, wie Sie sich von ähnlichen Angeboten abgrenzen.

Dienstleistung/Produkt

- Welche Dienstleistung oder welches Produkt könnte ich anbieten?
- Was ist meine Expertise für diese Dienstleistung/dieses Produkt?
- Welche Kenntnisse, Erfahrungen und Ausbildung bringe ich mit?
- Was liegt mir und interessiert mich dabei besonders?
- Was ist meine Vision?

Zielgruppe

- Wer ist die/der AbnehmerIn für meine Dienstleistung/mein Produkt?
- Was zeichnet diese Zielgruppe aus?
- Wie groß ist diese Zielgruppe?
- Welches Problem dieser Zielgruppe löst meine Dienstleistung/mein Produkt?
- Was spricht die Zielgruppe an?
- Wie viel wäre die Zielgruppe bereit, für meine Dienstleistung/mein Produkt zu zahlen?

Marktanalyse

- Welche anderen Anbieter gibt es für meine Dienstleistung/mein Produkt?
- Was ist die Besonderheit von meiner Dienstleistung/meinem Produkt gegenüber diesen Anbietern?
- Welche Preisstruktur ist in der Branche üblich?

Mein Finanzierungskonzept

Bei der beruflichen Selbständigkeit sind Sie selbst für den Gewinn, und damit Ihr Einkommen, verantwortlich. Kalkulieren Sie daher, welche Ausgaben Sie für die selbständige Tätigkeit haben werden, überlegen Sie sich einen sicheren Mix aus Einnahmequellen und machen Sie sich Gedanken über eine erfolgreiche Marketing-Strategie.

Kosten

- Wie hoch sind die Kosten für die Erstausstattung? (z. B. IT-Ausstattung, Möbel, Ausbildung)
- Wie hoch sind meine laufenden Kosten für die Selbständigkeit? (z. B. Miete, Büromaterial, Fahrtkosten)
- Wie hoch sind meine Kosten für Personal/ausgelagerte Aufgaben?

- Wie hoch sind die Kosten für Werbung? (z. B. Webseite, Flyer, Visitenkarten, Anzeigen)
- Welche Versicherungen brauche ich? (z. B. Kranken-, Renten-, Berufsunfähigkeitsversicherung)

Einnahmen/Gewinn

- Wie hoch sind meine monatlichen Lebenserhaltungskosten?
- Wie viel Nettoeinkommen will ich pro Monat erzielen?
- Welche verschiedenen Einnahmequellen umfasst mein Geschäftsmodell?
- Zu welchem Preis biete ich meine Dienstleistung/mein Produkt an?
- Was sind meine stabilen, laufenden Einnahmequellen?
- Woher bekomme ich eine Anschubfinanzierung für meine Selbständigkeit?
- Wer prüft meinen Businessplan?
- Wo erkundige ich mich zu Fragen von Unternehmensform und Steuern?

Marketing

- Was macht meine Dienstleistung/mein Produkt attraktiv?
- Was ist mein Alleinstellungsmerkmal?
- Über welche Kanäle erreiche ich meine Zielgruppe?
- Welche Instrumente möchte ich für das Marketing einsetzen? (z. B. Webseite, Flyer, soziale Netzwerke, Anzeigen, Telefonakquise)

Meine Umsetzungsstrategie

Überlegen Sie nun, wie Sie ihre berufliche Selbständigkeit konkret umsetzen wollen. Konkretisieren Sie, welche Ausstattung Sie benötigen, mit wem Sie zusammenarbeiten wollen und wer Sie beim Aufbau Ihres Unternehmens unterstützen kann.

Infrastruktur

- Welche räumliche Ausstattung brauche ich für die Umsetzung meiner Freiberuflichkeit? (z. B. Büro, Beratungsraum, Lagerräume)
- Welche technische Ausstattung benötige ich? (z. B. IT-Ausstattung, Software, Beamer)
- Welche Aufgaben in meiner Firma kann ich selbst übernehmen
- Für welche Aufgaben brauche ich Unterstützung, welche Aufgaben möchte ich outsourcen? (z. B. Buchhaltung, Akquise, Erstellung von Werbematerialien)
- Welche Weiterbildungen brauche ich? (z. B. Projektmanagement, Marketing, Führung)

Netzwerke

- Welche Berufsverbände oder beruflichen Netzwerke gibt es für meine Dienstleistung oder mein Produkt?
- Mit wem aus meinem privaten oder beruflichen Umfeld könnte ich zusammenarbeiten?
- Wer aus meinem privaten oder beruflichen Umfeld könnte mich durch Ideen, Feedback oder Kontakte unterstützen?

Unterstützung beim Aufbau der Selbständigkeit

- Welche meiner Persönlichkeitsmerkmale sind förderlich für meine Selbständigkeit?
- Wofür brauche ich Unterstützung?
- Welche Beratungseinrichtungen gibt es an meiner Wissenschaftseinrichtung/meinem Ort zum Aufbau einer Selbständigkeit?
- Welche Business-Wettbewerbe gibt es an meinem Ort oder für meine Sparte?

Bei der Umsetzung Ihrer Idee für eine berufliche Selbständigkeit sind Sie nicht allein. In Hochschulen und Kommunen gibt es zahlreiche Unterstützungsangebote für GründerInnen. Neben Beratungsangeboten rund um die Firmengründung bieten sie Weiterbildungen an, etwa zur Erstellung eines Businessplans. Einige Gründerzentren stellen, zum Beispiel im Rahmen eines Wettbewerbs, auch Anschubfinanzierung für Firmengründungen zur Verfügung oder beraten zur Einwerbung weiterer Fördergelder. Nutzen Sie diese Angebote und auch die Hilfe von Gründungscoaches. Weiterführende Literaturhinweise und Informationen zur beruflichen Selbständigkeit finden Sie im Anhang.

Gründerzentren

Viele Wissenschaftseinrichtungen haben Gründerzentren aufgebaut, die unterschiedliche Aufgaben erfüllen: Sie beraten ForscherInnen, die mit ihren wissenschaftlichen Erfindungen eine Firma gründen wollen, oder Studierende, die mit einer Marktidee ein eigenes Unternehmen aufbauen wollen. Auch für NachwuchswissenschaftlerInnen, die sich mit einer Dienstleistung selbständig machen wollen, sind Gründerzentren wertvolle Ansprechpartner. Unterstützung für Gründungsvorhaben bieten auch die Wirtschaftsförderungen vieler Städte und Landkreise an.

6. Promovierte in alternativen Berufsfeldern: Porträts

Sie haben die vorigen Kapitel durchgearbeitet, aber immer noch Zweifel, ob es für Sie möglich sein wird, einen Arbeitsplatz in Wirtschaft, Verwaltung, Bildung oder Kultur zu finden? Sie wünschen sich Vorbilder, denen dieser berufliche Wechsel gelungen ist? Oder Sie wollen mehr über den Arbeitsalltag in bestimmten Branchen erfahren? Im Folgenden stelle ich Ihnen promovierte Geistes- und SozialwissenschaftlerInnen vor, die nach ihrer wissenschaftlichen Karriere alternative berufliche Tätigkeiten ergriffen haben. Sie arbeiten heute im Wissenschaftsmanagement, in Politik und Verwaltung, in Kultur, Medien und Bildung oder in Wirtschaft und Beratung. Der Ausstieg aus der Wissenschaft ist manchen von ihnen zunächst nicht leicht gefallen. Er war von einem längeren Entscheidungsprozess begleitet, in dem verschiedene Optionen ausgelotet wurden. Heute sind alle sehr zufrieden mit ihrer neuen beruflichen Tätigkeit. Wie ein Berufsweg für eine alternative wissenschaftliche Tätigkeit aussehen kann, zeigt das Porträt einer Fachhochschulprofessorin.

Die Porträts sollen Ihnen Einblicke in neue Berufsfelder eröffnen und konkretere Vorstellungen davon vermitteln, was sich hinter verschiedenen Berufsbildern verbirgt. Sie erfahren, wie die tägliche Arbeit in den jeweiligen Arbeitsfeldern ablaufen kann und was aus Sicht der Porträtierten die Vor- und Nachteile ihrer neuen Tätigkeit sind. Diese Einblicke liefern Ihnen Hintergrundinformationen zu neuen Berufsoptionen und können Teil Ihrer aktiven Recherchestrategie sein. (☞ Kapitel 4 »Wo könnte ich arbeiten?«) Zugleich spiegeln die Porträts subjektive Erfahrungen wider: Was an einem Arbeitsplatz Alltag ist, könnte sich bei einem anderen Arbeitgeber unterschiedlich gestalten. Was für die Porträtierten Vorzüge einer Stelle sind, kann in Ihren Augen gegen dieses Berufsfeld sprechen. Damit bieten die Porträts Ihnen eine Projektionsfläche für Ihre persönlichen Reflexionen.

Als Unterstützung für Ihre Bewerbung stellen die Porträts vor, wie Stellenbesetzungsverfahren in den jeweiligen Berufsfeldern ablaufen können. Die Porträtierten erzählen, auf welche Qualifikationen es bei ihrer Tätigkeit ankommt, wie man sich am besten auf das Vorstellungsgespräch vorbereitet, welche Karriereoptionen sich bieten und wie sich das Berufsfeld in den nächsten Jahren entwickeln wird. Wenn Sie sich auf eine Stelle in einem der vorgestellten Berufsfelder bewerben, sollten Sie weitere Quellen konsultieren, um sich über die Erwartungen und das Verfahren des konkreten Arbeitgebers zu informieren. Informationen zu einschlägigen Stellenbörsen, Berufsverbänden und weiterführender Literatur finden Sie am Schluss jedes Porträts. Hier können Sie sich auch Notizen für Ihre weitere Bewerbungsstrategie machen.

Damit die Porträts Ihnen während Ihres beruflichen Wechsels als Rollenvorbilder dienen können, beginnen alle Erzählungen mit der wissenschaftlichen Karriere der Porträtierten, skizzieren die Orientierungs- und Entscheidungsphase sowie die Gründe, die zum Ausstieg aus der Wissenschaft geführt haben. Hier wird ähnlich wie in Kapitel 2 die Vielfalt an Umständen und Motivationen deutlich, die zur Wahl eines alternativen Berufswegs führen können. Außerdem stellen die Porträtierten dar, wie die wissenschaftliche Tätigkeit sie auf ihre neue Aufgabe vorbereitet hat beziehungsweise welche Gemeinsamkeiten und Unterschiede zwischen den beiden beruflichen Tätigkeiten bestehen.

Um zu verdeutlichen, dass ein beruflicher Wechsel in alternative Tätigkeitsfelder in Wirtschaft, Verwaltung, Bildung oder Kultur auch für promovierte Geistes- und SozialwissenschaftlerInnen machbar ist, stammen alle Porträts aus diesem Fächerspektrum. Einige der Porträtierten haben gleich nach der Promotion neue berufliche Wege eingeschlagen. Die Porträts zeigen aber auch, dass ein späterer Wechsel möglich ist: Manche Porträtierten haben nach ihrer Doktorarbeit noch Jahre in der Wissenschaft verbracht, bevor sie den Ausstieg gewagt haben. Alle Porträts basieren auf Interviews mit realen Personen sowie auf unabhängiger Recherche zum Berufsfeld. Die Angaben zu Person und Arbeitgeber sind mit Ausnahme des Porträts zur Selbständigkeit anonymisiert, sodass sich keine Rückschlüsse auf konkrete Personen ziehen lassen.

6.1 Exkurs: Alternative wissenschaftliche Tätigkeiten

6.1.1 Fachhochschulprofessorin

Praxisorientierte Lehre, anwendungsorientierte Forschung und Hochschulmanagement sind die Aufgaben einer Fachhochschulprofessur. Für BewerberInnen mit einem breiten Forschungsprofil, Freude an der Lehre und Berufserfahrung außerhalb der Hochschule bietet sie eine Nische in Forschung und Lehre mit viel Gestaltungsspielraum.

Von der Sozialwissenschaftlerin zur Fachhochschulprofessorin

Hannah ist promovierte Sozialwissenschaftlerin und Professorin an einer Fachhochschule.[39] Nach dem Studium begann sie ihre Doktorarbeit, unterstützt durch ein Promotionsstipendium. Um eine institutionelle Anbindung zu haben, lehrte sie parallel an verschiedenen Hochschulen und nahm später eine halbe Stelle an einem außeruniversitären Forschungsinstitut an. Dort warb sie Drittmittel ein, führte mehrere Forschungsprojekte durch und publizierte die Ergebnisse. Parallel verfolgte sie ihr Dissertationsprojekt weiter, arbeitete für Nichtregierungsorganisationen und bekam zwei Kinder. »Insgesamt habe ich recht lange promoviert, aber während dieser Zeit nicht nur meine Dissertation verfasst, sondern auch zwei weitere Bücher publiziert, Drittmittel eingeworben und umfangreiche Lehrerfahrung an verschiedenen Institutionen im In- und Ausland gesammelt«, erzählt Hannah. Nach Abschluss der Promotion war sie zwei Jahre als Postdoc an einer Universität tätig.

Ihre Forschung verfolgte Hannah interessengetrieben. Sie profilierte sich in zwei verschiedenen Forschungsfeldern, der Partizipationsforschung sowie der Migrationsforschung. »Ich bin meinen Karriereweg nicht rein strategisch angegangen, aber mir war immer klar, dass ich in der Wissenschaft bleiben wollte«, sagt sie. »In meinem Umfeld habe ich gesehen, wie hoch qualifizierte KollegInnen keine Professur bekamen oder sich jahrelang im Bewerbungsprozess beziehungsweise auf Vertretungsprofessuren befanden. Ich wollte mehr Sicherheit, gerade auch für meine Familie.« Sie begann, sich nach Alternativen umzusehen, die ihr zu einem früheren Zeitpunkt eine dauerhafte Perspektive boten, und nahm für kurze Zeit eine Stelle als Geschäftsführerin in einer Nichtregierungsorganisation an. Gleichzeitig wurde sie durch eine Verwandte, die Fachhochschulprofessorin ist, auf diese Berufsoption aufmerksam: »Bei ihr habe ich gesehen, welche Freiheitsgrade eine Fachhochschulprofessur hat, welche Sicherheit sie bietet und welche Wissenschaftsnähe bei gleichzeitiger Anwendungsorientierung. Das hat mir gefallen.« Sie informierte sich im Internet über Einstellungsvoraussetzungen und das Bewerbungsverfahren, orientierte sich, in welchem fachlichen Kontext ihr Profil Chancen hätte, und bewarb sich erfolgreich auf eine Professur.

Lehre, Forschung, Gremien: Ein typischer Arbeitstag

Seit mehreren Jahren ist Hannah nun als Professorin für Soziologie an einer Fachhochschule tätig. Ihre Tätigkeit besteht aus drei Säulen: Lehre, Forschung und Gremientätigkeit. Das Spektrum der Fachhochschulen ist sehr breit und reicht von verschiedenen fachlichen Ausrichtungen über staatliche, kirchliche oder private Trägerschaft. Auch die Größe der Hochschulen variiert stark. Der Arbeitsalltag einer Fachhochschulprofessur kann sich daher in Abhängigkeit von der Institution ganz unterschiedlich gestalten. Mit 18 Semesterwochenstunden fällt die Lehre besonders ins Gewicht. Dabei wird nicht nur zu den eigenen Forschungsschwerpunkten unterrichtet, sondern ein breites Themenspektrum in verschiedenen Studiengängen abgedeckt und der Anwendungsbezug hergestellt. In der Regel findet die Lehre in kleinen Lerngruppen statt, Massenveranstaltungen sind selten. »Durch die Betreuung von Bachelor- und Masterarbeiten sowie kooperativen Promotionen mit einer Universität kann die Lehrverpflichtung beispielsweise auf 16 Stunden reduziert werden. Aber selbst wenn man pro Semesterwochenstunde nur eine Zeitstunde Vor- und Nachbereitung rechnet, ist ein großer Teil der Arbeitszeit gebunden«, sagt Hannah. Der Besuch von auf die Fachhochschullehre zugeschnittenen hochschuldidaktische Weiterbildungen ist an vielen Institutionen während der Probezeit verpflichtend vorgesehen. Neben den Lehrveranstaltungen fällt auch die Korrektur studentischer Arbeiten an.

Ihrer Forschungstätigkeit geht Hannah nach, indem sie Publikationen verfasst und Vorträge auf Konferenzen hält. Gerade hat sie Drittmittel für ein neues Forschungsvorhaben eingeworben. Für die Durchführung eines

Drittmittelprojekts kann unter Umständen eine Lehrdeputatsreduktion vereinbart werden. Zudem besteht für FachhochschulprofessorInnen in einigen Bundesländern die Möglichkeit, ein Forschungsfreisemester oder ein Praxissemester zu beantragen. Dabei wird man von Lehr- und Gremienverpflichtungen freigestellt, um sich ganz der Forschung zu widmen beziehungsweise außerhalb der Hochschule zu arbeiten.

Im Arbeitsalltag von FachhochschulprofessorInnen spielt auch die akademische Selbstverwaltung eine wichtige Rolle. Hannah ist Mitglied des Senats, der Gleichstellungskommission sowie einiger temporärer Gremien, wie Berufungskommissionen, und arbeitet am Hochschulentwicklungsplan mit. Als Vertrauensdozentin für ein Begabtenförderungswerk und für internationale Zeitschriften und Drittmittelgeber verfasst sie zahlreiche Gutachten.

Lehre, Freiheit, Arbeitsintensität: Licht- und Schattenseiten

Am besten gefällt Hannah an ihrer Tätigkeit als Fachhochschulprofessorin die Lehre, die an ihrer Hochschule einen internationalen Schwerpunkt hat. Sie schätzt es, Studierende in mehreren Kursen pro Woche zu begleiten, ihre Entwicklung von Studienbeginn bis Studienabschluss fördern zu können und Wechselwirkungen von Theorie und Praxis mit ihnen zu diskutieren. Dabei setzt sie gern unterschiedliche didaktische Methoden und Lehrformen ein. »Ich halte eine Professur für eine privilegierte Position, weil ich die Freiheit habe, meine Schwerpunkte in Forschung und Lehre selbst zu wählen. Und ich kann selbstbestimmt arbeiten und meine Zeit frei einteilen. Das ist auch sehr familienfreundlich«, sagt Hannah. »Gerade in den ersten Jahren auf der Professur bin ich zeitlich aber auch an meine Grenzen gestoßen. Insbesondere für die Lehre war in dieser Zeit vieles neu aufzubereiten.«

Forschung, Lehrerfahrung, Berufspraxis: Erwartete Qualifikationen

Einstellungsvoraussetzungen für Fachhochschulprofessuren sind ein abgeschlossenes Hochschulstudium, pädagogische Eignung (die vor allem durch Erfahrung in der Hochschullehre sowie durch hochschuldidaktische Weiterbildung nachgewiesen werden kann), die besondere Befähigung zu wissenschaftlicher Arbeit (die in der Regel durch eine Promotion gezeigt wird) sowie durch eine mindestens fünfjährige Berufspraxis nach dem Hochschulabschluss, von der drei Jahre außerhalb des Hochschulbereichs erworben sein sollen. Anders als bei einer Universitätsprofessur wird eine Habilitation nicht vorausgesetzt, stattdessen ist eine einschlägige Erfahrung in der außeruniversitären Berufswelt zwingend notwendig. Hintergrund hierfür ist der Grundsatz, Studierende praxisnah auszubilden. Klassischerweise werden für Fachhochschulprofessuren also PraktikerInnen gesucht, die mehrere Jahre in einem Unternehmen oder einer öffentlichen Institution gearbeitet haben. Das Kriterium der Berufspraxis kann aber in einigen Fällen auch durch wissenschaftliche Tätigkeiten erfüllt werden, solange diese wie in Hannahs Fall an einer außeruniversitären Einrichtung erfolgten. Hinzu kam bei ihr die Berufserfahrung in Nichtregierungsorganisationen. Auch Teilzeitbeschäftigungen, freiberufliche Tätigkeiten sowie praktische Ausbildungsanteile wie Referendariate können von den Hochschulen als Berufspraxis angerechnet werden.

Die fachliche Passung zu einem der Studiengänge und Schwerpunkte der Hochschule ist zentrale Voraussetzung für eine erfolgreiche Bewerbung. Nicht für alle universitären Fächer gibt es passende Gegenstücke an einer Fachhochschule. Gerade in den Geistes- und Sozialwissenschaften ist es daher ratsam, strategisch zu überlegen, ob und zu welchem Studiengang die eigene Qualifikation passen könnte. »In der Bewerbungsphase kam für mich der Durchbruch an dem Punkt, an dem ich nicht nach Ausschreibungen geschaut habe, auf die ich passen könnte, sondern mich mit meinem Profil auseinandergesetzt und zusammengestellt habe, was ich zu bieten habe und wo das in der Fachhochschullandschaft anknüpfungsfähig wäre«, erzählt Hannah.

Durch ihre spezifischen Anforderungen kann eine Fachhochschulprofessur unter Umständen auch für NachwuchswissenschaftlerInnen interessant sein, deren wissenschaftlicher Lebenslauf sich von einigen der klassischen universitären Leistungsparameter abhebt: Gerade wer sich fachlich breiter aufgestellt, Berufserfahrung außerhalb der Wissenschaft gesammelt und sich umfassend in der Lehre engagiert hat, ist bei einer entsprechenden fachlichen Passung sehr gut für eine Professur an einer Fachhochschule qualifiziert. Insbesondere für Frauen gibt es derzeit zahlreiche Informations- und Qualifizierungsangebote, die für die Fachhochschulprofessur werben und vorbereiten. Zur fachlichen und qualifikationsbezogenen Passung beraten der Hochschullehrerbund, der Berufsverband der ProfessorInnen an deutschen Fachhochschulen, sowie die Gleichstellungsbeauftragten.

Lehrprobe und Kommissionsgespräch: Das Berufungsverfahren
Professuren an Fachhochschulen werden öffentlich ausgeschrieben und in einem regulären Berufungsverfahren besetzt. Stellenausschreibungen werden in den Stellenmärkten von *academics.de* und der *ZEIT*, in Fachzeitschriften und Amtsblättern sowie auf den Webseiten der Hochschulen veröffentlicht. Wenn Ihr fachliches Profil nur an wenigen Hochschulen vertreten ist, lohnt es sich, diese Institutionen im Blick zu behalten und gegebenenfalls zu kontaktieren, um sich über die Stellenplanung zu informieren. Das Berufungsverfahren verläuft weitgehend analog zum Verfahren an Universitäten. Sie bewerben sich mit einem Anschreiben, einem wissenschaftlichen Lebenslauf, Publikationsverzeichnis und den Zeugnissen Ihrer wissenschaftlichen Qualifikation sowie Arbeitszeugnissen Ihrer Tätigkeit außerhalb des Hochschulbereichs. Je nach Verfahren können weitere Unterlagen, wie ein Lehrportfolio oder ein Verzeichnis der eingeworbenen Drittmittel gefordert werden. Im Anschreiben, das maximal anderthalb Seiten lang sein sollte, sollten Sie insbesondere Ihre fachliche Einschlägigkeit, Ihre didaktische Eignung und Erfahrung, Ihren Praxisbezug und die Erfüllung der Einstellungsvoraussetzungen (Berufserfahrung) erläutern. Insgesamt sollte im Anschreiben deutlich werden, dass Sie sich mit der Spezifik von Fachhochschulen auseinandergesetzt haben und motiviert sind, dieses Berufsziel anzustreben. Auch im Lebenslauf sollten Sie die Einstellungskriterien sichtbar machen. Eine eigene Darstellung der Berufspraxis, aus der auch die Beschäftigungszeiten außerhalb des Hochschulbereichs hervorgehen, ist empfehlenswert. Auch Ihre Lehrerfahrung sollte herausgestellt werden. Wenn Sie über besonders viel Lehrerfahrung verfügen, können Sie eine Auswahl besonders einschlägiger Veranstaltungen auflisten. Wenn Sie bisher wenig Gelegenheit zur Lehre hatten, sollten Sie Ihre didaktische Eignung durch Lehrerfahrung außerhalb von Hochschulen, Betreuungsaufgaben oder didaktische Weiterbildungen belegen.

Der mündliche Teil des Auswahlverfahrens umfasst in der Regel eine Lehrprobe und ein Kommissionsgespräch. In manchen Verfahren sind weitere Elemente, wie ein Forschungsvortrag, vorgesehen. Falls nicht genauer im

Einladungsschreiben spezifiziert, sollten Sie sich im Vorfeld des »Vorsingens« bei der oder dem Kommissionsvorsitzenden nach den Rahmenbedingungen erkundigen: Welche Anforderungen werden an die Lehrprobe gestellt? Wer wird das Publikum sein? Ist das Thema vorgegeben oder frei wählbar? Welcher Medieneinsatz wird erwartet? Was ist der zeitliche Rahmen für Probevorlesung und Kommissionsgespräch? Die Probevorlesung spielt bei Bewerbungen auf Fachhochschulprofessuren eine entscheidende Rolle. Sie sollten hier sowohl fachlich als auch persönlich überzeugend auftreten. Achten Sie auf eine professionelle Gestaltung Ihrer Präsentation und eine verständliche Sprache. Wenn Sie im Vorfeld keine Informationen bekommen, wie der inhaltliche Schwerpunkt gesetzt werden soll, planen Sie eine Kombination aus Forschungsinput, Lehrmethodik und Praxisbezug. In manchen Fällen findet die Lehrprobe mit Studierenden im Rahmen von laufenden Kursen statt. Meist besteht die Zuhörerschaft jedoch ausschließlich aus der (erweiterten) Berufungskommission. In diesem Fall sollten Sie auf den Einsatz aktivierender Lehrmethoden verzichten (Sie werden hier kaum Mitarbeit der Kommissionsmitglieder erwarten können), sondern besser einen gut verständlichen Forschungsvortrag halten und am Ende erläutern, mit welchem didaktischen Konzept Sie das Thema in der Lehre vermitteln würden.

Im Berufungsgespräch sollten Sie sich auf ähnliche Fragen wie bei einer Bewerbung auf eine Universitätsprofessur gefasst machen. Es geht darum, einen Eindruck von Ihrer Motivation, Ihrer Persönlichkeit und Ihren Vorstellungen zur Ausgestaltung der Professur zu gewinnen. Informieren Sie sich daher im Vorfeld gut über die Gegebenheiten an der jeweiligen Hochschule (Organisation, Studiengänge, Forschungsschwerpunkte, Internationalisierung, Leitbild etc.) und entwerfen Sie für sich ein möglichst konkretes Bild dessen, wie und was Sie dort lehren und forschen würden. Erwartbare Fragen sind beispielsweise, welche Lehrveranstaltungen Sie innerhalb der Studiengänge anbieten könnten oder wie Sie mit Konflikten mit Studierenden oder KollegInnen umgehen würden. Versuchen Sie, einen engagierten und konstruktiven Eindruck zu erwecken. »Inzwischen bin ich selbst Mitglied von Berufungskommissionen. Wenn ich zukünftige KollegInnen auswähle, möchte ich den Eindruck gewinnen, dass die Person sich gern in eine Fachhochschule einbringen möchte und das nicht als zweite Wahl sieht«, erzählt Hannah. »Die Fachhochschulprofessuren haben eine eigene *community*, zu der man idealerweise schon im Vorfeld der Bewerbung Kontakt aufbauen sollte, zum Beispiel durch einen Lehrauftrag.« Zur Bewerbung auf Fachhochschulprofessuren gibt es mehrere Leitfäden mit ausführlicheren Erläuterungen und Tipps für BewerberInnen. Hochschullehrerbund und Gleichstellungsbeauftragte bieten regelmäßig Informationsveranstaltungen und Bewerbungstrainings für Fachhochschulen an. Weiterführende Hinweise finden Sie am Ende dieses Kapitels.

Verbeamtung und Lebenszeitstelle: Karriereoptionen

Deutschlandweit gibt es 230 staatlich anerkannte Fachhochschulen in staatlicher, kirchlicher oder privater Trägerschaft.[40] 2013 waren dort 18.433 hauptberufliche Professuren besetzt.[41] Wenn Sie das Berufungsverfahren erfolgreich durchlaufen haben, werden Sie zu Berufungsverhandlungen eingeladen, in denen Sie über Ausstattung, Gehalt und weitere Rahmenbedingungen verhandeln. Die Berufungsverhandlungen werden in der Regel mit der Hochschulleitung sowie der Dekanin beziehungsweise dem Dekan geführt. Die Sach-, Personal und Finanzausstattung fällt an Fachhochschulen gering aus, die Budgets lassen wenig Verhandlungsspielraum zu. Ein Großteil der Fachhochschulprofessuren wird nach W2 vergütet. Neben dem Grundgehalt können Leistungszulagen (beispielsweise für die Übernahme akademischer Ämter oder besondere Leistungen in Forschung, Lehre, Weiterbildung und Nachwuchsförderung) vergeben werden.[42] Je nach Bundesland gibt es unterschiedliche Altersgrenzen für die Verbeamtung. Jenseits dieses Alters oder falls Sie die beamtenrechtlichen Voraussetzungen nicht erfüllen, können Sie auch im Angestelltenverhältnis beschäftigt werden. In vielen Bundesländern findet zunächst eine Verbeamtung auf Zeit statt.[43]

Eine Bewerbung aus einer Fachhochschulprofessur auf weitere Fachhochschulprofessuren, etwa um eine bessere Ausstattung oder mehr Gestaltungsspielraum zu erhalten oder an einen geografisch präferierten Ort zu kommen, ist durchaus üblich. Auch die anschließende Bewerbung auf eine Universitätsprofessur ist möglich, allerdings sind die Erfolgschancen in der Regel nicht groß, da der Forschungsoutput auf einer Fachhochschulprofessur meist geringer als auf einer Stelle mit höherem Forschungsanteil ist und oft nicht durch die fundierte Lehrerfahrung und den Praxisbezug ausgeglichen werden kann.

Ausbau und neue Karrierewege: Entwicklungen im Berufsfeld

Fachhochschulen werden in Deutschland derzeit bundesweit ausgebaut, um neue Studienplätze zu schaffen. Das bedeutet die Einrichtung neuer Professuren und Studiengänge. Dabei wird auch das traditionelle Fächerspektrum laufend erweitert und beispielsweise um Studiengänge wie Pflegewissenschaften, Wirtschaftssprachen oder Kulturmanagement ergänzt. Daher bieten sich an Fachhochschulen derzeit interessante Karriereperspektiven.

Um BewerberInnen anzuziehen, die noch nicht alle Einstellungskriterien erfüllen, werden derzeit neue Karrierewege wie Nachwuchsprofessuren, während derer die Promotion abgeschlossen wird, oder Teilzeitprofessuren, bei denen parallel die berufspraktische Erfahrung erworben wird, eingeführt.[44] Lehrbeauftragtenprogramme sollen insbesondere qualifizierte Frauen an Fachhochschulen führen. Hinweise hierzu finden Sie am Ende des Kapitels.

Von der Universität an die Fachhochschule

Grundsätzlich sind die Aufgaben einer Professur an Universität und Fachhochschule in Forschung, Lehre und Hochschulmanagement sehr ähnlich. »Ich biete in meiner Lehre auch Theoriekurse an, werbe Drittmittel für die Forschung ein und bin Herausgeberin einer wissenschaftlichen Zeitschrift«, erzählt Hannah. Gleichzeitig unterscheiden sich die beiden Professuren unter anderem in ihrer Schwerpunktsetzung. Durch das doppelte Lehrdeputat nimmt die Lehre an Fachhochschulen einen größeren Raum ein, für die Forschung bleibt weniger Zeit. »Man muss eine Leidenschaft für Lehre und Vermittlung haben, wenn man eine Fachhochschulprofessur anstrebt«, sagt Hannah. »Auch der Praxisbezug ist ein deutlicher Unterschied zu vielen Fächern an Universitäten. Für mich ist es eine große Bereicherung, meine Lehre nicht nur an der politischen Theorie zu orientieren, sondern die Theorie immer wieder in Bezug zu Anwendung und Praxis zu stellen. Die Fachhochschulprofessur war für mich eine echte Lösung für viele meiner Karrierefragen.«

REFLEXIONSFRAGEN

Welche Qualifikationen und Kompetenzen bringe ich mit, die in diesem Berufsfeld gebraucht werden?

Welche praktischen Erfahrungen habe ich gesammelt, die für dieses Berufsfeld relevant sind?

Meine Kontakte in diesem Berufsfeld:

Weiterführende Informationen

Literaturhinweise

Bundeskonferenz der Frauen- und Gleichstellungsbeauftragten (2009), *Auf dem Weg zur FH-Professorin. Tips und Informationen für Bewerberinnen*, http://www.bukof.de/tl_files/Veroeffentl/HR-09_fh-professur.pdf

Gleichstellungsbeauftragte der FH Bielefeld (2008), *FH-Professorinnen gesucht! Wege zu einer Professur an einer Fachhochschule in Nordrhein-Westfalen*, www.fh-bielefeld.de/gleichstellung

Färber, Christine/Riedler, Ute (2016), *Black Box Berufung. Strategien auf dem Weg zur Professur*, Frankfurt/New York.

Landeskonferenz der Frauenbeauftragten an bayerischen Hochschulen für angewandte Wissenschaften (2013), *Ihre Berufung: Professorin an einer Bayerischen Hochschule für angewandte Wissenschaften. Leitfaden zur Bewerbung*, https://www.frauen-fh.de/

Landeskonferenz der Gleichstellungsbeauftragten an Hochschulen für angewandte Wissenschaften (HAW) in Baden-Württemberg und der Dualen Hochschule Baden-Württemberg (DHBW) (2010), *Leitfaden: Bewerbung als Professorin an einer Hochschule für angewandte Wissenschaften*, http://www.lakof-bw.de/fileadmin/user_upload/Upload/Fuer_Akademikerinnen/Professur/Leitfaden_Professur.pdf

Berufsverbände und Netzwerke

Der Hochschullehrerbund sowie einige der bei den Literaturhinweisen genannten Zusammenschlüsse der Gleichstellungsbeauftragten bieten auf ihren Webseiten Informationsmaterialien rund um die Fachhochschulprofessur sowie Beratung und Seminare zur Bewerbung auf FH-Professuren.

Hochschullehrerbund (hlb) – Berufsverband der Professorinnen und Professoren an deutschen Fachhochschulen/Universities of Applied Sciences: http://hlb.de/
Projekt PROfessur: http://professur.fh-hannover.de/

Datenbank Fachhochschulprofessur

Die Datenbank Professorin (HAW/DHBW) ist eine überregionale Vermittlungs- und Kontaktbörse für Professuren an Hochschulen für angewandte Wissenschaften beziehungsweise Fachhochschulen und an Dualen Hochschulen. Sie unterstützt das Ziel, den Professorinnen-Anteil an diesen Hochschulen zu erhöhen.

http://www.lakof-bw.de/angebote-fuer-akademikerinnen/datenbank-professorin-hawdhbw.html

Lehrbeauftragtenprogramme

Lehrbeauftragtenprogramm Mary Sommerville: https://mwwk.rlp.de/de/themen/wissenschaft/studium-und-lehre/frauenfoerderung-in-der-wissenschaft/lehrbeauftragtenprogramm-mary-somerville/
Mathilde-Planck-Lehrauftragsprogramm: http://www.lakof-bw.de/angebote-fuer-akademikerinnen/foerderprogramme/mathilde-planck-lehrauftragsprogramm.html
Lehrbeauftragtenprogramm W: https://www.hs-owl.de/campus/gleichstellung/projekte-angebote/lehrbeauftragtenprogramm-w.html
Lehrbeauftragtenprogramm zur Förderung von Frauen in der Lehre: https://www.verwaltung.th-koeln.de/organisation/dezernatesg/dezernat2/sg21/service/u/04385.php

Stellenausschreibungen

http://www.academics.de/
http://jobs.zeit.de/

Weitere Stellenanzeigen finden Sie in Fachzeitschriften, Amtsblättern und auf den Webseiten der Hochschulen.

6.2 Wissenschaftsmanagement

6.2.1 Forschungsreferentin in der Universitätsverwaltung

> *Förderlogiken verstehen, Drittmittelanträge lesen, WissenschaftlerInnen beraten: Forschungsreferentenstellen und andere Bereiche des Wissenschaftsmanagements bieten spannende Karriereoptionen für Personen, die über Beratungs- und Managementexpertise verfügen und bereit sind, aus der Forschung in die Verwaltung zu wechseln.*

Von der Historikerin zur Forschungsreferentin

Nora ist promovierte Historikerin und Referatsleiterin für Forschungsförderung an einer Universität. Sie promovierte zügig innerhalb eines Graduiertenkollegs und hatte während der letzten Monate der Promotion bereits eine halbe Stelle als wissenschaftliche Mitarbeiterin in einer anderen Stadt. Hier begann sie erste Ideen für ein Habilitationsprojekt auszuarbeiten. »Meine Chefin konnte mir nur eine auf drei Jahre befristete halbe Stelle anbieten«, erzählt Nora. »Aber ich wollte nach der Promotion und dem Stipendium gern mehr als eine halbe Stelle haben. An der Universität gab es dafür keine Mittel, und um ein eigenes Projekt einzuwerben, waren meine Ideen noch nicht ausgereift genug.« Daher bewarb sich Nora auf wissenschaftliche Stellen in ganz Deutschland, wurde zu mehreren Vorstellungsgesprächen eingeladen und erhielt in einem Berufungsverfahren einen Listenplatz für eine Juniorprofessur. Letztlich klappte es jedoch nicht mit einer Stelle.

Über eine Bekannte bekam Nora das Angebot, an einer benachbarten Universität in die Koordination eines EU-Großprojektes einzusteigen. »Aus Sicherheitsgründen habe ich zu Beginn mit je einer halben Stelle an beiden Universitäten gearbeitet«, sagt Nora. »Aber mir wurde schnell klar, dass zwei halben Stellen auf Dauer nicht funktionieren: Das eine war eine wissenschaftliche Mitarbeiterstelle, das andere die Koordination eines großen Projekts. Beiden Ansprüchen gerecht zu werden, war schwierig.« Daher entschied sie sich, die Koordinationsstelle aufzustocken und die wissenschaftliche Mitarbeiterstelle aufzugeben.

Anderthalb Jahre koordinierte sie ein millionenschweres Projekt aus dem Europäischen Fonds für regionale Entwicklung (EFRE), das die Vernetzung von lokalen Wissenschafts- und Wirtschaftsakteuren zum Ziel hatte. »Statt mit GeisteswissenschaftlerInnen hatte ich nun viel mit UnternehmensberaterInnen, WirtschaftsakteurInnen und WirtschaftsfördererInnen zu tun«, erzählt Nora. »Dabei habe ich viel gelernt, aber auch schnell gemerkt, dass an diesem Projekt inhaltlich nicht mein Herzblut hängt.« Sie bewarb sich weiter auf Wissenschaftsstellen. »Bei den Vorstellungsgesprächen wurde ich nun gefragt, ob ich in der Wissenschaft bleiben wolle. Man merkte eine gewisse Skepsis gegenüber nicht primär wissenschaftlichen Arbeitserfahrungen.« Da ihre Koordinationsstelle an der Schnittstelle zwischen Wissenschaft, Beratung und dem Aufbau neuer Strukturen lag, kam Nora die Idee, sich im Wissenschaftsmanagement zu bewerben. Unter anderem bewarb sie sich auf eine Stelle als EU-Referentin. Es stellte sich heraus, dass eine Person gesucht wurde, die bei Förderanträgen aller Art in den Geistes- und Sozialwissenschaften beraten sollte.

»Als ich das Angebot bekam, bin ich in mich gegangen und habe mich gefragt, was ich will«, berichtet Nora. »Die Geschichtswissenschaft ist relativ strukturkonservativ: Die meisten ProfessorInnen sehen für die akademische Karriere keinen Wert in einer nicht-wissenschaftsgeleiteten Tätigkeit. Mir war klar, dass es mit der Wissenschaftskarriere vorbei sein würde, wenn ich die Stelle als Forschungsreferentin annehme. Wenn man jahrelang auf die Wissenschaft hingeführt wird, ist es ein großer Schritt zu sagen: Ich gehe diesen Weg nicht weiter.« Sie nahm sich ein Wochenende Zeit und besprach sich mit ihrer Familie und mit FreundInnen. »Mir hat die Wissenschaft immer unheimlich viel Spaß gemacht, ich war erfolgreich und bin von meinem Doktorvater sehr gefördert worden«, sagt Nora. »Aber ich glaube, dass ich das, was ich jetzt mache, besser kann und auch mehr Erfüllung darin finde.«

Förderlogiken, Beratung, Antraglesen: Ein typischer Arbeitstag

Seit vier Jahren arbeitet Nora in der Forschungsabteilung einer Universität, davon war sie einige Jahre als Forschungsreferentin tätig, inzwischen ist sie in ihrer Abteilung zur Referatsleiterin aufgestiegen. Das Referat besteht aus der Forschungsförderung und der Drittmittelverwaltung. Die ForschungsreferentInnen unterstützen die WissenschaftlerInnen der Universität bei allen Drittmittelvorhaben. »Das beginnt bei der Beratung zu geeigneten Projektideen und Mittelgebern, geht vom Diskutieren erster Ideenskizzen über die Planung des Budgets und Hinweise zu Formalitäten, bis hin zum kritischen Lesen eines fast fertigen Antrags und zum Beschaffen der Bestätigungsschreiben der Universität, die dem Antrag beigelegt werden müssen«, erzählt Nora.

Der typische Arbeitstag von ForschungsreferentInnen besteht im Austausch mit WissenschaftlerInnen auf unterschiedlichen Karrierestufen: »Wir beginnen mit Postdocs oder Promovierenden in der Abschlussphase ihrer Dissertation, die wissenschaftlich weiterarbeiten wollen«, erzählt Nora. »Sie bekommen in der Regel eine Einzelberatung, in der wir uns gemeinsam den Lebenslauf anschauen, überlegen, wo ihre Projektidee gefördert werden könnte, und thematisieren, wie ein Antrag formal aussehen sollte.« Einen weiteren Teil ihrer Arbeitszeit verbringen ForschungsreferentInnen mit dem Lesen und Kommentieren von Anträgen, die im Laufe des Tages eintreffen. Dabei werden in der Regel keine inhaltlichen Anmerkungen gemacht, sondern die Struktur der Anträge, Formalia und Finanzplanung geprüft sowie darauf geachtet, ob der Antrag einen roten Faden hat und verständlich ist. Darüber hinaus begleiten ForschungsreferentInnen große Verbundforschungsanträge der Hochschule oder Forschungseinrichtung, deren Vorbereitung sich oft über ein bis zwei Jahre zieht. Sie nehmen an Treffen der AntragstellerInnen teil, beraten sie zum Unterstützungsbedarf seitens der Hochschulleitung und bringen entsprechende Entscheidungsvorlagen in die Sitzungen der Universitätsleitung ein.

Nach einigen Jahren als Forschungsreferentin ergab sich in der Abteilung ein Personalwechsel und Nora wurde zunächst kommissarisch, dann dauerhaft zur Referatsleiterin ernannt. Damit leitet sie das Team der ForschungsreferentInnen und der SachbearbeiterInnen, die die eingeworbenen Drittmittel verwalten. Der typische Arbeitstag als Referatsleiterin besteht aus zahlreichen Terminen und Gesprächen. »Ich habe einen durchstrukturierten Terminkalender, in dem es Blöcke von einer oder zwei Stunden gibt, in denen ich mich mit den Mitarbeitenden aus meinem Team treffe, mit meinem Chef, mit anderen Teilen der Verwaltung, etwa um über Personalkonzepte oder Verwaltungsabläufe zu sprechen, oder mit ReferentInnen aus dem Präsidium und mit den Präsidiumsmitgliedern selbst, um zu besprechen, was in Bezug auf die Exzellenzinitiative oder andere größere Strukturprojekte geplant werden soll.« Mittlerweile hat Nora selten Termine mit WissenschaftlerInnen, da sie nur noch bei besonders großen oder wichtigen Projekten in die Antragsberatung eingebunden ist.

Spannend findet Nora an ihrer Arbeit die umfangreiche Kommunikation: »Das ist ein großer Unterschied zu den Zeiten, als ich als Geisteswissenschaftlerin weitgehend mit meinen Spezialthemen beschäftigt war. Jetzt spreche ich mit vielen Leuten über sehr unterschiedliche Dinge und muss schnell zwischen den Themen hin und her wechseln können«. In einer Verwaltung werden zu treffende Entscheidungen entlang der Hierarchiestufen weitergegeben. Über Noras Schreibtisch laufen dementsprechend alle Schreiben, die von einem Teammitglied aus ihrem Referat an die nächste Ebene oder an die Universitätsleitung gehen. Sie prüft sie und zeichnet sie gegen. »Es ist wichtig, sich schnell bewusst zu machen, dass man als ForschungsreferentIn und ReferatsleiterIn in der Verwaltung arbeitet, dass man Abläufe und Hierarchien beachten muss und es Vorgesetzte gibt, die einem sagen, was zu tun ist«, sagt Nora.

Als großen Vorteil im Vergleich zur Wissenschaft sieht Nora die geregelten Arbeitszeiten an: »In der Wissenschaft findet man nie ein Ende: Man muss immer etwas schreiben, etwas lesen oder dringend etwas Organisatorisches machen. Im Wissenschaftsmanagement gibt es einen Feierabend, wenn auch meistens nicht nach acht Stunden, und die Wochenenden sind fast immer frei.« Als Forschungsreferentin war Nora öfter auf Dienstreisen in Brüssel und auf Weiterbildungen. Als Referatsleiterin ist sie weniger auf Reisen, nimmt aber an Veranstaltungen zur Forschungsförderung in ihrer Stadt und im Umkreis teil.

Teamgeist, Abwechslung, Verwaltung: Licht- und Schattenseiten

Am meisten gefällt Nora die Arbeit im Team. »Dass es mir sehr viel Spaß macht, nicht nur allein im stillen Kämmerlein vor mich hinzuarbeiten, sondern mich mit anderen auszutauschen und zu diskutieren, habe ich schon während meiner Promotionszeit im Graduiertenkolleg gemerkt«, sagt Nora. Im Forschungsreferat überlegt sie sich im Team Konzepte und Strategien, arbeitet einzeln daran weiter und stellt sie den KollegInnen wieder zur Diskussion. Zusammen überlegen sie, wie sie mit schwierigen Anträgen oder herausfordernden AntragstellerInnen umgehen können, und freuen sich über die Dinge, die klappen. Darüber hinaus gefällt Nora die Vielfältigkeit ihres Aufgabengebietes. »Jeder Tag ist anders«, sagt sie. »Wenn ich morgens ins Büro komme, weiß ich nicht immer, was mich erwartet, wer anruft oder mich wegen eines neuen Antrags kontaktiert. Ich habe viele verschiedene Tätigkeitsfelder und Projekte, die in einem zeitlich relativ engen Zeitfenster bearbeiten werden müssen. Das wird nicht langweilig.«

Zur Verwaltung zu gehören, hat aus Noras Sicht Vor- und Nachteile: »Ich mag die Idee einer Verwaltung als Service-Einheit für die Wissenschaft. Aber manche Verwaltungsstrukturen scheinen mir träge und überflüssig«, erzählt Nora. »Dann habe ich das Gefühl, dass Dinge effizienter und schneller gehen könnten, wenn alle Seiten dazu bereit wären. Wenn man als Teil der verhindernden Verwaltung hingestellt wird, finde ich es mühsam zu widersprechen.«

Neugier, Multitasking, analytisches Denken: Erwartete Qualifikationen

Neugier und interdisziplinäres Interesse sind unabdingbar für die Tätigkeit als Forschungsreferentin. »Man muss Anträge lesen in Feldern, mit denen man sich nicht auskennt. Dazu braucht man den Willen, sich auf Thema und Fachkultur einzulassen«, sagt Nora. Wichtige Voraussetzung ist auch die Fähigkeit zum Multitasking. »Von Vorteil ist, wenn man sich in Studium und Promotion ein strukturiertes Arbeiten angeeignet hat. Man muss flexibel darauf eingehen, dass die Anfragen unsortiert und mit unterschiedlicher Priorität bei uns eintreffen.« Für die Beratungstätigkeit sind gute kommunikative Fähigkeiten wichtig: »Man muss auf unterschiedliche Charaktere eingehen können und Ansprüchen von verschiedenen Seiten gerecht werden. Dabei hilft eine Rollenklarheit, dass man nicht mehr WissenschaftlerIn ist, sondern die Serviceeinrichtung, die WissenschaftlerInnen unterstützt«, erzählt Nora. Nicht zuletzt ist im Umgang mit den antragstellenden WissenschaftlerInnen auch Selbstbewusstsein gefragt.

Wissenschaftliche Fachkenntnisse können in der Arbeit als ForschungsreferentIn selten eingesetzt werden. Hilfreich ist die eigene Forschungserfahrung jedoch für das Verständnis der AnstragstellerInnen und ihrer Arbeit. Einige Grundsätze des wissenschaftlichen Arbeitens können auch als Forschungsreferentin angewendet werden: »Als Geisteswissenschaftlerin habe ich gelernt, mit Texten umzugehen, sie zu erschließen, zu strukturieren, die These und den roten Faden zu suchen. Diese Textarbeit wende ich auch bei der Bearbeitung von Forschungsanträgen an«, sagt Nora. »Bei Anträgen lege ich ein bestimmtes Muster zugrunde, nach dem ich sie durchgehe, kommentiere und bearbeite. Das analytische Denken braucht man nicht nur bezogen auf die Förderanträge, sondern auch im Hinblick auf die betroffenen Organisationsstrukturen: Wie funktioniert die Einrichtung, an der ich arbeite, der Fachbereich, den ich betreue, wie funktioniert der Mittelgeber, wie sind die Entscheidungswege?«

Bei der täglichen Arbeit in der Forschungsförderung kommt es auf Erfahrungswissen an. Hilfreich sind Grundkenntnisse aus der Drittmitteleinwerbung, wenn man zum Beispiel an einem Antrag mitgearbeitet hat oder in einem Förderprojekt tätig war. Mitbringen sollte man ein Interesse an Förderbedingungen und dem Antragsprozedere sowie die Fähigkeit, aus den Antragsrichtlinien die relevanten Informationen herausfiltern zu können. »Es ist enorm hilfreich, wenn man von erfahrenen KollegInnen erklärt bekommt, worauf man achten muss, wo das Wichtige steht und was die Tricks sind«, erzählt Nora. »Am Anfang habe ich einen Termin vereinbart und mir dann die Antragsanforderungen und Merkblätter durchgelesen. Das heißt, ich hatte einen minimalen Vorsprung vor den WissenschaftlerInnen, die ich beraten habe. Über die Jahre eignet man sich dann einen Erfahrungsschatz an.« In den letzten Jahren sind auch zahlreiche Fortbildungsangebote zur

Forschungsförderung entstanden. Weiterführende Informationen finden Sie am Ende dieses Kapitels.

Strukturiertes Interview und Arbeitsprobe: Das Bewerbungsverfahren

Stellen im Wissenschaftsmanagement werden oft auf *academics.de*, im *ZEIT*-Stellenmarkt oder in den zentralen Stellenbörsen der Hochschulen und Forschungseinrichtungen ausgeschrieben. Oft melden sich mehr als hundert BewerberInnen, besonders bei breit ausgeschriebenen Profilen oder an großen Universitäten. Nach der Vorauswahl anhand der schriftlichen Bewerbungsunterlagen wird meist eine kleinere Gruppe von fünf bis acht BewerberInnen zum Vorstellungsgespräch eingeladen. In der Regel müssen HausbewerberInnen sowie Schwerbehinderte zum Vorstellungsgespräch eingeladen werden. Das Vorstellungsgespräch dauert etwa eine Stunde. Das Auswahlgremium besteht in der Regel aus mehreren Personen, die fachlich mit der ausgeschriebenen Stelle befasst sind, wie Vorgesetzte und KollegInnen. Hinzu können VertreterInnen des Personalrats und des Gleichstellungsbüros kommen. Bei Führungspositionen kann für BewerberInnen der engeren Wahl auch eine zweite Interviewrunde mit VertreterInnen des Rektorats beziehungsweise des Präsidiums folgen. Manchmal werden auch Elemente aus Assessment-Centern im Auswahlverfahren angewandt.

Auswahlverfahren für das Wissenschaftsmanagement professionalisieren sich und folgen zunehmend einem strukturierten Interviewleitfaden. »Bei Forschungsreferentenstellen verfügen viele BewerberInnen nur über eine begrenzte einschlägige Vorerfahrung. Daher bleiben die fachlichen Fragen eher an der Oberfläche: Welche Mittelgeber gibt es? Wie funktionieren Beratungsstrukturen?«, erzählt Nora aus ihrer Erfahrung als Vorgesetzte. »Darüber hinaus stellen wir Fragen zum Kommunikationsverhalten und zu Konfliktsituationen. Wir arbeiten dabei mit situativen Fragen, bei denen wir eine Situation schildern, in die BewerberInnen sich hineinversetzen müssen.« Auch Fragen auf Englisch sind zu erwarten, da dies für den Antragskontext eine wichtige Qualifikation darstellt. Um die schriftliche Kompetenz zu überprüfen, kann eine Aufgabe gestellt werden, die die BeweberInnen im Anschluss an das Gespräch vor Ort bearbeiten.

Für die schriftliche Bewerbung und das Vorstellungsgespräch ist es wichtig, sich mit dem konkreten Tätigkeitsfeld der Stelle auseinanderzusetzen. Essenziell ist es, zu verdeutlichen, warum man ins Wissenschaftsmanagement wechseln und nicht mehr wissenschaftlich arbeiten möchte. »Wir bekommen viele Bewerbungen von Promovierten, bei denen die Motivation für die ausgeschriebene Stelle nicht deutlich wird. Ich rate dazu, bereits im Anschreiben explizit darauf einzugehen, warum die Wissenschaftskarriere nicht weiter verfolgt werden soll«, sagt Nora. »Das zeigt, dass einem bewusst ist, was der Wechsel ins Wissenschaftsmanagement bedeutet.« Sie rät, sich auch mit der Einrichtung zu beschäftigen, an der man sich beworben hat. »Zu wenige BewerberInnen machen sich mit den Strukturen von Leitungsgremien oder der Abteilung, bei der sie sich bewerben, vertraut. Ich empfehle eine genaue Vorbereitung anhand dessen, was im Internet einsehbar ist.«

Institutionswechsel als Vorteil: Karriereoptionen

Das Wissenschaftsmanagement ist heute ein breites Berufsfeld mit sehr unterschiedlichen Berufsprofilen und Beschäftigungsoptionen. Das Netzwerk der Forschungs- und TechnologiereferentInnen zählt beispielsweise derzeit 1.400 Mitglieder.[45] Stellen werden nach den Tarifverträgen des öffentlichen Dienstes oder der Länder bezahlt. Die Eingruppierung erfolgt entsprechend der Vorerfahrung und dem Aufgabenprofil der Stelle. Stellen mit hohem konzeptionellem Tätigkeitsanteil werden in der Regel nach Tv-L/TvöD 13 eingruppiert, Führungspositionen nach Tv-L/TvöD 14.[46]

Einstiegsstellen sind oft befristet. Das ist beispielsweise bei Aufgabenfeldern der Fall, die einen innovativen Charakter haben und daher zunächst für eine Erprobungsphase eingerichtet werden. Häufig sind diese Stellen über Drittmittel finanziert und für die Dauer der Mittel befristet. Stellen, die eine Daueraufgabe der Hochschule oder Forschungseinrichtung versehen, werden in der Regel unbefristet besetzt. Oft wird dabei der erste Vertrag auf zwei Jahre befristet. »Danach versuchen wir, die guten Leute zu halten, ihnen eine Perspektive zu geben und sie, wenn sie sich bewährt haben, zu entfristen. Bisher klappt diese Personalstrategie sehr gut, aber wir haben natürlich nur eine begrenzte Anzahl an Stellen«, erzählt Nora.

Klassische Aufstiegsmöglichkeiten bieten Leitungspositionen in Wissenschaftsmanagement und Verwaltung. »Es gibt nicht so viele Leitungspositionen wie Referentenstellen, also können nicht alle aufsteigen«, sagt Nora. »In meiner Abteilung wurde die Stelle durch einen vorzeitigen Wechsel frei und ich konnte davon profitieren.« Neben dem Aufstieg im eigenen Haus ist auch ein Wechsel in andere Einrichtungen möglich und karrieretechnisch oft ein Vorteil. »Es erweitert den Horizont, an eine andere Institution zu gehen und festzustellen, dass man die Dinge auch ganz anders machen kann, als man es bisher gewohnt war. Wenn man Karriere machen will, ist es von Vorteil, wenn man mehrere Strukturen vergleichend gesehen hat«, berichtet Nora. »Gleichzeitig wird mit einem Aufstieg das Arbeitsgebiet allgemeiner, man hat mehr mit Management zu tun und weniger mit den konkreten Themen, mit denen man ursprünglich eingestiegen ist.«

Professionalisierung und Spezialisierung: Entwicklungen im Berufsfeld

Durch Förderoffensiven für Forschung, Lehre und Hochschulsteuerung werden seit einigen Jahren immer weitere Stellen im Wissenschaftsmanagement geschaffen. Dadurch stehen die Berufschancen für QuereinsteigerInnen grundsätzlich gut. Gleichzeitig hat sich vor allem im letzten Jahrzehnt der Professionalisierungsgrad des Berufsfelds erhöht: Dem Arbeitsmarkt stehen inzwischen viele BewerberInnen zur Verfügung, die bereits Berufserfahrung im Wissenschaftsmanagement haben. Qualifizierungsprogramme und Weiterbildungen tragen zur Professionalisierung bei. »Als ich mich nach der Promotion umorientiert habe, wurde mir von einigen ProfessorInnen das Gefühl vermittelt, dass das Wissenschaftsmanagement etwas für diejenigen sei, die es in der Wissenschaft nicht geschafft haben. Dabei ist es eine Profession für ExpertInnen mit einschlägigen Kompetenzen und Wissen«, sagt Nora. »Wissenschaftsmanagement ist ein Forschung und Lehre begleitendes Aufgabengebiet, ohne das die Wissenschaft nicht mehr auskommt. Dieses Selbstverständnis der Profession wird sich in den nächsten Jahren immer weiter durchsetzen.«

Zudem hat sich das Berufsfeld Wissenschaftsmanagement ausdifferenziert. Tätigkeiten beispielsweise im Qualitätsmanagement, in Forschungsförderung und Technologietransfer, im Fachbereichsmanagement, in der Hochschulkommunikation, in der Studienberatung und in der Personalentwicklung erfordern unterschiedliches Fachwissen und verschiedene Kompetenzen und Qualifikationen. »Ein Wechsel zwischen den Bereichen wird mit zunehmender Professionalisierung immer weniger möglich«, meint Nora.

Von der Wissenschaftlerin zur Forschungsreferentin

Noras Promotionszeit hat ihre intrinsische Neugier geschärft: »Sich für die Themen zu interessieren, mit denen sich andere beschäftigen, ist etwas, das man in der Wissenschaft lernt«, erzählt sie. »Das Interesse an Fragestellungen, die Neugierde auf Themen und auf Menschen kann man sich auch ins Wissenschaftsmanagement mitnehmen.« Wichtig für eine Tätigkeit im Wissenschaftsmanagement ist aber auch, WissenschaftlerInnen beim Arbeiten zuschauen zu können, ohne selbst noch mitzumischen. »Zu Beginn meiner Arbeit als Forschungsreferentin dachte ich, wenn ich MitpromovendInnen gesehen habe, die eine Juniorprofessur oder die ersten Lebenszeitprofessur bekommen haben: Oh, das hätte ich jetzt auch haben können«, erzählt Nora. »Aber schnell hatte ich viel Spaß an meiner neuen Tätigkeit und Erfolgserlebnisse. Da habe ich gedacht: Das hätte ich haben können, aber ich habe mich bewusst dagegen entschieden. Im Gegensatz zu vielen KollegInnen, die in der Wissenschaft geblieben sind, habe ich eine unbefristete Stelle.«

Reflexionsfragen

Welche Qualifikationen und Kompetenzen bringe ich mit, die in diesem Berufsfeld gebraucht werden?

Welche praktischen Erfahrungen habe ich gesammelt, die für dieses Berufsfeld relevant sind?

Meine Kontakte in diesem Berufsfeld:

Weiterführende Informationen

Literaturhinweise

Adamczak, Wolfgang et al. (2009), *Traumberuf ForschungsreferentIn?*, in: INCHER Werkstattberichte, Band 68, Kassel.
Aldridge, Jacqueline/Derrington, Andrew M. (2012), *The Research Funding Toolkit*, Thousand Oaks.
Bauer, Waldemar et al. (2013), *Forschungsprojekte entwickeln – von der Idee bis zur Publikation. Ein Leitfaden für die Praxis*, Stuttgart.
Baumann, Mechthild (2016), *Fördermittel akquirieren: So schreiben Sie einen überzeugenden Antrag*, Stuttgart.
Blackburn, Thomas R. (2003), *Getting Science Grants. Effective Strategies for Funding Success*, San Francisco.
Bundesverband deutscher Stiftungen (Hg.) (2013), *Private Stiftungen als Partner der Wissenschaft. Ein Ratgeber für die Praxis*, Berlin.
Chapin, Paul G. (2004), *Research Projects and Research Proposals. A Guide for Scientists Seeking Funding*, Cambridge.
Herrmann, Dieter/Spath, Christian (2016), *Deutsches Forschungshandbuch 2016/2017: Förderinstitutionen, Förderprogramme und Drittmittel für die Wissenschaft*, Lampertheim.
Ogden, Thomas E./Goldberg, Israel A. (2002), *Research Proposals. A Guide to Success*, München.
Preuß, Stefanie (2017), *Drittmittel für die Forschung. Grundlagen, Erfolgsfaktoren und Praxistipps für das Schreiben von Förderanträgen*, Berlin/Heidelberg.
Reif-Lehrer, Liane (2005), *Grant Application Writer's Handbook*, Burlington.
Walter, Anne (2012), *Wie stelle ich einen Forschungsantrag?* Kassel, http://www.uni-kassel.de/uni/fileadmin/datas/uni/forschung/Forschungsreferat/Dokumente/Informationsbroschueren/2012/Antrag.pdf

Berufsverbände und Netzwerke

Netzwerk forschungsreferenten.de: https://www.forschungsreferenten.de/
Bundesarbeitskreis der EU-Referenten (BAK): http://www.uni-giessen.de/bak

Netzwerk Wissenschaftsmanagement: http://www.netzwerk-wissenschaftsmanagement.de/

Weiterbildungen

Netzwerk forschungsreferenten.de: https://www.forschungsreferenten.de/weiterbildung.html
Zentrum für Wissenschaftsmanagement (ZWM): Lehrgang für Forschungsreferent-Innen: http://www.zwm-speyer.de/lg-forschref&m=117
Kooperationsstelle EU der Wissenschaftsorganisationen (KoWi): http://www.kowi.de/kowi/veranstaltungen/schulung/schulung.aspx
Bundesministerium für Bildung und Forschung: Zertifikat EU-Referent/in Forschung: http://www.eubuero.de/zertifikat.htm

Stellenausschreibungen

https://www.academics.de/
http://jobs.zeit.de/
http://www.netzwerk-wissenschaftsmanagement.de/stellenangebote.html
http://www.wila-arbeitsmarkt.de/
http://www.kowi.de/kowi/services/stellenausschreibungen.aspx
https://www.hs-osnabrueck.de/de/studium/studienangebot/master/hochschul-und-wissenschaftsmanagement-mba/jobboerse/

6.2.2 Referentin im Schreibzentrum

Lehrveranstaltung zum Schreiben veranstalten, Studierenden helfen, ihren persönlichen Schreibstil zu entwickeln, Ergebnisse publizieren und Mittel verwalten: Schreibzentren gehören im Bereich Studium und Lehre zu den neuen Berufsfeldern im Wissenschaftsmanagement, die spannende, aber in der Regel befristete Berufsoptionen bieten.

Von der Ethnologin zur Schreibberaterin

Marieluise ist Ethnologin und arbeitet als Referentin in einem universitären Schreibzentrum. Sie studierte in Deutschland und promovierte in den USA, wo sie mit Mann und Kindern lebte. Nach der Promotion erhielt sie dort eine Stelle in der Germanistik, wo sie sehr breit zu deutscher Sprache und Kultur lehrte und zu ethnologischen Themen forschte. Dadurch ergab sich eine Trennung zwischen Forschung und Lehre, die für sie unbefriedigend war. Als sich die Familie entschied, zurück nach Deutschland zu gehen, war dies für sie eine Möglichkeit, ganz in ihr ursprüngliches Fach zurück zu wechseln.

Sie erhielt eine passende Stelle an der Universität in der Nachbarstadt und hatte dort eine Chefin, die sie sehr förderte und darin bestärkte, den akademischen Karriereweg bis zur Professur zu verfolgen. »Meine Chefin hat vermutlich Parallelen zwischen ihrer und meiner beruflichen und privaten Situation gesehen. Sie hat mir viele Tipps gegeben, wie sie es mit Familie geschafft hat, ausreichend zu publizieren und sich ein Forschungsprofil zu erarbeiten«, erzählt Marieluise. »Sie schickte mich zu Weiterbildungen, um meine Durchsetzungsfähigkeit zu trainieren, da ich in Gremiensitzungen sehr kompromissbereit war.« Das ständige strategische Denken, wie sie sich für die wissenschaftliche Karriere positionieren oder welche Rolle sie in einem der Ausschüsse vertreten sollte, empfand sie als anstrengend.

Marieluises Stelle war auf zwei Jahre befristet und hätte durch erfolgreiche Drittmitteleinwerbung verlängert werden können. Die Befristung war für Marieluise nicht belastend, wohl aber die Ausrichtung ihrer Forschungsstrategie an den Erfordernissen der potenziellen Drittmittelgeber: »Wir haben ständig Anträge geschrieben. Damit kam nicht zuletzt die Lehre zu kurz. Ich hatte das Gefühl, nicht mehr zu dem zu kommen, was mir in der Wissenschaft Spaß macht«, sagt Marieluise. Dann bekam ihre Chefin einen Ruf an eine Universität am anderen Ende Deutschlands und verhandelte auch eine Stelle für Marieluise heraus. Doch aufgrund der beruflichen Situation ihres Mannes und wegen ihrer Familie wollte Marieluise nicht an die neue Universität wechseln.

Sie begann, sich nach anderen Stellen umzusehen, und fand eine Ausschreibung für den Aufbau eines universitären Schreibzentrums. »Das sprach mich an. Andererseits musste ich herausfinden, ob ich diese Art von Stelle machen wollte. Ich führte lange Gespräche mit mir nahestehenden Menschen, die sich in meine Situation hineinversetzen konnten: Einer Freundin, die eine Dauerstelle in der Lehre hat, und einer anderen Freundin, die auf dem Weg zur Professur ist. Ich brauchte das Gefühl, dass es okay ist, die Wissenschaft zu verlassen, auch wenn ich intellektuell das Potenzial gehabt hätte«, berichtet Marieluise. Da sie zwar über Lehrerfahrung, aber über keine schreibdidaktische Ausbildung verfügte, rechnete sie sich geringe Chancen auf die Stelle aus. Weil sich eine weitere Person mit komplementärer Qualifikation bewarb, die wie Marieluise Teilzeit arbeiten wollte, wurde die Stelle geteilt und beiden Bewerberinnen angeboten.

Lehren, forschen, verwalten: Ein typischer Arbeitstag

Der Schwerpunkt von Marieluises Tätigkeit als Referentin im Schreibzentrum einer Hochschule ist es, Studierenden Schreibkompetenz für die für das Studium relevanten Texte und darüber hinaus zu vermitteln. Mit diesem Ziel arbeitet Marieluise sowohl mit Studierenden als auch mit Lehrenden zusammen, die das Schreiben in ihren Lehrveranstaltungen vermitteln. Eine zentrale Aufgabe in Marieluises Tätigkeitsbereich ist es, eigene Kurse abzuhalten oder in Lehrveranstaltungen der Fächer eine Einheit zum Schreiben zu übernehmen. Je nach Bedarf können unterschiedliche Themen behandelt werden: Wie finde ich eine Fragestellung? Wie organisiere ich meinen Arbeitsprozess? Was muss ich beim Zitieren beachten? Auch der Umgang mit verschiedenen Textformen kann Thema sein. »Wir versuchen, möglichst eng an die fachlichen Inhalte anzuknüpfen. Dabei übernehme ich die Geistes- und Sozialwissenschaften und meine Kollegin die übrigen Fächer«, berichtet Marieluise. »Wir liefern die schreibdidaktischen Inhalte, die fachlichen Inhalte kommen von den Lehrenden oder den Studierenden selbst, die das, was wir ihnen beibringen, auf ihr Thema anwenden. Von Shakespeare in der Anglistik über Tierethik in der Philosophie bis zu Bildungsgerechtigkeit in den Wirtschaftswissenschaften ist das ein breites Spektrum. Es begeistert mich, dass ich mich mit diesem Mix an spannenden Themen befassen kann.« Zusammen mit der Vor- und Nachbereitung sowie der Anpassung ihrer Lehrinhalte auf den fachlichen Kontext nimmt die Vermittlung einen großen Teil der Arbeitszeit ein.

Darüber hinaus übernimmt Marieluise Verwaltungsaufgaben, wie das Führen von Excel-Tabellen für die Projektstatistik, die Kommunikation mit anderen universitären Stellen, die Beantwortung von Briefen und E-Mails. »Da unser Projekt und auch unsere Stellen über ein großes Drittmittelprojekt des Bundesbildungsministeriums finanziert werden, müssen wir unser Vorgehen und unsere Ergebnisse ausführlich dokumentieren. Zum

Beispiel, wie viele Personen an unserer Schreibberatung und an unseren Kursen teilgenommen haben, wie viele Lehrende wir erreicht haben und so weiter«, erzählt Marieluise. »Eine große Überraschung für mich war, dass es im Wissenschaftsmanagement aber auch viele Möglichkeiten zu forschen und zu publizieren gibt. Das Thema Schreibdidaktik und Schreibforschung ist im deutschsprachigen Raum ein relativ neues Gebiet, zu dem noch vieles systematisch aufgearbeitet werden muss.« Die Ergebnisse ihrer methodischen Überlegungen und Recherchen fließen direkt in ihre Lehr- und Beratungstätigkeit ein.

Eine weitere Aufgabe stellt die Kommunikation mit den Lehrenden dar. Marieluise und ihre Kollegin etablieren Kontakte mit den Studiengangsverantwortlichen und besprechen, wie die Vermittlung von Schreibkompetenz in das Curriculum integriert werden kann. Vor- und Nachbesprechungen mit den Lehrenden, zu deren Veranstaltungen sie beitragen, dienen der passgenauen Einbettung des Themas Schreiben in den jeweiligen Kurs. Die erfolgreiche Kooperation mit einem kleineren Kreis aufgeschlossener Dozentinnen und Dozenten hat inzwischen dazu geführt, dass das Angebot in immer mehr Lehrveranstaltungen integriert wird. Ziel dabei ist, dass die schreibdidaktischen Inhalte auch von den Lehrenden selbst vermittelt und auf diesem Wege allen Studierenden zur Verfügung gestellt werden.

Einzelberatungen von Studierenden werden in der Regel nicht von den Mitarbeiterinnen des Schreibzentrums durchgeführt, sondern durch ausgebildete studentische SchreibtutorInnen. In wöchentlichen Team-Meetings mit den TutorInnen bespricht Marieluise neben Organisatorischem auch neue Methoden und aktuelle Forschungsbefunde zur Schreibdidaktik und supervidiert die Beratungstätigkeit der TutorInnen. Einmal im Jahr findet bundesweit die »Lange Nacht der aufgeschobenen Hausarbeiten« statt, die durch das Schreibzentrum organisiert wird. Der Besuch von Tagungen zum Fachgebiet und der Austausch mit KollegInnen an anderen Hochschulen, persönlich und per Mailinglist, runden Marieluises Arbeit ab.

Themenvielfalt und Befristung: Licht- und Schattenseiten

Am besten gefällt Marieluise an ihrer beruflichen Tätigkeit, dass sie ihr die Möglichkeit bietet, diejenigen Dinge, die sie gut und gerne macht, tun zu können, und dass sie für ihre Arbeit geschätzt wird. »Meine Neugier auf unterschiedliche Themen kann ich auf meiner jetzigen Stelle mit einer praktischen Arbeit verbinden. Ich bin froh, nicht mehr im Konkurrenzdruck der Wissenschaft zu stehen«, sagt Marieluise. »Weniger gut gefallen mir die klassischen Verwaltungstätigkeiten, wie die Finanzverwaltung oder die Büroorganisation. Allerdings war das auch in der Wissenschaft Teil meiner Aufgaben.« Als zunehmend belastend empfindet sie, dass ihre über Drittmittel finanzierte Stelle befristet ist.

Lehrerfahrung und Schreibdidaktik: Erwartete Qualifikationen

Für eine Tätigkeit in einem Schreibzentrum ist Freude am Schreiben eine wichtige Voraussetzung. Eine schreibdidaktische Ausbildung oder Erfahrung mit der Vermittlung von wissenschaftlichem Schreiben in der Hochschullehre wird vorausgesetzt. Schreibdidaktische Qualifikationen können teilweise über die Schreibzentren der Hochschulen erworben werden, Hinweise zu einigen überregionalen Ausbildungen finden Sie am Ende dieses Kapitels. Marieluise hatte in ihrer Zeit als Wissenschaftlerin in Deutschland und den USA im Rahmen ihrer Lehrtätigkeit bereits Kurse zum wissenschaftlichen Schreiben gegeben. Als relevante Vorerfahrung beschreibt sie auch, dass sie in mehreren Wissenschaftssystemen unterschiedliche Schreibtraditionen kennengelernt hatte und über die Fähigkeit verfügte, sich in verschiedene fachliche Gepflogenheiten hineinzuversetzen.

Für die Kurse, die Marieluise als Referentin im Schreibzentrum unterrichtet, war ihre eigene Lehrerfahrung eine wichtige Voraussetzung. Hinzu kommt Erfahrung in der Beratung, die durch entsprechende Aufgaben in der Lehre oder eine beraterische Ausbildung nachgewiesen werden kann. Auch Kompromissbereitschaft und die Fähigkeit, sich auf andere einzustellen, sollte man für eine Stelle im Schreibzentrum mitbringen: »Im Vorgespräch mit den Lehrenden kläre ich, welche Kompetenzen für das Fach aktuell besonders wichtig sind. Dem stelle ich gegenüber, was ich aus schreibdidaktischer Sicht für relevant halte. Dann überlegen wir gemeinsam, wie diese beiden Anforderungen zusammengebracht werden können«, sagt Marieluise.

Hineindenken in die Situation vor Ort: Das Bewerbungsverfahren

Schreibzentren gibt es seit einigen Jahren an zahlreichen Universitäten, Fachhochschulen und Pädagogischen Hochschulen in Deutschland, Österreich und der Schweiz. Diese sind organisatorisch an unterschiedlichen Stellen angegliedert, sei es in der zentralen Universitätsverwaltung oder in einzelnen Fachbereichen. Stellenausschreibungen werden in den einschlägigen Jobbörsen für das Wissenschaftsmanagement, auf den Webseiten der Hochschulen, der Mailingliste der Universität Bielefeld und der Gesellschaft für Schreibdidaktik und Schreibforschung veröffentlicht. »Ich bin auf der Unihomepage eher zufällig auf die Stelle im Schreibzentrum gestoßen und habe als erstes recherchiert, welche Angebote es an dieser Universität bereits zum Thema Schreiben gibt: im Bereich Schlüsselqualifikationen, in den Fachbereichen und auf den Webseiten einzelner Lehrender«, erzählt Marieluise. »Außerdem habe ich mich im Internet über das Förderprogramm des Bundesbildungsministeriums informiert.«

Zur Vorbereitung ihrer Bewerbung rief sie die in der Stellenausschreibung angegebene Kontaktperson an und fragte nach, welche Vorstellungen die Verantwortlichen für die Ausgestaltung der Stelle hatten. Bei dieser Gelegenheit hatte sie die Möglichkeit, sich kurz vorzustellen und ihren Bezug zur ausgeschriebenen Stelle deutlich zu machen. Das Telefonat bestärkte sie in ihrem Interesse an der Stelle. Für die schriftliche Bewerbung stellte Marieluise alle Belege und Informationen zusammen, die sie in ihrer wissenschaftlichen Berufserfahrung gesammelt hatte. »Zum Beispiel habe ich das Zertifikat einer Weiterbildung beigelegt, die an meiner amerikanischen Universität Voraussetzung für das Betreuen von Abschlussarbeiten war. Und ich habe alle Lehrveranstaltungen aufgelistet, die ich gehalten hatte, und herausgestellt, wie ich dabei die Schreibkompetenz der Studierenden gefördert habe«, sagt Marieluise.

Die Vorstellungsgespräche für Stellen in Schreibzentren sind, wie im Wissenschaftsmanagement üblich, in der Regel formaler als in der Wissenschaft. Neben den Vorgesetzten können auch Vertreter der einzelnen Fächer, des Personalrats und des Gleichstellungsbüros an der Auswahl beteiligt sein. Erwartbar sind Fragen zur didaktischen Vermittlung von Schreibkompetenz, zu fachlichen Spezifika, zur Erfahrung aus der eigenen Lehre mit Schreibdefiziten von Studierenden sowie zur Arbeitsplanung. »Während meiner inhaltlichen Vorbereitung auf das Gespräch hatte ich ein Konzept erstellt, wie ich beim Aufbau eines Schreibzentrums vorgehen würde. Das hatte ich als Tischvorlage mitgebracht«, erzählt Marieluise. »So konnten wir meine Ideen anhand des Konzeptpapiers diskutieren. Das half mir, mich in dem neuen Themenfeld sicher zu fühlen.«

Entfristung oder Selbständigkeit: Karriereoptionen

Wie zahlreiche Bereiche des Wissenschaftsmanagements, die Neuerungen an Hochschulen schaffen, sind auch viele Schreibzentren in Deutschland derzeit aus Drittmitteln finanziert. Entsprechend sind die Stellen der MitarbeiterInnen in der Regel befristet und werden jeweils um die Dauer neuer Drittmittelfinanzierungen verlängert. Wenn die neu geschaffenen Angebote auf Dauer gestellt werden sollen, können Stellen entfristet werden. Das ist kein Selbstläufer und oft mit hochschulpolitischen Aushandlungsprozessen oder geschickter Strategie einflussreicher Vorgesetzter verbunden. Im Bereich der Schreibzentren sind einige Stellen auch an Daueraufgaben in der Lehre, wie etwa der Studienberatung, gekoppelt und damit leichter zu entfristen.

Für den relativ jungen Bereich der Schreibzentren ist derzeit nicht absehbar, wie sich der Arbeitsmarkt entwickeln wird und wie weitere Karriereoptionen aussehen können. Denkbar sind Wechsel innerhalb des Wissenschaftsmanagements im Bereich Lehre. Eine weitere berufliche Option, die derzeit zu beobachten ist, ist der Übergang aus einer Stelle im Schreibzentrum in eine selbständige Tätigkeit im wachsenden Feld der Schreibberatung an und außerhalb von Hochschulen.

Bewährt und verstetigt: Entwicklungen im Berufsfeld

In den kommenden Jahren werden die Hochschulen sich mit der Verstetigung ihrer Schreibzentren auseinandersetzen müssen, da die derzeitige Drittmittelfinanzierung auslaufen wird. Damit einher geht die Evaluation der bisherigen Leistung der Schreibberatung. »Solange es Universitäten gibt, wird auch geschrieben werden. Neue Generationen an Lehrenden und Studierenden werden im Schreiben und in der Schreibdidaktik ausgebildet werden müssen«, sagt Marieluise. »Das Konzept der Schreibzentren hat sich aus meiner Sicht bewährt. Vor allem interdisziplinär angelegte Zentren, die mit den Fachbereichen kooperieren, scheinen mir aussichtsreich. Sie können personell effizienter arbeiten und die gesamte Universität mit ihrer didaktischen Expertise unterstützen.«

Von der Wissenschaftlerin zur Schreibberaterin

Parallelen zwischen ihrer Tätigkeit im Schreibzentrum und als Wissenschaftlerin sieht Marieluise darin, dass sie sich mit Neugier immer neuen Themen widmen kann und ihre Tätigkeit als intellektuelle Herausforderung begreift. Ihre Lehre basiert nach wie vor auf ihren Erkenntnissen aus der Forschung, die sie fachlich überzeugend präsentiert. »Auch das Arbeitsumfeld ist natürlich dasselbe. Wenn ich durch die Universität laufe, sieht man mir nicht an, ob ich in der Wissenschaft oder im Wissenschaftsmanagement arbeite – außer, dass ich meine Arbeitszeit erfasse«, sagt Marieluise. Auch der Rhythmus zwischen der arbeitsintensiven Vorlesungszeit und den Semesterferien, in denen sie sich verstärkt auf die Fachliteratur und das Aufbereiten neuer Inhalte konzentrieren kann, erinnert sie sehr an ihre Zeit als Wissenschaftlerin. »Als Unterschied empfinde ich, dass ich mich nicht mehr auf dem umkämpften wissenschaftlichen Arbeitsmarkt behaupten muss. Mein jetziger Berufsweg erscheint mir machbarer«, sagt Marieluise. »Wenn ich mit FreundInnen in der Wissenschaft spreche, erzählen sie mir, dass sie im Urlaub endlich zum Arbeiten kommen. Ich bin froh, dass bei meiner jetzigen Tätigkeit die Work-Life-Balance endlich funktioniert.«

REFLEXIONSFRAGEN

Welche Qualifikationen und Kompetenzen bringe ich mit, die in diesem Berufsfeld gebraucht werden?

Welche praktischen Erfahrungen habe ich gesammelt, die für dieses Berufsfeld relevant sind?

_____
_____
_____

Meine Kontakte in diesem Berufsfeld:

_____
_____
_____

Weiterführende Informationen

Literaturhinweise

Esselborn-Krumbiegel, Helga (2015), *Tipps und Tricks bei Schreibblockaden*, Paderborn.
Esselborn-Krumbiegel, Helga (2014), *Von der Idee zum Text: Eine Anleitung zum wissenschaftlichen Schreiben*, Paderborn.
Lahm, Swantje (2016), *Schreiben in der Lehre: Handwerkszeug für Lehrende*, Opladen/Toronto.
Scheuermann, Ulrike (2013), *Schreibdenken: Schreiben als Denk- und Lernwerkzeug nutzen und vermitteln*, Opladen/Toronto.
St. John, Ilona et al. (2014), *Wissenschaftlich Schreiben: Ein Praxisbuch für Schreibtrainer und Studierende*, Paderborn.

Berufsrelevante Zeitschriften

JoSch – Journal der Schreibberatung: https://journalderschreibberatung.wordpress.com
Zeitschrift Schreiben: http://www.zeitschrift-schreiben.eu
Journal of Academic Writing: http://e-learning.coventry.ac.uk/ojs/index.php/joaw
Journal of Writing Research: http://www.jowr.org
Writing Center Journal: http://writingcenterjournal.org
WLN: A Journal of Writing Center Scholarship: https://wlnjournal.org/

Berufsverbände und Netzwerke

Gesellschaft für Schreibdidaktik und Schreibforschung: http://www.schreibdidaktik.de/
[A] Gesellschaft für wissenschaftliches Schreiben (GeWissS): http://www.gewisss.at/
[CH] Forum wissenschaftliches Schreiben: http://www.forumschreiben.ch/
European Writing Centers Association (EWCA): http://www.writingcenters.eu/
European Association for the Teaching of Academic Writing (EATAW): http://www.eataw.eu/
International Writing Centers Association (IWCA): http://writingcenters.org/

Weitere Berufsverbände und Netzwerke zum Wissenschaftsmanagement siehe Anhang.

Weiterbildung

TU Darmstadt: Universitätszertifikat Schreibberatung und Schreibtraining: http://www.owl.tu-darmstadt.de/fortundweiterbildung/schreibberaterausbildung/schreibberaterausbildung.de.jsp
PH Freiburg: Berufsbegleitende Ausbildung Schreibberatung: http://www.akademie.wi-ph.de/schreibberatung.html
PH Freiburg: Fernstudium Schreibberatung: https://www.ph-freiburg.de/hochschule/weitere-einrichtungen/schreibzentrum/hochschulzertifikat-schreibberatung.html
[CH] ZHAW Winterthur: CAS Schreibberatung: https://weiterbildung.zhaw.ch/de/angewandte-linguistik/programm/cas-schreibberatung-an-der-hochschule.html

Stellenausschreibungen

http://www.schreibdidaktik.de/
http://www.uni-bielefeld.de/Universitaet/Studium/SL_K5/slabneu/mailingliste.html
https://www.academics.de/
http://jobs.zeit.de/

Weitere Stellenausschreibungen sind auf den Homepages der Universitäten zu finden.

6.2.3 Referent bei einer Forschungsförderorganisation

> *AntragstellerInnen betreuen, Begutachtungen koordinieren, Förderprogramme mitentwickeln: Forschungsförderorganisationen und Begabtenförderungswerke bieten ein wissenschaftsnahes Arbeitsumfeld, in dem Fachexpertise, Doktortitel und Kommunikationsstärke gewinnbringend eingesetzt werden können.*

Vom Historiker zum Referenten bei einer Forschungsförderorganisation

Ulrich ist promovierter Geisteswissenschaftler und arbeitet als Referent bei einer Forschungsförderorganisation. Er studierte im europäischen Ausland Geschichte und schrieb seine Doktorarbeit mit einem Promotionsstipendium an einer deutschen Universität. Bereits kurz vor Ende seiner Promotion bekam er für zwei Jahre eine Stelle in einem drittmittelfinanzierten interdisziplinären Forschungsprojekt angeboten. Im Anschluss warb er ein eigenes Postdoc-Projekt ein, mit dem er seine eigene Stelle finanzierte. Mit seinem Fellowship ließ er sich an eine amerikanische Universität entsenden und ging mit seiner Familie ein Jahr in die USA.

Während der Promotion hatte Ulrich die Absicht zu versuchen, eine wissenschaftliche Laufbahn einzuschlagen, auch wenn ihm das hohe Risiko und die Möglichkeit, zu einem späteren Zeitpunkt vielleicht aussteigen zu müssen, bewusst waren. Während seiner Postdoc-Zeit in den USA machte er sich konkretere Gedanken über seine berufliche Zukunft: »Ich habe angefangen, mir ernsthaft zu überlegen, ob ich diese extrem riskante wissenschaftliche Karriere in einem kleinen geisteswissenschaftlichen Fach verfolgen will.« Dabei hatte Ulrich nicht nur das biografische und berufliche Risiko einer geisteswissenschaftlichen Karriere im Blick, für die es jenseits des Lehrstuhls kaum Alternativen gibt: Er setzte sich mit der geisteswissenschaftlichen Arbeitsweise auseinander und erkannte, dass die langen Phasen einsamen Arbeitens bis zum Abschluss einer Monografie oder eines Artikels ihm nicht lagen: »Man arbeitet Monate bis Jahre allein vor sich hin, bis man die Früchte seiner Arbeit ernten kann oder sich dem nächsten Projekt zuwenden muss, wenn es keine Früchte gibt. Es gibt immer lange Phasen, in denen man sich intrinsisch motivieren muss«, sagt Ulrich. »Darunter habe ich gelitten.« Er beschloss, nach der Rückkehr nach Deutschland die Wissenschaft zu verlassen und sich eine wissenschaftsnahe Stelle zu suchen. Da sein Fellowship kein Rückkehr-Stipendium umfasste, folgte in Deutschland eine Phase der Arbeitslosigkeit, in der sich Ulrich auf Stellen bewarb. »Ich habe intensiv Stellenausschreibungen gelesen und viele Initiativbewerbungen geschrieben, vor allem im Wissenschaftsmanagement, aber auch für den wissenschaftlichen Dienst des Bundestages, Büroleiterstellen oder wissenschaftliche Mitarbeiterstellen bei Abgeordneten«, erzählt Ulrich. Er wurde zu Vorstellungsgesprächen eingeladen und erhielt nach einigen Absagen schließlich ein interessantes Angebot von einer Forschungsförderorganisation.

Zwischen AntragstellerInnen und GutachterInnen: Ein typischer Arbeitstag

Als Referent in einer Forschungsförderorganisation betreut Ulrich Projektanträge unterschiedlicher Förderprogramme, die für seinen fachlichen Zuständigkeitsbereich eingereicht werden. Die Tätigkeiten reichen von der Beratung der Antragstellenden über die Prüfung einzelner Aspekte der Anträge und die Zusammenfassung der eingehenden Gutachten bis hin zur Moderation von Auswahlsitzungen. Ulrich selbst trifft keine Auswahlentscheidungen; diese erfolgen immer durch VertreterInnen aus der Wissenschaft. Hinzu kommen Sonderaufgaben, wie die Betreuung internationaler Initiativen, die Bearbeitung von übergeordneten Fragen – etwa zur Chancengleichheit oder zur Nachwuchsförderung – oder das Halten von Vorträgen zu Fördermöglichkeiten. Gerade im Kontext der Sonderaufgaben sind hin und wieder Dienstreisen nötig, auch ins Ausland. Die Arbeit in einer Forschungsförderorganisation ist sehr strukturiert. Es gibt verbindliche Arbeitszeiten, die durch ein elektronisches System erfasst werden. Hierarchien, Dienstwege und Arbeitsabläufe sind klar festgelegt: »Ich bekomme Akten, die ich nach einem bestimmten System bearbeite. Dokumente, die ich verfasse, schreibe ich in dafür vorgesehene Formulare«, sagt Ulrich. »Zu meinem Zuständigkeitsgebiet gehören ganz unterschiedliche Aufgaben, die alle sehr gut organisiert und strukturiert sind.«

Wichtiger Teil von Ulrichs Arbeit ist die Beratung von Antragstellenden, die sich telefonisch über die Antragsmodalitäten informieren wollen. »Ich berate alle Personen, die in meinem Bereich Anträge stellen wollen und vorher noch Rücksprache halten möchten«, sagt Ulrich. Typisch sind etwa Fragen, wie das Begutachtungsverfahren funktioniert, ob das Thema sinnvoll dargestellt ist oder welche Mittel für die Durchführung beantragt werden können. Für den Koordinationsbedarf im Haus gibt es regelmäßige Sitzungen mit KollegInnen, in denen übergreifende Themen besprochen werden.»Häufig tauchen Fragen zu Sondersituationen in einzelnen Förderprogrammen auf. Das besprechen wir auf diesen Sitzungen oder *ad hoc*«, erzählt Ulrich. Internationale Aktivitäten werden oft von mehreren ReferentInnen betreut. Dazu sind interne Abstimmungen, gemeinsame Telefonkonferenzen mit den internationalen Partnern oder etwa das Gegenlesen von verhandlungsrelevanten Texten notwendig.»Neben den häufigen Treffen mit KollegInnen habe ich mündlich und schriftlich viel direkten Kontakt mit WissenschaftlerInnen. Mein Wunsch, mehr mit anderen Menschen zusammenarbeiten, ist voll aufgegangen.«

Spannend, ergebnisorientiert, arbeitsintensiv: Licht- und Schattenseiten

Ulrich gefällt bei seiner Arbeit in der Forschungsförderung die Kombination aus fachlicher Arbeit und Ergebnisorientierung.»Zum einen ist die Arbeit inhaltlich interessant, wenn ich Anträge lese, verstehe und Vorschläge für die Begutachtung entwickle«, erzählt Ulrich.»Zum anderen ist sie auf eine angenehme Weise strukturiert, sodass man jeden Tag sieht, was man geschafft oder noch nicht geschafft hat. Man hat ständig Rückmeldung über die eigene Arbeit, kann Listen abarbeiten und Ergebnisse sehen. Das Gesamtpaket gefällt mir sehr gut.« Weniger gut gefällt Ulrich der zeitweilig hohe Arbeitsdruck.»In diesen Phasen kann man die Arbeit nicht gut planen, da es zu viele Aufgaben von hoher Priorität gibt. Andere Dinge müssen dann länger warten. Das kann belastend sein«, sagt Ulrich.»Auch Ausnahmefälle, die nicht in unseren Standardabläufen kodifiziert sind, können anstrengend sein. Hier muss man gut dokumentieren, was man macht, und viele Leute einbinden. Hohe Transparenz ist ein sehr wichtiger Aspekt meiner Arbeit, genau wie der Arbeit der Förderorganisation als ganzer.«

Fachexpertise und Kommunikationsfreude: Erwartete Qualifikationen
Für die Arbeit als ReferentIn in einer Forschungsförderorganisation ist wissenschaftliche Expertise Qualifikationsvoraussetzung. »Man muss die Anträge verstehen und ein Gefühl dafür haben, was in den relevanten Fächern passiert. So kann man auch Anträge aus fachlichen Nischen einordnen, kennt die *communities* und weiß, wer als GutachterIn infrage kommt«, sagt Ulrich. Die Promotion stellt keine Einstellungsvoraussetzung dar, ist aber für die Referentenstellen als Qualifikation erwünscht. »Es ist sehr wichtig, das Gefühl zu vermitteln, dass in der Förderorganisation Personen sitzen, die die Anträge verstehen und mit den Ansätzen und Methoden des geplanten Projekts vertraut sind«, berichtet Ulrich. »Wenn man einige Jahre in die Wissenschaft investiert hat und zeigt, dass man mit den Forschungsfragen der Antragstellenden etwas anfangen kann, wird man von der *community* ernst genommen.«

Zweite wichtige Qualifikationsvoraussetzung ist eine ausgeprägte Kommunikationsfähigkeit. Viele der Aufgaben in einer Forschungsförderorganisation haben damit zu tun, mit Menschen zu sprechen oder schriftlich in Kontakt zu bleiben, sei es mit AntragstellerInnen, GutachterInnen oder KollegInnen. Hinzu kommt die Aufgabe, Sitzungen zu moderieren oder Vorträge zu halten. »Man spricht mit Leuten, die sehr klug und manchmal sehr selbstbewusst sind«, sagt Ulrich. »Darüber hinaus sollte man keine Angst davor haben, negative Entscheidungen mitzuteilen.« Wenn WissenschaftlerInnen anrufen, um sich nach dem Erfolg ihres Forschungsantrags zu erkundigen, muss aufgrund der kompetitiven Förderquoten nicht selten eine abschlägige Antwort gegeben werden. Für einige AntragstellerInnen hat diese Entscheidung eine existenzielle Dimension für die Karriere. Als ReferentIn einer Forschungsförderorganisation muss man in der Lage sein, diese schlechten Nachrichten professionell zu übermitteln.

Eine selbstständige und strukturierte Arbeitsweise sowie konzeptionelles und strategisches Denken werden ebenso vorausgesetzt wie ein sicheres Auftreten, internationale Erfahrung und Englischkenntnisse. Darüber hinaus zählen Teamfähigkeit, Flexibilität und die Fähigkeit, sich schnell in neue Bereiche einzuarbeiten, zu den Qualifikationsvoraussetzungen. Kenntnisse der deutschen und internationalen Wissenschaftspolitik sowie eigene Erfahrungen mit einer Wissenschaftskarriere und im Einwerben von Drittmitteln sind von Vorteil, werden aber nicht vorausgesetzt. »Man wird beim Bewerbungsgespräch zur Wissenschaftspolitik befragt. Aber das Handwerkszeug und Hintergrundwissen für die tägliche Arbeit bekommt man bei der Einarbeitung beigebracht. Außerdem lernt man über die Jahre vieles dazu«, sagt Ulrich.

Mehrstufige Auswahlgespräche: Das Bewerbungsverfahren

Das Auswahlverfahren für eine Referentenstelle bei einer Forschungsförderorganisation ist in der Regel mehrstufig. Nach der Auswahl anhand der schriftlichen Bewerbung werden mehrere Gespräche geführt. Teils werden klassische Eignungsfragen gestellt – etwa zur Motivation oder zu Stärken und Schwächen der Bewerberin beziehungsweise des Bewerbers – teils geht es um fachliche Themen. Die Bewerbungsgespräche können von einzelnen GesprächspartnerInnen oder größeren Kommissionen durchgeführt werden.

Zur Vorbereitung des Auswahlverfahrens ist es ratsam, sich über die eigenen Vorzüge im Klaren zu sein. Welche Art von Typ bin ich? Welche Expertise bringe ich mit? Warum bin ich für die Stelle besonders geeignet? Darüber hinaus sollte man sich intensiv im Internet über die Förderorganisation und das Umfeld, in dem sie tätig ist, informieren. »Man sollte ein Gefühl dafür bekommen, wie Forschungsförderung funktioniert. Und idealerweise wissen, was für Herausforderungen es in der praktischen Arbeit gibt, zum Beispiel bei der Organisation von Begutachtungen: In manchen Fächern gibt es einen Streit zwischen verschiedenen Schulen. Wie geht man sachgemäß damit um?« Auch über aktuelle Diskussionen in der Forschungspolitik sollte man sich informieren, wie die Exzellenzinitiative, Förderstrategien für den wissenschaftlichen Nachwuchs oder das Wissenschaftszeitvertragsgesetz. »Als wissenschaftliche Mitarbeiterin oder wissenschaftlicher Mitarbeiter kennt man diese Themen aus dem Arbeitsalltag. Empfehlenswert ist, sich dazu weiter einzulesen«, sagt Ulrich. »Zum einen ist dieses Wissen inhaltlich für unsere Arbeit relevant. Zum anderen signalisiert man, dass man sich für diesen Bereich interessiert.«

Vertikale oder horizontale Mobilität: Karriereoptionen

In Deutschland beschäftigen mehrere große Forschungsförderorganisationen – darunter auch Projektträger, die Forschungsförderprogramme im Auftrag von Bund und Ländern umsetzen – sowie 13 Begabtenförderungswerke ReferentInnen zur Betreuung der bei ihnen eingereichten Förderanträge. Eine Liste finden Sie am Ende des Kapitels. Stellen in diesen Einrichtungen werden nach den Tarifverträgen des öffentlichen Dienstes vergütet. Je nach Aufgabe und Berufserfahrung kann das Gehalt bis Entgeltgruppe 14 oder 15 TVöD beziehungsweise TV-L gehen. Für ranghohe Führungspositionen kann auch eine außertarifliche Bezahlung gewährt werden. Viele Einstiegsstellen sind zunächst auf zwei Jahre befristet. Bei Bewährung können diese befristeten Stellen zum Teil entfristet werden oder es kann eine passende Anschlussbeschäftigung im Haus übernommen werden. Gerade in größeren Institutionen herrscht durch Elternzeit, Pflegezeiten oder Sabbaticals eine gewisse Fluktuation im Personal, die teils durch bereits eingearbeitete MitarbeiterInnen, teils durch externe BewerberInnen aufgefangen wird. Viele Forschungsförderorganisationen bieten ihren MitarbeiterInnen flexible Arbeitszeitmodelle, Unterstützung bei der Vereinbarkeit von Familie und Beruf sowie Angebote der Personalentwicklung, Weiterbildung und Gesundheitsförderung.

Nicht wenige MitarbeiterInnen arbeiten mit großer Zufriedenheit viele Jahre auf ihren ReferentInnenstellen. Dies bietet den Fach-Communities den Vorteil, dass es über einen langen Zeitraum verlässliche Ansprechpersonen für die Forschungsförderung gibt. Sowohl horizontal als auch vertikal bieten sich in Förderorganisationen aber auch Möglichkeiten für berufliche Mobilität. Infrage kommt zum einen ein Wechsel zwischen den Teams und Abteilungen oder zwischen inhaltlichen Zuständigkeitsgebieten. Einige Forschungsförderer haben Dependancen im Ausland, in die gewechselt werden kann. Auch der vertikale Aufstieg in Leitungspositionen ist möglich, allerdings sind die zur Verfügung stehenden Stellen begrenzt. Neben der fachlichen Eignung ist hierfür eine Unterstützung durch die Führungsebenen notwendig. Darüber hinaus bestehen interessante Karriereoptionen im Wechsel zwischen den einzelnen Fördereinrichtungen, aber beispielsweise auch zu den einschlägigen Ministerien.

Steigender Bedarf und strategische Agilität: Entwicklungen im Berufsfeld

Drittmittel zur Wissenschaftsförderung spielen an Hochschulen und Forschungseinrichtungen aufgrund der stagnierenden Grundfinanzierung eine immer größere Rolle. Daher ist abzusehen, dass Fördereinrichtungen auch in Zukunft einen Bedarf an qualifizierten MitarbeiterInnen haben werden. Die steigenden Antragszahlen führen zu einem erhöhten Arbeitsaufkommen in den Förderinstitutionen und mitunter zu höheren Ablehnungsquoten. Gleichzeitig ist eine große Dynamik in der Förderlandschaft zu beobachten. Neue Drittmittelprogramme werden geschaffen, sowohl auf Ebene der Fördereinrichtungen als auch durch politische Initiative. Seit der Finanzkrise und aufgrund der Niedrigzinspolitik kämpfen vor allem kleinere Stiftungen damit, ausreichend Gelder für die Forschungsförderung zu erwirtschaften. Diese Faktoren führen dazu, dass sich Forschungsförderer darum bemühen, neue Finanzquellen zu erschließen, oder Allianzen mit anderen Einrichtungen eingehen.

Vom Wissenschaftler zum Referenten bei einer Forschungsförderorganisation

Aus der Wissenschaft kann Ulrich für seine Arbeit als Referent bei einer Forschungsförderorganisation viel von seiner fachlichen Expertise nutzen. »Ich verstehe die Wissenschaft hinter den Antragstexten, weiß, was in der akademischen Welt passiert und wie man dort argumentiert«, sagt Ulrich. Auch für die funktionalen Texte, wie E-Mails, Sitzungsprotokolle und Zusammenfassungen von Gutachten, die er für seine Arbeit verfassen muss, hält er seine ehemalige wissenschaftliche Tätigkeit für ein gutes Training. Als sehr unterschiedlich empfindet Ulrich die Struktur des Arbeitsalltags: »Früher bin ich ins Büro gekommen und habe gedacht: So, was mache ich heute? Ich schreibe an meinem Aufsatz weiter. Das habe ich dann den ganzen Tag lang gemacht. Wenn es manchmal eine Konferenz mit zu organisieren oder eine E-Mail zu beantworten gab, machte man das zwischendrin«, berichtet Ulrich. »Die Organisiertheit meines Arbeitsalltags in der Forschungsförderung empfinde ich als Entlastung.«

Reflexionsfragen

Welche Qualifikationen und Kompetenzen bringe ich mit, die in diesem Berufsfeld gebraucht werden?

_____

_____

_____

Welche praktischen Erfahrungen habe ich gesammelt, die für dieses Berufsfeld relevant sind?

_____

_____

_____

Meine Kontakte in diesem Berufsfeld:

_____

_____

_____

Weiterführende Informationen

Literaturhinweise

Bauer, Waldemar et al. (2013), *Forschungsprojekte entwickeln – von der Idee bis zur Publikation. Ein Leitfaden für die Praxis*, Stuttgart.

Baumann, Mechthild (2016), *Fördermittel akquirieren: So schreiben Sie einen überzeugenden Antrag*, Stuttgart.

Bundesverband deutscher Stiftungen (Hg.) (2013), *Private Stiftungen als Partner der Wissenschaft. Ein Ratgeber für die Praxis*, Berlin.

Herrmann, Dieter/Spath, Christian (2016), *Deutsches Forschungshandbuch 2016/2017: Förderinstitutionen, Förderprogramme und Drittmittel für die Wissenschaft*, Lampertheim.

Preuß, Stefanie (2017), *Drittmittel für die Forschung. Grundlagen, Erfolgsfaktoren und Praxistipps für das Schreiben von Förderanträgen*, Berlin/Heidelberg.

Walter, Anne (2012), *Wie stelle ich einen Forschungsantrag?*, Kassel, http://www.unikassel.de/uni/fileadmin/datas/uni/forschung/Forschungsreferat/Dokumente/Informationsbroschueren/2012/Antrag.pdf

Berufsverbände und Netzwerke

Netzwerk Wissenschaftsmanagement: http://www.netzwerk-wissenschaftsmanagement.de/
Forschungsreferenten.de: http://www.forschungsreferenten.de/

Forschungsförderorganisationen und Projektträger

Alexander von Humboldt-Stiftung: https://www.humboldt-foundation.de/
Deutsche Forschungsgemeinschaft (DFG): http://www.dfg.de/
Deutscher Akademischer Austauschdienst (DAAD): https://www.daad.de/
DLR Projektträger: http://www.dlr.de/pt/
Fritz Thyssen Stiftung: http://www.fritz-thyssen-stiftung.de/
Gerda Henkel Stiftung: https://www.gerda-henkel-stiftung.de/
Projektträger Jülich: https://karriere.ptj.de/
VolkswagenStiftung: https://www.volkswagenstiftung.de/
[A] Fonds zur Förderung der wissenschaftlichen Forschung (FWF): https://www.fwf.ac.at/
[A] Österreichische Forschungsförderungsgesellschaft (FFG): https://www.ffg.at/
[CH] Schweizer Nationalfonds zur Förderung der wissenschaftlichen Forschung (SNF): http://www.snf.ch/
ERC Executive Agency: https://erc.europa.eu/
Research Executive Agency (REA): http://ec.europa.eu/rea/
Begabtenförderungswerke
Avicenna-Studienwerk: http://www.avicenna-studienwerk.de/
Cusanuswerk: http://www.cusanuswerk.de/
Ernst Ludwig Ehrlich Studienwerk (ELES): http://www.eles-studienwerk.de/
Evangelisches Studienwerk Villigst: http://www.evstudienwerk.de/
Friedrich-Ebert-Stiftung: http://www.fes.de/studienfoerderung
Friedrich-Naumann-Stiftung für die Freiheit: https://www.freiheit.org/content/stipendien
Hanns-Seidel-Stiftung: http://www.hss.de/stipendium.html
Hans-Böckler-Stiftung: http://www.boeckler.de/
Heinrich-Böll-Stiftung: http://www.boeckler.de/
Konrad-Adenauer-Stiftung: http://www.kas.de/
Rosa Luxemburg Stiftung: http://www.rosalux.de/
Stiftung der Deutschen Wirtschaft (sdw): https://www.sdw.org/
Studienstiftung des deutschen Volkes: http://www.studienstiftung.de/

[A] PRO SCIENTIA: http://www.proscientia.at/
[CH] Schweizerische Studienstiftung: https://www.studienstiftung.ch/

Stellenausschreibungen

https://www.academics.de/
http://jobs.zeit.de/
http://www.netzwerk-wissenschaftsmanagement.de/stellenangebote.html
http://www.forschungsreferenten.de/

Darüber hinaus haben die größeren Forschungsförderorganisationen öffentliche Newsletter, in denen sie neben Informationen zu ihren Förderprogrammen auch ihre Stellenanzeigen veröffentlichen.

6.3 Politik und Verwaltung

6.3.1 Referentin im Ministerium

> *Strategiepapiere konzipieren, Daten auswerten, Förderprogramme entwickeln, Vorlagen für die Ministerin schreiben: In den Ministerien und nachgeordneten Behörden von Bund und Ländern bieten sich interessante berufliche Perspektiven, die Fachexpertise mit kommunikativer Kompetenz verbinden.*

Von der Politologin zur Referentin im Ministerium

Anja ist promovierte Politikwissenschaftlerin und arbeitet seit fünf Jahren als Referentin in einem Landesministerium. Nach ihrem Studium bekam sie eine Stelle in einem wissenschaftlichen Projekt angeboten und entschied sich für eine Promotion. Zu Beginn hatte Anja die Absicht, in der Wissenschaft zu bleiben. Als sie sieben Jahre später die Doktorarbeit abschloss, nahm sie ihre Karrierechancen in der Wissenschaft zunehmend als begrenzt wahr. »Ich wollte in der Wissenschaft bleiben, aber nicht unbedingt Professorin werden«, beschreibt Anja ihr Karriereziel. Wenn es die Möglichkeit gegeben hätte, auch ohne Professur langfristig in der Wissenschaft zu bleiben, wäre das ihre erste Wahl gewesen.

Während und nach ihrer Promotion arbeitete Anja auf verschiedenen Projektstellen mit befristeten Arbeitsverträgen. »Mein erster Promotionsvertrag war auf zwei Jahre befristet, danach hatte ich keinen Arbeitsvertrag, der länger als ein Jahr gedauert hat. Teilweise habe ich auf Dreimonatsverträgen gearbeitet«, sagt Anja. Dabei wechselte sie mehrmals Arbeitgeber und Stadt, auch als sie bereits eine eigene Familie hatte. Zu dem Zeitpunkt, als sie ihre Promotion abschloss, hatte Anja eine Vollzeitstelle an einem Forschungsinstitut, ihre Familie lebte 200 Kilometer entfernt. Sie war mindestens vier Tage pro Woche unterwegs und oft nur am Wochenende zu Hause. »Das war eine Situation, die von Anfang an nicht auf Dauer angelegt war. Ich habe mich die ganze Zeit nach einer Stelle als wissenschaftliche Mitarbeiterin in der Großstadt, in der meine Familie lebte, umgeschaut«, erzählt Anja.

Die beruflichen Perspektiven in der Wissenschaft erlebte Anja als anstrengend und schwierig: »Wenn ich im Nachhinein darüber nachdenke, hatte ich damals zunehmend das Gefühl, gegen eine Wand zu rennen. Ich habe immer weniger Entwicklungsmöglichkeiten gesehen.« Thematisch entfernte sie sich mit den Projektstellen von ihrem Interessensgebiet und ihrem wissenschaftlichen Profil. Ihre Vorgesetzten hielten fachlich große Stücke auf sie und hätten sie gern weiterbeschäftigt. Auf ihrer letzten wissenschaftlichen Stelle hätte Anja noch zwei weitere Jahre bleiben können, danach stand ein Anschlussprojekt in Aussicht, das heute noch läuft. »Aber ich wollte nicht dauerhaft in eine andere Stadt pendeln, sondern meine Familie zusammenhalten.«

Eine Freundin machte Anja auf das Stellenangebot eines Ministeriums aufmerksam. »Gefühlt war ich immer auf Arbeitssuche. Aber bis zu diesem Moment bin ich nicht auf die Idee gekommen, außerhalb der Wissenschaft zu schauen«, erinnert sich Anja. Sie erkannte sofort, dass dies eine Möglichkeit war, die gut zu ihren Vorerfahrungen und Kompetenzen passte und ihr eine längerfristige Perspektive bot. »Auf dieser Stelle kann ich meine Erfahrung mit sozialwissenschaftlich-empirischer Forschung, mit Evaluation und mit dem Themengebiet Beschäftigungspolitik einbringen«, beschreibt Anja den Abgleich ihrer Kompetenzen mit der Stellenausschreibung. »Rückblickend könnte man sagen, dass alles, was ich vorher gemacht habe, auf diese Stelle hinausgelaufen ist. Ich habe sofort eine Bewerbung hingeschickt, bin zu einem Bewerbungsgespräch eingeladen worden und habe die Stelle angeboten bekommen.« Mit ihrem Arbeitgeber in der Wissenschaft schloss sie einen Aufhebungsvertrag.

Vorlagen für den Minister: Ein typischer Arbeitstag

Als Referentin im Ministerium eines Bundeslandes ist Anja fachlich für ein Themengebiet verantwortlich, das sie selbstständig bearbeitet. Zu ihren Aufgaben gehört es, Strategiepapiere zu konzipieren, Daten auszuwerten, Förderprogramme zu entwickeln, Evaluationen zu begleiten, und nicht zuletzt der Hausleitung, also der Ministerin, dem Minister oder den StaatssekretärInnen, zuzuarbeiten. »Wenn der Minister zum Beispiel an einem Ausschusstermin im Landtag teilnimmt und zu meinem Themengebiet auskunftsfähig sein muss, verfasse ich eine Vorlage für ihn«, erklärt Anja. »Darin schildere ich den Sachstand, bewerte ihn und mache einen Vorschlag für das weitere Vorgehen. Diese wird von anderen zu beteiligenden Arbeitseinheiten und meinen Vorgesetzten mitgezeichnet.«

Ihr typischer Arbeitstag besteht aus E-Mail-Korrespondenz mit anderen Ressorts oder Fachreferaten, Telefonaten mit umsetzenden Stellen, Arbeitsbesprechungen im Referat und konzeptioneller Arbeit oder dem Verfassen von Berichten. Der Arbeitstag dauert zwischen sechs und zehn Stunden. Abend- und Wochenendtermine sind selten, da Anja als Referentin keine Repräsentationsaufgaben wahrnimmt. Das Ministerium, in dem sie arbeitet, ist als familiengerechter Arbeitgeber zertifiziert. Ähnlich wie als wissenschaftliche Mitarbeiterin bietet ihr die Gleitzeitregelung die Flexibilität, sich an familiäre Notwendigkeiten anzupassen. Darüber hinaus hat sie die Möglichkeit, an einzelnen Tagen von zu Hause aus zu arbeiten. »Familienfreundlich ist für mich auch, dass ich jeden Abend zu Hause für mein Kind da sein kann und nicht mehr pendeln muss.« Etwa einmal im Quartal fallen Dienstreisen innerhalb von Deutschland und Europa an, zum Beispiel zu Einrichtungen der Europäischen Union nach Brüssel.

In Anjas Arbeitsalltag als Referentin spielt Zusammenarbeit eine große Rolle. Es besteht Abstimmungsbedarf innerhalb des Referats, mit der Referatsleitung, mit weiteren Referaten des Ministeriums oder mit anderen Ressorts, mit Behörden oder Dienstleistern. Darüber hinaus hat Anja Führungsverantwortung für eine Sachbearbeiterin. »Meine berufliche Tätigkeit ist sehr kommunikativ und vernetzt. Sie erfordert, dass ich mit unterschiedlichen Personen außerhalb meines Referats zusammenarbeite. Das ist bei uns in der öffentlichen Verwaltung nicht immer der Fall«, sagt Anja. »Andererseits verbringe ich abgesehen von den Arbeitstreffen den überwiegenden Teil meiner Arbeitszeit allein an meinem Schreibtisch.«

Politikbezug und Hierarchien: Licht- und Schattenseiten

Anja schätzt an ihrer Stelle die Eigenständigkeit des Arbeitens und das breite Spektrum ihrer Tätigkeiten. Darüber hinaus gefällt ihr, dass sie jetzt näher an der Tagespolitik und politischen Praxis arbeitet als zuvor. Ihr Interesse, etwas zu bewirken und sich nicht nur mit der Theorie zu beschäftigen, hatte sich bereits im Studium gezeigt. »Schon meine letzte wissenschaftliche Stelle war dichter an der Politik als die Grundlagenforschung an der Uni«, sagt Anja, »Jetzt bin ich noch ein Stück näher an der politischen Praxis.« Zu weiteren Pluspunkten ihrer Arbeit zählen auch ihre KollegInnen. Mit ihnen kann sie auch unter großem Druck gut zusammenarbeiten, sie unterstützen sich, begegnen sich mit Respekt und kommen gut miteinander aus.

Weniger gut gefällt Anja, dass sie aufgrund der Hierarchien inhaltlich manchmal Vorgaben umsetzen muss, die sie fachlich nicht optimal findet. Auch das Arbeitsaufkommen ist zeitweise sehr hoch. Anja hält das für ein strukturelles Problem im öffentlichen Dienst, nicht nur bei ihrer Stelle. »Mit dem Personalabbau haben sich Aufgaben kaum reduziert – teilweise sind auch Aufgaben hinzukommen. Das bedeutet, weniger Leute stehen unter immer größerem Druck.«

Fachexpertise plus Kommunikation: Erwartete Qualifikationen

Grundsätzlich suchen Ministerien für Referenten- und Leitungsstellen Personen mit Hochschulabschluss, Berufserfahrung und einschlägiger beruflicher Expertise. Bevorzugt werden Juristinnen und Juristen oder Personen mit zweijähriger Laufbahnausbildung eingestellt. QuereinsteigerInnen können sich durch fachliche Expertise beziehungsweise eine fachlich einschlägige Berufserfahrung, die zum jeweiligen Stellenprofil passt, qualifizieren. »Ein Schwerpunkt meiner Stelle sind die Ausschreibung, Betreuung und Begleitung von Evaluationen«, erzählt Anja. »Dafür war es entscheidend, dass ich aus meiner vorigen wissenschaftlichen Stelle einen einschlägigen Erfahrungshintergrund von zwei bis drei Jahren hatte und wusste, worauf man bei Evaluationen achten muss, was die fachlichen Standards sind und ähnliches.« Für Bildungs- und Forschungsministerien kann auch die Feldkompetenz als WissenschaftlerIn eine entsprechende Qualifikation sein, insbesondere, wenn Sie neben der Forschung Erfahrung mit Studiengangsentwicklung, strukturierter Doktorandenausbildung oder größeren Drittmittelverbünden gesammelt haben.

Ein Doktortitel wird in diesem beruflichen Kontext gern gesehen, allerdings muss die wissenschaftliche Erfahrung relevant für die Stelle sein. »Ausschlaggebend für die Einstellung war nicht, dass ich Wissenschaftlerin war, sondern was ich konkret fachlich gemacht hatte«, berichtet Anja. Neben der inhaltlichen Expertise ist die Fähigkeit, sich schnell in neue Themengebiete einarbeiten zu können, Einstellungsvoraussetzung. Für die Bundesministerien sind auch Fremdsprachenkenntnisse und internationale Erfahrung gefragt.

Darüber hinaus sind zahlreiche kommunikative und soziale Kompetenzen für eine Tätigkeit im Ministerium einstellungsrelevant. Aus der Wissenschaft vertraut sind dabei die Fähigkeiten, Ergebnisse, Herangehensweise und Methodik zu präsentieren und einen inhaltlichen Standpunkt zu vertreten. Wichtig sind eine sehr gute schriftliche und mündliche Ausdrucksfähigkeit. Genauso wichtig ist aber auch Teamfähigkeit. »Man muss sachorientiert zusammenarbeiten können«, erklärt Anja, »und man muss in einer Verwaltung natürlich auch fähig sein, in einer Hierarchie zu arbeiten und sich gegebenenfalls unterzuordnen: Jemand über dir in der Hierarchie trifft eine Entscheidung, die dann entsprechend zu respektieren und umzusetzen ist.« Ebenso wichtig ist ein kompetentes und verbindliches Auftreten nach außen, da man das Ministerium in allen externen Arbeitskontakten nach außen repräsentiert.

Assessment-Center oder Vorstellungsgespräch: Das Bewerbungsverfahren

Stellen in Bundesministerien werden auf der Webseite des jeweiligen Ministeriums ausgeschrieben. Dort gibt es teilweise auch Hinweise zu gesuchten Bewerberprofilen und dem Auswahlverfahren sowie die Möglichkeit, sich in Newsletter für Stellenausschreibungen einzutragen. Für Stellen in Landesministerien gibt es zentrale Webseiten, Feeds und Newsletter für das jeweilige Bundesland. Hier finden sich auch Stellenausschreibungen für nachgeordnete Behörden. Auf den übergeordneten Stellenportalen *bund.de* und *interamt.de* kann gezielt nach Beschäftigungsort, Tätigkeitsbereich sowie Stichworten gesucht werden. Zahlreiche Stellen werden intern im jeweiligen Haus oder unter den Ministerien und zugehörigen Einrichtungen ausgeschrieben und besetzt.

Je nach Ministerium und Stelle müssen unterschiedliche Auswahlverfahren durchlaufen werden. Bei den Bundesministerien werden häufig ein- bis zweitägige Verfahren eingesetzt, die Assessment-Center-Elemente wie Vorträge, Gruppenübungen und Tests enthalten. Das Landesministerium, in dem Anja arbeitet, führt für Stellen, die extern besetzt werden sollen, ein klassisches zweistufiges Bewerbungsverfahren mit schriftlicher Bewerbung und Vorstellungsgespräch durch. »In meinem Bewerbungsgespräch gab es eine praktische Aufgabe: Ich hatte eine halbe Stunde Zeit zur Vorbereitung und sollte dann etwas zur Datenanalyse und zu Instrumenten für mein Politikfeld vortragen«, berichtet Anja. Der typische Gesprächsaufbau beginnt mit der Gelegenheit für BewerberInnen, ihren Werdegang in Bezug auf die ausgeschriebene Position vorzustellen, danach folgt ein fachlicher Teil und ein Gesprächsteil zu Sozialkompetenzen.

Für eine Bewerbung bei einem Ministerium empfiehlt Anja: »Man muss sich bewusst sein, dass eine Verwaltung anders tickt als die Wissenschaft. Es kommt eher darauf an, dass das Tagesgeschäft abgearbeitet wird, dass die Hausleitung gut informiert wird, dass Dinge auf den Punkt gebracht und zusammengefasst werden, als darauf, ein Themenfeld in allen Facetten und Differenzierungen darzustellen und Ideen zu erläutern.« Das sollte sich auch in der schriftlichen Bewerbung widerspiegeln: BewerberInnen sollten die entscheidenden Stichworte liefern, die für die Stelle relevant sind. »Bei einer Bewerbung für den öffentlichen Dienst kommt es nicht darauf an, dass man alle Aspekte beleuchtet, sondern dass man die wesentlichen Dinge erfasst und kommuniziert«, sagt Anja. Da es für eine Referentenstelle auch wichtig sei, pragmatisch zu sein, rasch Entscheidungen zu treffen und ein entsprechendes Auftreten zu haben, sollten BewerberInnen diese Eigenschaften bereits im Vorstellungsgespräch zeigen.

Referatsleitung oder andere ministeriale Einrichtungen: Karriereoptionen

Stellen im höheren Dienst wie zum Beispiel Referentenstellen in Ministerien werden nach dem Tarifvertrag des öffentlichen Dienstes oder Bundesbesoldungsgesetz vergütet, das Einkommen ist also vergleichbar mit wissenschaftlichen Stellen. Bei den Bundesministerien kommt die Ministerialzulage hinzu. Das Einstiegsgehalt entspricht in der Regel TVöD/TV-L 13, je nach Ausschreibung und Eigenverantwortung kann auch höher eingruppiert werden. Bei Vorliegen der entsprechenden Voraussetzungen ist auch eine Verbeamtung ab A13 möglich. Einstiegsstellen, die von den Ministerien extern ausgeschrieben werden, sind oft befristet. Nicht selten gibt es aber die Möglichkeit zur Entfristung oder andere beruflichen Entwicklungsmöglichkeiten innerhalb der öffentlichen Verwaltung.

In Ministerien gibt es verschiedene Möglichkeiten, sich beruflich zu verändern. Zum einen ist ein Wechsel zwischen den Arbeitsbereichen möglich, zum anderen der Aufstieg in eine höhere Position. »In unserem Ministerium sind die Hierarchien relativ flach«, erklärt Anja. »Die nächsthöhere Position über einer Referentenstelle ist eine Referatsleitung, das ist die naheliegende Aufstiegsmöglichkeit.« Um diesen Aufstieg zu machen, sollte man zuvor in unterschiedlichen Arbeitsbereichen des Ministeriums gearbeitet haben und Verantwortung für wichtige Themen übernommen haben. »Wichtig ist auch, dass die Hausleitung einen guten Eindruck von Person und Arbeitsweise bekommen konnte«, sagt Anja.

Darüber hinaus besteht die Möglichkeit, eine leitende Funktion in einer nachgeordneten Einrichtung zu übernehmen, das heißt in Ämtern, in Instituten oder bei Dienstleistern, die in die Zuständigkeit des Ministeriums fallen. Ein Beispiel hierfür ist das Umweltbundesamt, das eine nachgeordnete Einrichtung des Bundesumweltministeriums ist. Typisch ist auch ein Wechsel oder eine Abordnung von einem Landesministerium in ein Bundesministerium, in andere Landesministerien oder Stabsstellen der Landesregierung. Hierfür stehen Mitarbeitenden die internen Stellenbörsen der ministerialen Einrichtungen offen.

Abhängig vom Wahlergebnis: Entwicklungen im Berufsfeld

Ministerien sind sehr stabile Arbeitgeber. Inhaltlich kommen kontinuierlich politisch aktuelle Themenkomplexe hinzu. Der Arbeitsalltag verändert sich durch zunehmende Digitalisierung, zum Beispiel in Form von elektronischer Aktenführung. Die größten Veränderungen gehen in Ministerien mit neuen Regierungen einher. Dann können Organisationsstrukturen, Ressortzuschnitt, Aufgabenverteilung und auch die personelle Besetzung neu gestaltet werden. »Wenn die Hausleitung wechselt, ändert sich die politische Linie. Teilweise werden auch Führungspositionen neu besetzt«, erzählt Anja. »In unserem Fall ist das Haus umstrukturiert worden und die Zusammensetzung von Abteilungen, Referaten usw. neu gestaltet worden. Das kann interessante Optionen für einen internen Stellenwechsel mit sich bringen. Allerdings führt es auch zu viel Unruhe und zu neuen Teambildungsprozessen.«

Von der Wissenschaftlerin zur Referentin im Ministerium

Anja sieht die größte Übereinstimmung von ihrer wissenschaftlichen Tätigkeit und ihrer Arbeit im Ministerium im Schreiben von Berichten und im Erarbeiten von Konzepten. Die Art und Weise des wissenschaftlichen Arbeitens, selbständig und strukturiert an ein Thema heranzugehen, findet sie für ihre jetzige Tätigkeit nützlich. »Man kann sich schnell in neue Themen einarbeiten und eine passende Herangehensweise finden«, sagte Anja. »Und Präsentationen kann man, wenn man aus der Wissenschaft kommt, praktisch im Schlaf halten.« Auch thematisch profitiert sie noch heute von ihrem wissenschaftlichen Fachwissen. Grundsätzlich beschreibt Anja ihre Tätigkeit als sehr viel kleinteiliger als in der Wissenschaft. Es stehen viele unterschiedliche Aufgaben an, die schnell erledigt werden müssen und daher mit weniger Vorbereitungszeit oder weniger ausführlich bearbeitet werden. »Verwaltung heißt auch, dass man sein Handeln kontinuierlich dokumentieren muss, die sogenannte Veraktung.«

»Teilweise vermisse ich auch den Peer-Austausch aus der Wissenschaft«, sagt Anja. »Den Austausch mit FachkollegInnen aus anderen Ländern, Bundesländern oder dem Bund könnte man in der öffentlichen Verwaltung viel stärker nutzen. Leider ist das nicht selbstverständlich, weil politische Linien wichtiger sind.« Den größten Unterschied zwischen Wissenschaft und

Ministerium sieht Anja in der Hierarchie: »Als ich die Stelle angenommen habe, war meine größte Befürchtung, dass ich mit meiner Eigenständigkeit, meiner Vorstellung davon, wie die Welt zu sein hat, nicht in eine Verwaltung passe.« Die Befürchtung bewahrheitete sich nicht: In der Realität stellte sich die Verwaltungsarbeit als weniger einengend und viel interessanter heraus als gedacht.

REFLEXIONSFRAGEN

Welche Qualifikationen und Kompetenzen bringe ich mit, die in diesem Berufsfeld gebraucht werden?

Welche praktischen Erfahrungen habe ich gesammelt, die für dieses Berufsfeld relevant sind?

Meine Kontakte in diesem Berufsfeld:

Weiterführende Informationen

Literaturhinweise

Hesse, Jürgen/Schrader Hans Christian (2011), *Testtraining Höherer Dienst: Auswahl- und Aufstiegsverfahren im Öffentlichen Dienst erfolgreich bestehen*, Hallbergmoos.

Stellenausschreibungen

Bundesministerien: jeweils auf der Webseite des Ministeriums, zum Beispiel:
http://www.bmas.de/DE/Ministerium/Arbeiten-im-BMAS/stellenausschreibungen.html
https://www.bmbf.de/de/mitarbeit-im-bundesministerium-fuer-bildung-und-forschung-207.html

Landesministerien und nachgeordnete Einrichtungen: zentrale Stellenbörsen der Bundesländer, zum Beispiel:
https://www.stellenmarkt.nrw.de/
http://www.baden-wuerttemberg.de/de/service/stellenangebote/

Übergeordnete Stellenportale:
http://www.bund.de/
https://www.interamt.de/

6.3.2 Politische Referentin in einer Nichtregierungsorganisation

Politische AkteurInnen beobachten, Netzwerke pflegen und Entscheidungsempfehlungen verfassen: Nichtregierungsorganisationen, wie hochschulpolitische Verbände, eröffnen spannende Arbeitsfelder, für die institutionsrelevante Fachkenntnisse und verbindliches Auftreten Voraussetzung sind.

Von der Historikerin zur wissenschaftspolitischen Referentin

Martina ist promovierte Historikerin und Referentin in einer europäischen Nichtregierungsorganisation mit wissenschaftspolitischem Schwerpunkt. Nach dem Magisterabschluss promovierte sie in der Wissenschaftsgeschichte des 19. und 20. Jahrhunderts und forschte mehrere Jahre als Postdoc. »Mich hat die wissenschaftliche Laufbahn schon gereizt. Gleichzeitig wusste ich, dass der universitäre Arbeitsmarkt für HistorikerInnen einer der am härtesten umkämpfte ist«, erzählt Martina. »Da kommen in Deutschland auf jede Professor viele PrivatdozentInnen. Es wäre naiv gewesen zu sagen, die Wissenschaftskarriere klappt auf jeden Fall und ich bleibe dabei.« Martina verlegte sich daher auf die Strategie, möglichst viele verschiedene Aspekte einer Wissenschaftslaufbahn von Forschung über Lehre bis zur universitären Selbstverwaltung kennenzulernen, um eine bessere Entscheidung treffen zu können. Dabei wollte sie Kompetenzen entwickeln, die sie auch für Berufsfelder jenseits der klassischen Gelehrtenlaufbahn vorbereiten würden. Neben der wissenschaftlichen Arbeit engagierte sie sich ehrenamtlich im kommunalen Kino.

»Der letzte Auslöser für die Entscheidung, die Universitätslaufbahn zu beenden, war ein negativer Förderbescheid für mein Habilitationsprojekt«, sagt Martina. »Auch schlechte Erfahrungen von NachwuchswissenschaftlerInnen in meinem akademischen Umfeld und im Freundeskreis haben zu dieser Entscheidung beigetragen.« Ihre Chefin bot ihr als Überbrückung für ein Jahr die Koordination eines Forschungsverbundes an. Diese Zeit nutzte Martina, um sich so viel wie möglich zu bewerben. Unterstützt wurde sie dabei auch von Serviceeinrichtungen an ihrer Universität. »Bei meinen Bewerbungen legte ich einen Schwerpunkt auf Bildungs- und Wissenschaftspolitik sowie Wissenschaftsmanagement. Durch meinen Werdegang war mir klar, dass das die Bereiche sind, die mich interessieren und wo ich gute Chancen haben könnte«, berichtet sie. »Ich habe meine Bewerbungen breit gestreut, habe mich auch auf Referentenstellen im Rektorat oder Managementstellen in der Universitätsverwaltung beworben, um die Wahrscheinlichkeit zu erhöhen, dass ich eingeladen werde.« Mit Erfolg: Am Ende konnte sie ihren Vertrag als Koordinatorin früher auflösen, um eine Stelle in Brüssel anzutreten.

Monitoring, Netzwerken, Texte verfassen: Ein typischer Arbeitstag

Martina arbeitet als wissenschaftspolitische Referentin für eine Interessenvertretung europäischer Hochschulen in Brüssel. »Als erstes ist mir an meiner neuen Arbeit aufgefallen, dass das Tempo ein ganz anderes ist als im akademischen Betrieb«, erzählt Martina. »Als Wissenschaftlerin war ich während der Promotion oder als Postdoc extrem frei, konnte vieles selbst gestalten und mir meine eigenen Ziele setzen. Sicherlich setzt man sich auch selbst unter Druck, aber die Externalitäten nimmt man nicht so intensiv wahr. Bei meiner jetzigen Tätigkeit muss ich tagesaktuell beobachten, was passiert: Was machen die Institutionen, was machen andere Stakeholder?«

Zu Martinas Aufgaben gehört es, die Meinungsbildungsprozesse innerhalb des Verbandes zu unterstützen. »Als Dachverband versuchen wir, die Interessen und Erwartungen all unserer Mitglieder zusammenzubringen. Dafür gibt es diverse Beratungsgremien, wie zum Beispiel eine Arbeitsgruppe zu Fragen der Forschungspolitik. Dort sind ProfessorInnen, RektorInnen oder VizerektorInnen von Hochschulen aus den verschiedenen Wissenschaftssystemen vertreten, die in regelmäßigen Abständen tagen und basierend auf unseren Vorlagen über aktuelle Themen beraten. Was dort beschlossen wird, muss wiederum von anderen Gremien abgesegnet werden. Diese Meinungsbildungsprozesse sind in einem internationalen Verband sehr aufwändig«, sagt Martina.

Großen Raum in Martinas Arbeit nimmt das Monitoring ein. Hier muss sie beobachten, welche Standpunkte unterschiedlichste AkteurInnen zu verschiedenen hochschulpolitischen Themen einnehmen. »Wir beobachten die Positionen der 28 Mitgliedstaaten der Europäischen Union, der Europäischen Kommission, insbesondere der Generaldirektionen für Forschung und Innovation sowie für Bildung und Kultur, aber auch der Generaldirektion für regionale und urbane Politik. Hinzu kommen das Europäische Parlament mit seinen verschiedenen Ausschüssen, der Ausschuss der Regionen und der Rat, in dem beispielsweise die Interessen der Forschungsministerien aus den einzelnen Mitgliedsstaaten vertreten werden«, erzählt Martina. »Zum einen verfolgen wir die Aktivitäten dieser politischen AkteurInnen, zum anderen wollen wir mit ihnen in Dialog treten und sie dabei unterstützen, die Hochschulen in ihre Überlegungen einzubeziehen.«

In einer typischen Arbeitswoche verbringt Martina viel Zeit am Computer und recherchiert in Publikationen, Newslettern und auf relevanten Websites. »Man versucht dabei möglichst viel Redundanz zu erzeugen, damit man nichts verpasst. Hinzu kommen Informationen, die nicht öffentlich sind, aber zum Beispiel in der Kommission für den Hausgebrauch oder für die Abstimmung mit den Mitgliedsstaaten bestimmt sind«, sagt Martina. »Für solche Informationen muss man Netzwerke pflegen und Leute treffen. Für unseren Meinungsbildungsprozess kann es hilfreich sein, wenn wir wissen, was gerade in einer Generaldirektion diskutiert wird.« Hinzu kommen verschiedene Plattformen für Dialog und Interaktion, wie beispielsweise Stakeholderkonsultationen der Kommission, die dem Informationsaustausch und der Zusammenarbeit dienen. Hier tritt Martina für ihren Verband auf. »Als Wissenschaftlerin und während meiner Koordinatorentätigkeit habe ich viel für mich gesprochen. Wenn ich heute irgendwo auftrete, dann rede ich nicht mehr als Individuum, sondern in erster Linie als Repräsentantin meiner Organisation.«

Einen Teil ihrer Arbeitswoche verbringt Martina damit, Texte zu verfassen. »Für die regelmäßigen Treffen der Experten- und Arbeitsgruppen gibt es eine umfangreiche annotierte Tagesordnung, in der wir den aktuellen Stand zu einem bestimmten Thema zusammenfassen und Entscheidungsempfehlungen abgeben«, erzählt Martina. Darüber hinaus fertigt sie gemeinsam mit KollegInnen Protokolle der Sitzungen an. »Je nach Sitzungsturnus schreiben wir auch Aktenvermerke und bringen die Gremien in der Zwischenzeit auf den neuesten Kenntnisstand.« In einem Newsletter werden Mitglieder und externe AkteurInnen über die Aktivitäten des Verbandes informiert. Hierfür verfasst Martina regelmäßig Texte zu den Entscheidungen der verbandseigenen Gremien oder zu anderen forschungspolitischen Entwicklungen. Außerdem entwirft und wertet sie Fragebögen zu wissenschaftspolitischen Themen aus, die an die Verbandsmitglieder verteilt werden, um evidenzbasierte Positionsbestimmungen vorzunehmen und empirisch fundierte Beiträge zur politische Debatte zu liefern. Einmal im Jahr wird ein Arbeitsprogramm geschrieben, in dessen strategische Entwicklung Martina ebenfalls eingebunden ist. Die Arbeitssprache ist in der Regel Englisch. Für das Monitoring greift Martina auch auf andere Sprachkenntnisse, wie Französisch, Spanisch, Niederländisch, Italienisch und natürlich Deutsch zurück.

»Theoretisch sollte ich nach den hiesigen arbeitsrechtlichen Bestimmungen jeden Tag unter acht Stunden arbeiten. De facto ist es mehr, ein Arbeitstag hat oft eher neun, manchmal auch zehn Stunden«, sagt Martina. Abendtermine gibt es für sie regelmäßig, die Wochenenden sind meist frei. Etwa einmal im Monat unternimmt sie eine Dienstreise zu Terminen in ganz Europa.

Teamwork und Leistungsparameter: Licht- und Schattenseiten

An ihrer Arbeit als wissenschafts- und hochschulpolitische Referentin gefällt Martina am besten, dass sie sehr abwechslungsreich ist. »Was mir außerdem zusagt, ist das Teamwork. Man arbeitet eng mit KollegInnen zusammen und übergibt sich öfters den Stab, das finde ich sehr reizvoll. Als Geisteswissenschaftlerin habe ich doch eher allein gearbeitet«, sagt Martina.»Und ich habe das Gefühl, dass das, was ich jetzt mache, eine größere Relevanz besitzt und schneller sichtbar ist, als meine wissenschaftliche Arbeit.« Andererseits bemerkt sie, dass ihr die Leistungsbeurteilung in der Wissenschaft tendenziell klarer erschien.»In der Wissenschaft wird man letztlich an den Publikationen gemessen«, sagt Martina.»Bei meiner jetzigen Tätigkeit gibt es im engeren Sinne keine ausdeklinierten leistungsbezogenen Indikatoren.« Als hilfreich empfindet sie daher die Mitarbeitergespräche, die ein- bis zweimal jährlich stattfinden und auch rechtlich vorgeschrieben sind.

Feldwissen, Takt, interkulturelle Kompetenz: Erwartete Qualifikationen

Für die Tätigkeit als politische Referentin oder politischer Referent in einer Nichtregierungsorganisation sind einschlägige Fachkenntnisse aus dem Handlungsfeld der Organisation und die Identifikation mit ihren Zielen unabdingbar. Voraussetzung für die wissenschaftspolitische Referententätigkeit sind fundierte Kenntnisse über die Institution Hochschule, über AkteurInnen der Forschungspolitik und aktuelle wissenschaftspolitische Handlungsfelder.»Ich konnte zum Beispiel meine Erfahrung aus Forschung und Lehre, aus der akademischen Selbstverwaltung und aus strukturierten Promotionsstudiengängen einbringen. Zum einen hatte ich Studium und Promotion selbst durchlaufen, zum anderen kannte ich auch die Perspektive einer Studienkommission, in der ich die dahinterliegenden Strukturen diskutieren und mitentwickeln konnte«, sagt Martina. Inhaltliches Plus war auch ihr akademischer Hintergrund in der Wissenschaftsgeschichte:»Die Wissenschaftsgeschichte handelt immer auch von Wissenschaftspolitik, das hat einen direkten Bezug zu meinem jetzigen Arbeitsgebiet hergestellt.«

Für die politische Kommunikation innerhalb und außerhalb des Verbandes werden außerdem ausgeprägte kommunikative Fähigkeiten und Taktgefühl benötigt. Zudem wird eine Vertrautheit mit politischen AkteurInnen und den Mitgliedern des Verbandes vorausgesetzt.»Durch meine Zeit als wissenschaftliche Mitarbeiterin besaß ich auch langjährige Erfahrung im Umgang mit ProfessorInnen. Die Menschen, die in meinem neuen Arbeitskontext diskutieren und entscheiden, sind alle verdiente WissenschaftlerInnen«, sagt Martina. Nicht zuletzt braucht man für die Arbeit in einer international agierenden und multikulturell besetzten Organisation zwischenmenschliche Kompetenzen wie Offenheit und Toleranz sowie die Fähigkeit, mit kulturellen Differenzen umzugehen.

Als politische Referentin oder politischer Referent sind für den dichten Arbeitsalltag und die Verarbeitung neuer Fakten auch Selbstmanagement und Informationskompetenz wichtig.»Während der Promotion oder als Postdoc übernimmt man oft auch Koordinationstätigkeit. Dadurch hatte ich eine gewisse Organisations- und Managementerfahrung«, sagt Martina.»Das hilft mir dabei, Prioritäten zu setzen und Arbeitsbereiche oder Themen durch schrittweises Vorgehen handhabbar zu machen.« Auch der Umgang mit Informationen, die Fähigkeit, Informationsquellen einschätzen zu können und Sachverhalte zu kondensieren, waren Qualifikationen für ihre jetzige Stelle, die sie aus der Wissenschaft mitgebracht hatte. Der Doktortitel war daher ein Bewerbungsvorteil, auch wenn dieser im deutschen Kontext eine größere Rolle spielt als im internationalen.

Virtuelle Tests und Interviews vor Ort: Das Bewerbungsverfahren

Das Bewerbungsverfahren für Referentenstellen wird in dem Interessensverband, in dem Martina arbeitet, mehrstufig durchgeführt. Es beinhaltet eine erste Runde mit einem Vorstellungsgespräch über Skype und virtuelle Tests:»Ich bekam Material und eine Aufgabenstellung zugeschickt und musste diese in einem beschränkten Zeitraum beantworten«, sagt Martina.»Damit wurden einerseits meine Fähigkeiten im Umgang mit Texten und mit der englischen Sprache geprüft, andererseits ging es um quantitative, numerische Fähigkeiten im Umgang mit Excel. Das Verfahren war erwartungsgemäß etwas weniger standardisiert als beispielsweise der *Concours* der Europäischen Kommission.« Die zweite Runde beinhaltet persönliche Bewerbungsgespräche vor Ort in Brüssel.

Bei der Vorbereitung auf das Auswahlverfahren ist eine gute Auseinandersetzung mit dem Verband, seinen Interessen sowie aktuellen forschungs- und hochschulpolitischen Themen wichtig. Informationen sind in der Regel gut im Internet recherchierbar. Dieses Wissen wird für die Beantwortung von Fachfragen benötigt und hilft auch dabei, relevante Rückfragen zum Arbeitskontext zu stellen.»Dadurch zeigt man, dass man es mit der eigenen Bewerbung ernst meint«, sagt Martina.»Ich empfehle, sich im Vorfeld nach Möglichkeit bei Xing oder LinkedIn über die Personen zu informieren, mit denen man die Gespräche führt.« Sie rät auch dazu, sich mit Ratgeberliteratur auf das Vorstellungsgespräch vorzubereiten und mithilfe der entsprechenden Unterstützungsstrukturen an Universität oder Forschungsinstitut die Gesprächssituation zu trainieren.

Sprungbrett für nationale und internationale Aufgaben: Karriereoptionen

Laut Bundesagentur für Arbeit sind in Deutschland mehr als 443.000 Menschen bei kirchlichen Vereinigungen, politischen Parteien, Arbeitgeber- und Arbeitnehmervereinigungen oder sonstigen Interessenvertretungen beschäftigt.[47] Gehälter in Verbänden und weiteren Nichtregierungsorganisationen orientieren sich teilweise an den Tarifverträgen des öffentlichen Dienstes. Da der Verband, für den Martina arbeitet, seinen Sitz in Brüssel hat, unterliegt ihr Vertrag dem belgischen Arbeitsrecht. Das Gehalt ist nicht tarifgebunden und setzt sich aus verschiedenen Elementen zusammen. Das Grundgehalt ist tendenziell etwas niedriger als im öffentlichen Dienst in Deutschland, hinzu kommen aber Leistungen wie Essensgeld, Urlaubsgeld, ein dreizehntes Monatsgehalt, private Zusatzversicherungen und Altersvorsorge. Gehaltserhöhungen sind vorgesehen, allerdings nicht automatisiert wie etwa im TVL.

Verträge werden bei Martinas Arbeitgeber befristet oder unbefristet mit einer sechsmonatigen Probezeit vergeben. Aufstiegsoptionen bestehen zum einen innerhalb der Geschäftsstelle der Organisation. Zum anderen qualifiziert die Stelle für andere Positionen in Hochschulpolitik und -management. Infrage kommen Stellen bei den europäischen Institutionen oder anderen Akteuren in Brüssel, aber auch bei wissenschaftspolitischen Organisationen in Deutschland oder im Wissenschaftsmanagement an Hochschulen und Forschungseinrichtungen.

Professionalisierung und Wachstum: Entwicklungen im Berufsfeld

In der europäischen Forschungs- und Hochschulpolitik zeichnen sich aus Sicht von Martina derzeit zwei Tendenzen ab, die das Berufsfeld in den kommenden Jahren prägen werden. Zum einen findet eine zunehmende

Professionalisierung statt, die zu einer Standardisierung von Anforderungsprofilen und Karrierewegen führt. Das bedeutet unter anderem, dass einschlägige Berufserfahrung und berufsbegleitende Weiterbildungen immer wichtiger für die Einstellung und nächste Karriereschritte werden.

Zum anderen werden wie auch in anderen Politikfeldern der übergreifende europäische politische Rahmen und entsprechende Förderprogramme immer wichtiger. »Die Begleitung der europäischen Wissenschaftspolitik und Forschungsrahmenprogramme gewinnt in allen Mitgliedsstaaten und den assoziierten Ländern immer mehr an Bedeutung. Dadurch wächst der dazugehörige Arbeitsmarkt«, so Martina.

Von der Wissenschaftlerin zur wissenschaftspolitischen Referentin

Aus der Wissenschaft hat Martina neben den bereits beschriebenen Qualifikationen auch die Fähigkeit zum strategischen Denken mitgebracht: »Als WissenschaftlerIn kann man sich nicht nur durch die eigenen Vorlieben steuern lassen, sondern muss beobachten, welche Trends sich in der Forschung abzeichnen, und seine Forschungsinteressen dazu in Bezug setzen«, sagt Martina. Das ist auch für ihre jetzige Tätigkeit unabdingbar: »Wer im politischen Feld aktiv ist, muss unbedingt strategisch denken können.« Eine weitere wichtige Erfahrung aus der wissenschaftlichen Tätigkeit ist die Fähigkeit, zielgruppenspezifisch Komplexität auf- und abbauen zu können: »Im Uni-Alltag macht es einen Unterschied, ob man ein Thema mit ProfessorInnen und KollegInnen diskutiert oder StudentInnen in einer Lehrveranstaltung erklärt.« Nicht zuletzt, findet Martina, kann sie ihr Handwerkszeug der Quellenkritik, das sie als Historikerin in Studium und Wissenschaft gelernt hat, auch bei ihrer politischen Arbeit gut anwenden.

Reflexionsfragen

Welche Qualifikationen und Kompetenzen bringe ich mit, die in diesem Berufsfeld gebraucht werden?

Welche praktischen Erfahrungen habe ich gesammelt, die für dieses Berufsfeld relevant sind?

_____

_____

_____

Meine Kontakte in diesem Berufsfeld:

_____

_____

_____

Weiterführende Informationen

Berufsverbände und Netzwerke

European Association of Research Managers and Administrators (EARMA): http://www.earma.org/
Netzwerk Wissenschaftsmanagement: https://www.netzwerk-wissenschaftsmanagement.de/
[A] Austrian Universities' Research Administrators and Managers (AURAM): http://www.forschungsservice.at/index_en.html

Hochschulpolitische Organisationen

Centrum für Hochschulentwicklung (CHE): http://www.che.de/
Coimbra Group: https://www.coimbra-group.eu/
Conference of European Schools for Advanced Engineering Education and Research (CESAER): http://www.cesaer.org
European Association of Institutions in Higher Education (EURASHE): http://www.eurashe.eu/
European Association of Research and Technology Organisations (EARTO): http://www.earto.eu
European Council of Doctoral Candidates and Junior Researchers (Eurodoc): http://eurodoc.net/
EuroTech Universities: http://eurotech-universities.eu/
European University Association (EUA): http://www.eua.be/
Gemeinsame Wissenschaftskonferenz (GWK): http://www.gwk-bonn.de/
German U15: http://www.german-u15.de/

Hochschulrektorenkonferenz (HRK): https://www.hrk.de/
IDEA League: http://idealeague.org/
League of European Research Universities (LERU): http://www.leru.org/
Nordic Five Tech (N5T): http://www.nordicfivetech.org/
NordForsk: https://www.nordforsk.org
Science Europe: http://www.scienceeurope.org/
TU9 German Institutes of Technology: http://www.tu9.de/
Universitätsverband zur Qualifizierung des wissenschaftlichen Nachwuchses in Deutschland (UniWiND): http://uniwind.org/
Wissenschaftsrat (WR): http://www.wissenschaftsrat.de/
Universities of Applied Sciences network (UASnet): http://www.uasnet.eu/

Übersichten weiterer Nichtregierungsorganisationen

http://www.hs-augsburg.de/mebib/fidb/org/gesellschaftsverbaende.html
http://www.wer-zu-wem.de/dienstleister/NGO.html
https://www.nachhaltigkeit.info/artikel/ngo_linkliste_1470.htm

Weiterbildung

http://www.npo-akademie.de/index.php/home.html
http://earma.org/Certification

Für wissenschaftspolitische Tätigkeiten siehe auch die Weiterbildungshinweise zum Wissenschaftsmanagement im Anhang.

Stellenausschreibungen

https://www.academics.de/wissenschaft/ngo-jobs-stellenangebote_57524.html
http://thechanger.org/
http://www.talents4good.org/
https://www.goodjobs.eu/
[CH] https://www.kampajobs.ch/
http://www.eurobrussels.com/
https://www.academics.de/
http://jobs.zeit.de/
http://www.wila-arbeitsmarkt.de/
http://www.netzwerk-wissenschaftsmanagement.de/stellenangebote.html

6.3.3 Referent in einer Stiftung

> *Projektideen mit Antragsstellenden entwickeln, Abstimmungsrunden moderieren, Veranstaltungen organisieren und eröffnen, Fördererfolg evaluieren: Stiftungen bieten ein abwechslungsreiches Tätigkeitsspektrum, für das man parkettsicheres Auftreten und die Fähigkeit, mehrere Bälle gleichzeitig in der Luft zu halten, mitbringen sollte.*

Vom Psychologen zum Referenten in einer Stiftung

Thomas ist promovierter Psychologe und arbeitet als Referent in einer wissenschaftsnahen Stiftung. Er absolvierte ein Doppelstudium in Philosophie und Psychologie und promovierte in der Psychologie. Bereits während der Promotion war er voll ins wissenschaftliche Geschehen eingebunden, publizierte, hielt Vorträge und machte erste Erfahrungen mit der Drittmitteleinwerbung. Im Anschluss an seine Promotion begleitete er seine Frau, die ebenfalls Wissenschaftlerin ist, in die USA und forschte als Postdoc mit einem DFG-Stipendium an zwei angesehenen Universitäten. Die Geburt des ersten Kindes veränderte seinen Blick auf die Wissenschaftskarriere. »Mich hat die Vorstellung abgeschreckt, dass wir eines Tages als Wissenschaftlerpaar an komplett unterschiedlichen Standorten, vielleicht der eine in Norddeutschland, die andere in Süddeutschland, sitzen würden und versuchen, unseren Beruf mit kleinen Kindern und Familie zusammenzubringen. Das erschien mir kein attraktiver Lebensentwurf«, erzählt Thomas. »Die wissenschaftliche Arbeit hat mir immer große Freude gemacht. Aber am Ende war ich nicht bereit, andere Dinge in meinem Leben für die Wissenschaft aufzugeben.«

Aus persönlichen Gründen wollte die Familie zurück nach Deutschland, und so schaute sich Thomas auf dem deutschen Arbeitsmarkt nach Stellen im wissenschaftsnahen Bereich um. »Das Forschungsprojekt in den USA war mit seinen unterschiedlichen Standorten und zahlreichen involvierten WissenschaftlerInnen relativ komplex. Ich habe neben meiner Forschung eine zentrale koordinative Aufgabe übernommen und gemerkt, dass ich das sehr spannend finde«, sagt Thomas. »Ich dachte mir, dass ich so eine Aufgabe auch gern in einem Kontext ausüben würde, in der der Drittmittel- und Publikationsdruck nicht so hoch ist.« Wissenschaftsnahe Stiftungen erschienen Thomas als spannende Arbeitgeber, da er hier das Wissenschaftsgeschehen orientiert am Gemeinwohl mitgestalten können würde. Er recherchierte potenzielle Arbeitgeber in Pendelnähe des Wohnortes, an den die Familie zurückkehren wollte, und schaute auf deren Webseiten regelmäßig nach Stellenausschreibungen. Als eine passende Stelle annonciert wurde, bewarb er sich und reiste zum Vorstellungsgespräch nach Deutschland. »Für mich war das ein Versuchsballon: Ich wollte schauen, ob so eine Stelle für mich passt. Beim Vorstellungsgespräch hat mich alles sehr angesprochen: die Art und Weise, wie dort gearbeitet wird, das Handlungsfeld, in dem ich mich bewege, auch die KollegInnen und die überschaubaren Strukturen haben mir sehr zugesagt«, erzählt Thomas. Er bekam die Stelle angeboten und sagte zu.

Projektbetreuung, Ideenentwicklung, Evaluation: Ein typischer Arbeitstag

Thomas ist Referent bei einer Stiftung, die sich in den Feldern Bildung, Wissenschaft und internationale Verständigung engagiert. Innerhalb dieser Felder hat die Stiftung Themen identifiziert, in denen sie als Förderin auftritt. Thomas ist im Bereich Wissenschaft tätig und betreut Projekte zur Förderung von Forschung, Lehre und Hochschulmanagement. Insbesondere werden dabei Impulse für die Kooperation zwischen Hochschulen unterstützt. Seine Aufgabe besteht darin, Projekte für eine Förderung zu identifizieren beziehungsweise AntragstellerInnen und ihre Projekte zu betreuen. »Ich bin mit den AntragstellerInnen im Kontakt, bespreche, was unsere strategischen Zielsetzungen als Stiftung sind und was wir fördern können. Ein Stück weit plane ich gemeinsam mit den AntragstellerInnen das Projekt und bin mit ihnen in einem intensiven Abstimmungsprozess, bis der Antrag unseren Gremien zur Entscheidung vorgelegt wird«, berichtet Thomas. Nach erfolgreicher Förderentscheidung betreut er als Ansprechpartner der Stiftung die Projektdurchführung. Zu seinen Aufgaben gehören in dieser Phase die Planung und Durchführung gemeinsamer Veranstaltungen mit den Geförderten, Abstimmungsrunden zum Projektverlauf, die Evaluation der Projekte und die Entwicklung von Folgeprojekten. »Für die Stiftung ist wichtig, dass sie mit ihrer Förderung die angestrebte Wirkung erreicht und das Gemeinwohl fördert. Daher gehören Wirkungsmessung, Evaluation und Qualitätssicherung zu unseren wichtigsten Aufgaben«, sagt Thomas. Als Referent betreut Thomas etwa 20 Projekte parallel. Die Bandbreite reicht von kleinen Förderungen bis hin zu Tochtergesellschaften der Stiftung. Entsprechend der Größe, dem Inhalt und der Projektphase variieren die Arbeitsanforderungen. Kommunikation spielt bei der Arbeit in einer Stiftung eine große Rolle, sowohl intern als auch extern. »Die AntragstellerInnen werden bei uns nicht nur administrativ betreut, indem man Projektberichte liest und Mittelverwendungen prüft, sondern wir sind bei vielen Projekten aktiv involviert«, berichtet Thomas. Die ReferentInnen nehmen zahlreiche Termine wahr, die je nach regionaler Zuständigkeit auch mit umfangreicher Reisetätigkeit verbunden sind. »In der Wissenschaft gab es Phasen im Arbeitsprozess, in denen ich wochenlang mehr oder weniger mit einer Aufgabe wie Datenanalyse beschäftigt war. In der Stiftung hat mit von Anfang an gefallen, dass meine Arbeit so abwechslungsreich ist. Wir jonglieren immer viele Bälle gleichzeitig. Das ist zeitweise anstrengend, macht für mich aber auch den großen Reiz aus.«

Zu Beginn seiner Tätigkeit in der Stiftung sei gewöhnungsbedürftig gewesen, dass die eigene Arbeit, die Ideen und der Beitrag zum Gelingen eines Projekts nicht mehr so sichtbar seien wie in der Wissenschaft. Stand in der Forschung der Name der AutorInnen auf der Publikation, sind ReferentInnen viel im Hintergrund tätig. Hinzu kam in Thomas' Fall, dass er sich in ein neues Themenfeld einarbeiten musste und nicht von seinen wissenschaftlichen Meriten profitieren konnte. »Am Anfang hatte ich das Gefühl, dass ich trotz meines Doktortitels mit potenziellen AntragstellerInnen nicht immer auf Augenhöhe sprechen konnte«, sagt Thomas. »Aber im Verlauf der Zusammenarbeit baut man eine Arbeitsbeziehung auf, in der man als ein Diskussionspartner, der wertvollen inhaltlichen Input geben kann und für die Projektentwicklung bedeutsam ist, geschätzt wird.«

Gestaltungsspielraum, Stress, Verantwortung: Licht- und Schattenseiten

Neben dem abwechslungsreichen Tätigkeitsspektrum gefällt Thomas bei seiner Arbeit in der Stiftung am besten, dass er einen hohen Gestaltungsspielraum hat. »Ich kann nach neuen Projektpartnern und -ideen Ausschau halten und Projekte, selbstverständlich in Abstimmung innerhalb der

Stiftung, mitgestalten. Zu den schönsten Augenblicken gehört es, wenn sich aus einer zunächst unkonkreten Idee oder einem losen Zusammentreffen ein konkretes Projekt herauskristallisiert und in einem kreativen Prozess weiterentwickelt wird«, erzählt Thomas. »Wenn bei der Evaluation herauskommt, dass die intendierte Wirkung eingetreten ist, habe ich das Gefühl, Einfluss gehabt und einen Beitrag zur positiven Entwicklung in diesem Feld geleistet zu haben.«

Zu den Schattenseiten gehört aus seiner Sicht, dass die Vielfalt an Projekten und Aufgaben zeitweise zur Überlastung führen kann. »Veranstaltungen zu betreuen, die zeitlich eng beieinander liegen, ist sehr aufwändig. Oder wenn bei der Abstimmung im Rahmen der Entwicklung eines neuen Projekts gegensätzliche Auffassungen aufeinanderstoßen, sei es bei uns intern oder auf Seiten derjenigen, die den Antrag stellen, erzeugt das Stress«, sagt Thomas. »Wir sind ein relativ kleines Team mit hoher Spezialisierung, daher können Aufgaben nicht ohne weiteres von anderen übernommen oder vertreten werden.« Eine hohe Stressresistenz ist aus seiner Sicht daher eine wichtige Voraussetzung für die Tätigkeit, um der intensiven Arbeit und der hohen Verantwortung gerecht zu werden.

Identifikation und Moderationskompetenz: Erwartete Qualifikationen

Stiftungen bieten verschiedene Tätigkeitsfelder, die ganz unterschiedliche Qualifikationen erfordern. Begeisterungsfähigkeit für Stiftungsziel und Handlungsfelder ist für die Arbeit eine Voraussetzung. Auch innerhalb der Institution wirkt dies identifikationsstiftend. Eine thematische Vorerfahrung ist von Vorteil, darüber hinaus ist die Fähigkeit, sich in neue Themen einzuarbeiten, unabdingbar. Die Teams sind gerade in wissenschaftsnahen Stiftungen oft interdisziplinär zusammengesetzt, damit Kompetenzen aus unterschiedlichen Wissenschaftsbereichen und Fachkulturen genutzt werden können. Generalisten und Menschen mit interdisziplinärem Hintergrund werden hier gern gesehen. Auch internationale Erfahrung ist von Vorteil.

Für die Arbeit als Referentin oder Referent ist darüber hinaus eine ausgeprägte Kommunikations- und Moderationsfähigkeit Voraussetzung: Die Referententätigkeit setzt die Bereitschaft voraus, mit vielen unterschiedlichen Leuten intern wie extern in Kontakt zu treten und Netzwerke zu pflegen. »Die Netzwerkarbeit ist ein wichtiger Faktor bei unserer Arbeit. Man sollte gut darin zu sein, Kontakte zu pflegen und sich Gesichter und Namen zu merken«, sagt Thomas. Hinzu kommt die Fähigkeit, sich selbst zurücknehmen zu können, für die Sache als ModeratorIn wirken zu können und für einen Interessenausgleich zu sorgen. Parkettsicheres Auftreten für den Umgang mit statushöheren Personen und die Repräsentation der Stiftung nach außen ist ebenfalls gefragt.

Eine weitere wichtige Voraussetzung für die Arbeit in einer Stiftung ist die Fähigkeit, mit der Komplexität innerhalb eines großen Projekts und bei mehreren parallelen Projekten umgehen zu können. Daher sind Kompetenzen im Projektmanagement unabdingbar, auch in Bezug auf Zeit- und Finanzmanagement. »Viele meiner KollegInnen haben als WissenschaftlerInnen Erfahrung im Wissenschaftsmanagement gesammelt und beispielsweise größere Verbundprojekte koordiniert«, berichtet Thomas. Zusätzlich gibt es Weiterbildungen, die für die Arbeit in Stiftungen qualifizieren oder einzelne relevante Kompetenzen trainieren. Hinweise hierzu sind am Ende des Kapitels zusammengestellt.

Aus Thomas' Erfahrung wird der Wechsel von der Wissenschaft in einen wissenschaftsnahen Sektor von einigen Leuten immer noch als »Karriere zweiter Wahl« interpretiert. »Von meinen Publikationen her war ich wissenschaftlich auf einem sehr guten Weg. Dass ich auch in der Wissenschaft erfolgreich Karriere hätte machen können, sieht heute keiner mehr«, sagt Thomas. »Damit muss man umgehen können, wenn man in Deutschland in den Stiftungssektor oder andere wissenschaftsfördernde Einrichtungen einsteigt.«

Vorstellungsgespräche oder Assessment-Center: Das Bewerbungsverfahren

Im Stiftungswesen finden Auswahlverfahren üblicherweise in Form von mehrstufigen Vorstellungsgesprächen statt, einige der größeren Stiftungen führen auch Assessment-Center durch. Initiativbewerbungen sind in der Regel nicht aussichtsreich, da Stiftungen keine flexiblen Stellenkontingente haben, sondern gezielt MitarbeiterInnen für bestimmte Aufgabenfelder suchen. Da Referentenstellen in Stiftungen meist sehr breit ausgeschrieben werden, gibt es üblicherweise zahlreiche Bewerbungen. Nach einer Vorauswahl aufgrund der schriftlichen Bewerbungsunterlagen finden Auswahlgespräche statt. In Thomas' Stiftung sind an der ersten Runde der Vorstellunggespräche die Abteilungsleitung, mindestens ein Teammitglied sowie der Personalbereich beteiligt. In der zweiten Runde führen KandidatInnen, die in die engere Wahl kommen, ein Gespräch mit einem Mitglied der Geschäftsführung.

Wichtig ist es dabei, nicht nur die eigenen fachlichen Kompetenzen benennen zu können, die für den generalistischen Ansatz einer Stiftung oft weniger relevant sind, sondern überfachliche Kompetenzen darzustellen. »Viele WissenschaftlerInnen können sehr gut über ihr Spezialgebiet sprechen, aber wenn es um übergreifende Themen geht, fällt ihnen die Kommunikation schwerer«, sagt Thomas. »Da es für die Arbeit in Stiftungen wichtig ist, kommunikativ zu sein, sollte man vor dem Gespräch üben, sich über die eigenen übergreifenden Kompetenzen und über Themen generellen Interesses auszutauschen.«

Als Vorbereitung für die Bewerbung in Stiftungen empfiehlt er, Kontakt mit Menschen aufzunehmen, die in Stiftungen arbeiten. »Es ist ein strategischer Vorteil, die gemeinsamen Trends der größeren Stiftungen zu kennen und zu wissen, worauf sie bei den KandidatInnen achten«, rät Thomas. »Dabei geht es nicht um Insider-Wissen, sondern darum, zu erfahren, wie Stiftungen arbeiten: Wie entstehen in der Stiftungsarbeit Projekte? Wie kann man sie mitgestalten und Strategien mitbestimmen?« Auch Internetauftritt und Jahresberichte sind wertvolle Informationsquellen, um sich über den potenziellen Arbeitgeber zu informieren. Für wissenschaftsnahe Stiftungen ist es darüber hinaus ratsam, sich mit dem Wissenschaftssystem, der Forschungsförderung und aktuellen hochschulpolitischen Fragen auseinanderzusetzen. Die Arbeit wissenschaftsnaher Stiftungen orientiert sich an den großen Trends der Wissenschaftslandschaft, und daher ist es wahrscheinlich, dass diese Themen auch im Vorstellungsgespräch angesprochen werden.

Berufliche Kontinuität und wachsende Verantwortung: Karriereoptionen

In Deutschland gibt es über 20.000 Stiftungen mit insgesamt etwa 150.000 Beschäftigten.[48] Sie unterscheiden sich in ihren Stiftungszwecken, ihrer Aktionsweise, aber auch in ihrer Größe und Zahl der Beschäftigten. Einstiegsstellen können befristet sein, in der Regel sind Referentenstellen jedoch zumindest nach einer ersten Bewährung unbefristet. Die Vergütung orientiert sich am öffentlichen Dienst. In größeren Stiftungen gibt es beim Gehalt Verhandlungsspielräume. Prinzipiell ist ein Karriereweg von der Fachreferentin oder vom Fachreferenten zur Abteilungsleitung zur Geschäftsführung möglich. Da Stiftungen meist flache Hierarchien haben, sind die Aufstiegsmöglichkeiten im eigenen Haus begrenzt. Einige StiftungsmitarbeiterInnen bleiben bis zur Rente beim selben Arbeitgeber und auf ihrer Referentenstelle, entwickeln sich jedoch vom Aufgabengebiet her weiter: »In den ersten ein bis zwei Jahren arbeitet man sich ins Themengebiet sowie in die Funktionsweise einer Stiftung ein und knüpft sein berufliches Netzwerk«, sagt Thomas. »Mit der Erfahrung im jeweiligen Feld und dem Senioritätsgrad steigen die Möglichkeiten, wie man Projekte mitentwickeln kann, welche Projekte man übernimmt und welche Rolle man gegenüber den ProjektpartnerInnen einnehmen kann.« Auch ein beruflicher Wechsel zwischen Stiftungen oder aus einer Stiftung ins Wissenschaftsmanagement ist möglich.

Kooperationen mit Politik und Stiftungen: Entwicklungen im Berufsfeld

Neben zahlreichen Stiftungsneugründungen, die sich teilweise aufgrund der Niedrigzinslage nicht lange halten, erlebt das Stiftungswesen derzeit eine Konsolidierung. In diesem Rahmen finden verstärkt Kooperationen zwischen Stiftungen statt, die ein Thema gemeinsam fördern. Für die Mitarbeitenden bedeutet dies einen verstärkten Austausch mit KollegInnen aus anderen Stiftungen. Zum anderen ist der Trend zu beobachten, dass Stiftungen sich immer stärker im Bereich Zivilgesellschaft engagieren. »Dadurch werden Stiftungen verstärkt als Partner der Politik wahrgenommen: Mit unserer Förderung können wir innovative Herangehensweisen testen, und die Politik kann die erfolgreichen Modelle aufgreifen oder sie auf andere Bereiche übertragen. Deshalb gibt es einen regen Austausch zwischen Stiftungen und Politik«, meint Thomas.

Den in den USA verbreiteten Trend, dass durch besonders potente Stiftungen Einzelthemen zu Lasten anderer Förderzwecke hervorgehoben werden, sieht er derzeit für Deutschland nicht. Solche Stiftungen würden verstärkt MitarbeiterInnen mit einem einschlägigen fachlichen Hintergrund brauchen. »Realistischer erscheint mir eher, dass auch weiterhin MitarbeiterInnen mit generalistischen Fähigkeiten und einer Offenheit für verschiedene Themen, die sich im Laufe ihrer Tätigkeit spezialisieren, gesucht werden«, sagt Thomas.

Vom Wissenschaftler zum Referenten in einer Stiftung

»Mein Fachwissen kann ich bei meiner jetzigen beruflichen Tätigkeit nicht mehr unmittelbar anwenden, es sei denn, ich arbeite zufällig mit einem Projekt aus meinem alten Feld zusammen«, berichtet Thomas. Das Wissenschaftsverständnis allgemein sei für die Arbeit in einer wissenschaftsnahen Stiftung aber weiterhin relevant: Wie funktioniert das Gesamtsystem? Was ist WissenschaftlerInnen wichtig? Was hat für Wissenschaftsinstitutionen Priorität? Welche Wechselwirkungen bestehen? Zudem verhilft die Erfahrung aus der Wissenschaft dazu, sich in die Lage der Antragstellenden zu versetzen. »Die Situation ist asymmetrisch: Wir haben das Geld, die AntragstellerInnen die Ideen. Als ich aus der Wissenschaft kam, fand ich es faszinierend, auf der anderen Seite zu sitzen. Sehr früh musste ich lernen, dass ich auch von Seiten der Stiftung meinen Beitrag zum Gelingen des Projekts leisten muss«, erzählt Thomas.

Ungewohnt war für ihn die Erfahrung, zur Eröffnung einer Veranstaltung ein Grußwort zu sprechen. »Ich hatte eine Menge Vortragserfahrungen von wissenschaftlichen Konferenzen«, sagt Thomas. »Aber ein Publikum bei einem Grußwort zu erreichen und zu unterhalten, ist mir zuerst nicht leicht gefallen. Das ist eine ganz andere Art des Sprechens, auf das mich die Power-Point-Präsentationen meiner wissenschaftlichen Ergebnisse nicht vorbereitet haben.«

REFLEXIONSFRAGEN

Welche Qualifikationen und Kompetenzen bringe ich mit, die in diesem Berufsfeld gebraucht werden?

Welche praktischen Erfahrungen habe ich gesammelt, die für dieses Berufsfeld relevant sind?

Meine Kontakte in diesem Berufsfeld:

Weiterführende Informationen

Literaturhinweise

Bundesverband Deutscher Stiftungen (Hg.) (2013), *Private Stiftungen als Partner der Wissenschaft. Ein Ratgeber für die Praxis*, Berlin.

Bundesverband Deutscher Stiftungen (Hg.) (2016), *Die Grundsätze guter Stiftungspraxis: Erläuterungen, Hinweise und Anwendungsbeispiele aus dem Stiftungsalltag*, Berlin.

Falk, Herrmann et al. (2013), *Führung, Steuerung und Kontrolle in der Stiftungspraxis*, Berlin.

Fleisch, Hans (2013), *Stiftungsmanagement: Ein Leitfaden für erfolgreiche Stiftungsarbeit*, Berlin.

Sandberg, Berit (Hg.) (2014), *Arbeitsplatz Stiftung. Karrierewege im Stiftungsmanagement*, Personalmanagement in Stiftungen Band 3, Essen.

Wigand, Klaus et al. (2015), *Stiftungen in der Praxis: Recht, Steuern, Beratung*, Wiesbaden.

Berufsrelevante Zeitschriften

StiftungsWelt: https://shop.stiftungen.org/stiftungswelt

Berufsverbände und Netzwerke

Bundesverband Deutscher Stiftungen: http://www.stiftungen.org/de/verband.html
Netzwerk Wissenschaftsmanagement: http://www.netzwerk-wissenschaftsmanagement.de/

Übersicht der Stiftungen in Deutschland

Bundesverband Deutscher Stiftungen (Hg.) (2014), *Verzeichnis Deutscher Stiftungen. Bände 1–3*, Berlin: http://www.stiftungen.org/de/service/stiftungssuche.html

Weiterbildung

Deutsche StiftungsAkademie: http://www.stiftungsakademie.de/stiftungsakademie/start.html

Universität Münster: Berufsbegleitender Masterstudiengang Nonprofit-Management and Governance: http://weiterbildung.uni-muenster.de/de/masterstudiengaenge/nonprofit-management-governance/uebersicht/

Stellenausschreibungen

https://www.stiftungen.org/de/service/stellenmarkt.html
https://www.academics.de/
http://jobs.zeit.de/
http://www.wila-arbeitsmarkt.de/
http://www.netzwerk-wissenschaftsmanagement.de/stellenangebote.html

6.4 Kultur, Medien, Bildung

6.4.1 Verlagslektor

Lektoratsstellen in einem Buchverlag sind für viele ein Traum. Neben der Arbeit am Text stehen im Lektorat heute Projektmanagement und Vertrieb im Vordergrund. Um eine der raren Lektoratsstellen zu bekommen, sollte man neben Sprachgefühl auch Verlagserfahrung, wirtschaftliches Denken und Selbstmanagementkompetenzen mitbringen.

Vom Anglisten zum Lektor

Martin ist promovierter Anglist und Lektor in einem Verlag. Nach seinem Studium in Deutschland promovierte er an einer renommierten amerikanischen Universität. Im Auswahlgespräch für die Promotionsstelle wurde er gefragt, was sein Berufsziel sei: »Ich konnte mir zu dem Zeitpunkt nichts anderes vorstellen, als nach der Promotion an einer Universität zu arbeiten. Ob als *full professor* oder auf einer anderen wissenschaftlichen Dauerstelle, war nicht so wichtig«, erzählt Martin. Nach der Promotion nahm er eine dreijährige Postdoc-Stelle an einer kleineren amerikanischen Universität an. Dort gab es weniger Unterstützung für die Forschungstätigkeit, wie zum Beispiel Möglichkeiten zum wissenschaftlichen Austausch. Er begann, seine beruflichen Pläne zu hinterfragen. »Bis zu diesem Zeitpunkt hatte mir das amerikanische Universitätssystem sehr gut gefallen. Nun musste ich am eigenen Leib erfahren, dass in den USA Universität nicht gleich Universität ist«, sagt Martin. »Ich habe immer deutlicher gemerkt, dass es das wissenschaftliche Arbeiten, das ich mir vorgestellt hatte, nur an den sehr guten Universitäten gibt. Und dass es nicht sehr wahrscheinlich ist, dort eine Stelle zu bekommen.«

Seine Chancen, ins deutsche Wissenschaftssystem zurückzukehren, schätzte Martin als relativ gering ein, da er zu lang außerhalb der *scientific community* in Deutschland geforscht und keinen deutschen Doktorvater als Mentor hatte. Der Entscheidungsprozess dauerte etwa ein Jahr, dann beschloss er, sich auf Stellen außerhalb der Wissenschaft zu bewerben. Was ihn an der Verlagsarbeit vor allem reizte, war die Möglichkeit, an der Schnittstelle von Wissenschaft und Öffentlichkeit zu arbeiten. Er recherchierte Einstiegsoptionen bei Verlagen in den USA und in Deutschland, knüpfte Kontakte über den Freundeskreis und bewarb sich erfolgreich auf ein Volontariat. Im Anschluss wurde er auf eine freiwerdende Lektoratsstelle übernommen.

Projektmanagement zwischen AutorInnen und Vertrieb: Ein typischer Arbeitstag

Als Lektor begleitet Martin die Entstehung eines Buches von der Akquise bis zum Erscheinen. Für die Projektakquise prüft er die Angebote, die an den Verlag herangetragen werden, oder entwickelt selbst Buchprojekte. »Das bedeutet, dass man sich ein Thema für ein Buch überlegt und einen passenden Autor oder eine passende Autorin sucht. Oder man spricht interessante AutorInnen an und überlegt mit ihnen, welche Themen man zu einem Buch machen könnte«, erklärt Martin. Hinzu kommt die Kontaktpflege zu ausländischen Verlagen, von denen Lizenzen erworben werden. Nach Vertragsschluss bespricht er mit den AutorInnen konzeptionelle

Fragen, lektoriert die Texte, stimmt mit der Herstellungsabteilung den Zeitplan ab, bereitet mit den anderen Abteilungen des Verlags den Vertrieb des Buches vor, schreibt Werbe- und Pressetexte und stellt die neuen Bücher auf Vertreterkonferenzen vor. »Das eigentliche Lektorieren, die Arbeit am Text, nimmt dabei nur etwa ein Drittel der Arbeitszeit ein«, sagt Martin.

An einem typischen Arbeitstag spricht Martin mit AutorInnen über den Stand der Buchprojekte, nimmt an verlagsinternen Konferenzen teil, verhandelt Verträge oder recherchiert für ein neues Buch. Hinzu kommen Abendtermine, wie Buchpräsentationen oder Abendessen mit AutorInnen. Dienstreisen führen ihn zu Fachkongressen, um interessante Themen oder AutorInnen kennenzulernen, oder zu Vor-Ort-Treffen mit AutorInnen. Viele Verlage bringen ein Frühjahrs- und ein Herbstprogramm heraus und stellen es auf der Leipziger und der Frankfurter Buchmesse vor. So teilt sich das Jahr in zwei Arbeitszyklen, in denen die jeweiligen Programme vorbereitet werden und sich der Arbeitsablauf von Manuskriptbearbeitung, Produktion, Presse- und Vertriebsarbeit usw. wiederholt.

Martin hat als Lektor viele Entscheidungsspielräume, gleichzeitig arbeitet er während des Entstehungsprozesses eines Buches eng mit seinen VerlagskollegInnen zusammen. »Ablehnungen für Manuskripte kann ich alleine aussprechen, angenommen werden Projekte immer im Zusammenspiel von Verlagsleitung, Vertrieb, Presse und den anderen LektorInnen«, sagt Martin. Für jedes Buchprojekt werden in den verlagsinternen Konferenzen gemeinsam Rahmenbedingungen festgelegt. In der Projektdurchführung, also der Arbeit am Buch, sind LektorInnen dann relativ autonom.

Spannende Themen und schnelllebiger Markt: Licht- und Schattenseiten

Martin schätzt an seiner Arbeit, dass er mit interessanten Leuten und einer Vielzahl unterschiedlicher Themen zu tun hat. »Dabei kann ich manches steuern: Wenn ich eine Autorin oder ein Thema spannend finde, kann ich ein entsprechendes Buch vorschlagen«, erzählt er. Weniger gefällt ihm zuweilen die Dynamik des Marktes: »Der Buchmarkt ist sehr schnelllebig. Erfolg und Misserfolg zeichnen sich rasch ab, in Form von Rezensionen und Verkaufszahlen. Manchmal schaffen es selbst großartige Bücher nicht, die Aufmerksamkeit zu bekommen, die sie verdient hätten.« Je nach Arbeitsphase sei auch die Arbeitsbelastung hoch.

Verlagserfahrung, Bildung, Selbstorganisation: Erwartete Qualifikationen

Zu den erwarteten Qualifikationen für eine Lektoratsstelle gehören eine breite Allgemeinbildung, die Fähigkeit, sich schnell in Themen einarbeiten zu können, und ein weiter Interessenhorizont. Je nach Art des Verlags werden auch themenspezifische Spezialkenntnisse vorausgesetzt. Eine Promotion ist keine Voraussetzung, wird aber in einigen Verlagen gern gesehen. Interdisziplinäre wissenschaftliche Erfahrung kann als Beleg für geistige Flexibilität und Breite dienen. Unabdingbar ist ein gutes Sprachgefühl. Dabei kommt es nicht nur auf Orthographie und Grammatik an, sondern auch auf die Frage, ob ein Text sprachlich und darstellerisch sein Publikum erreicht. Internationale Erfahrung und Fremdsprachenkenntnisse sind von Vorteil, vor allem für die Übernahme von Buchprojekten aus dem Ausland.

Wichtig sind eine gute Selbstorganisation und Stressresistenz, da stets mehrere Buchprojekte gleichzeitig betreut werden müssen: Für die Neuerscheinungen des nächsten halben Jahres müssen die Arbeitsabläufe koordiniert werden. Parallel laufen die Planungen für die nächsten Jahre. Da sich jedes Buchprojekt rechnen muss, sind auch gewisse betriebswirtschaftliche Kenntnisse und ökonomisches Denken für die Lektoratsarbeit wichtig. Als Lektorin oder Lektor sollte man sich außerdem im Verlags- und Urheberrecht auskennen, um Verträge aushandeln und prüfen zu können; zudem sind bei Bildern oder Zitaten oft fremde Urheber- und Persönlichkeitsrechte tangiert.

Die Zusammenarbeit mit den AutorInnen gestaltet sich sehr individuell. Hierfür werden Kommunikations- und Verhandlungsgeschick benötigt. »Für fast jeden Autor und jede Autorin ist ein Buch eine Herzensangelegenheit. Als Lektor schalte ich mich in die Gestaltung des Buches ein, in den Titel, die Aufmachung des Umschlags und ähnliche Fragen«, erzählt Martin. »Manchmal muss ich vermitteln, dass 50 oder 100 Seiten gekürzt werden müssen. Da brauche ich einerseits Verständnis für die Anliegen des Autors oder der Autorin, andererseits muss ich die Anliegen des Verlags im Blick haben.« Zu den Qualifikationsvoraussetzungen gehören auch ein gutes Urteilsvermögen und ein fachliches Netzwerk oder die Fähigkeit, sich ein solches aufzubauen. Da LektorInnen oft mit Themengebieten außerhalb ihres Studienfachs zu tun haben, müssen sie einschätzen können, wann sie zu einem Buch, etwa einem Angebot aus dem Ausland, einen fachlichen Rat brauchen, und dann ExpertInnen aus ihrem Netzwerk befragen.

Voraussetzung für eine Arbeit im Lektorat ist Verlagserfahrung. Der klassische Weg, diese zu sammeln, führt über ein Praktikum oder ein Volontariat. Im Anschluss an ein Praktikum kann sich die Möglichkeit ergeben, als freie Mitarbeiterin beziehungsweise als freier Mitarbeiter weitere Arbeitserfahrung im Lektorat zu sammeln. Volontariate dauern üblicherweise ein Jahr. Gern gesehen wird eine breite Vorerfahrung im Verlagswesen, beispielsweise Praktika im Lektorat und in der Presseabteilung. »Auch zusätzliche Berufserfahrung bei einer Literaturagentur oder im Buchhandel kann ein Vorteil sein«, sagt Martin. »Schließlich sollte man auch als LektorIn die potenziellen LeserInnen eines Buches ein Stück weit kennen.«

Volontariat und Vorstellungsgespräch: Das Bewerbungsverfahren

Stellen in der Buchbranche werden im *Börsenblatt des deutschen Buchhandels* ausgeschrieben, sie sind auch online einsehbar, Volontariate annocieren die Verlage oft nur auf der eigenen Webseite. Volontariate oder Stellen als JuniorlektorIn werden teilweise auch ohne Ausschreibung an Personen vergeben, die dem Verlag schon bekannt sind. Da Verlage wenige Stellen zu besetzen haben, sind Initiativbewerbungen in der Regel nicht sinnvoll. Zu einem typischen Auswahlverfahren bei einem größeren Verlag gehören Vorstellungsgespräche über zwei oder drei Runden. Die ersten Gespräche werden mit den AbteilungsleiterInnen geführt, die weiteren je nach Zuständigkeit mit den GeschäftsführerInnen oder VerlegerInnen. Manchmal nehmen weitere relevante VerlagsvertreterInnen, wie die Vertriebschefin oder der Vertriebschef, an den Gesprächen teil. In die Vorstellungsgespräche können auch praktische Aufgaben, die für das Stellenprofil relevant sind, integriert sein. BewerberInnen können zum Beispiel gebeten werden, Ideen für passende Buchprojekte vorzustellen. Mit dieser Aufgabe kann nicht nur getestet werden, ob die BewerberInnen in der Lage sind, ein geeignetes Thema zu identifizieren, sondern auch, ob sie wissen, wie der Verlag funktioniert und in welchem Segment des Buchmarktes er operiert.

Zur Vorbereitung der Bewerbung kann es hilfreich sein, sich in den Branchenmagazinen *Börsenblatt* und *buchreport* über aktuelle Trends zu informieren. Um zu verstehen, worauf es bei der Entstehung eines Buches ankommt, ist die Lektüre eines der Überblickswerke zur Buchbranche sinnvoll. Literaturhinweise finden Sie am Ende des Kapitels. Darüber hinaus ist zu empfehlen, ein Gespür für den Buchmarkt zu entwickeln. Bestsellerlisten, Rezensionen in Zeitungen und Zeitschriften, Literatursendungen im Fernsehen oder Präsentationen im Buchhandel zeigen, welche Bücher Beachtung finden und sich auf dem Markt durchsetzen. Martin empfiehlt, auch in fachfremde Bücher hineinzulesen und zu versuchen, ihre Erfolgsfaktoren zu identifizieren. Darüber hinaus sei es wichtig, ein Gespür für unterschiedliche Verlagsprofile zu entwickeln: »Nicht jedes Buch passt zu jedem Verlag. Es lohnt sich daher, darauf zu achten, welche Art von Büchern in welchen Verlagen erscheint.«

Ein Leben lang Lektorat oder in den Vertrieb: Karriereoptionen

2014 gab es in Deutschland rund 2.200 Verlage.[49] Hierzu gehören Publikumsverlage, Fachbuch- und Wissenschaftsverlage, Kinder- und Jugendbuchverlage, Ratgeberverlage, Schulbuchverlage, Bild- und Kunstbuchverlage, Hörbuchverlage, Fachzeitschriftenverlage, Touristikverlage, Regionaliaverlage und Kalenderverlage.[50] Die Bandbreite reicht von kleinen oder mittleren inhabergeführten Verlagen bis zu internationalen Großkonzernen. Insgesamt wurden 2014 74.000 Erstauflagen veröffentlicht. LektorInnen machen nur 10 Prozent der Beschäftigten aus. Das sind circa 3.000 Lektoratsstellen,[51] die je nach Verlag sehr unterschiedlich gestaltet sind. LektorInnen sind eine kleine Berufsgruppe, der Wettbewerb um Lektoratsstellen, auf die sich GeisteswissenschaftlerInnen aller Fächer bewerben können, ist hart. Viele LektorInnen bleiben Stelle und Verlag ihr ganzes Berufsleben treu. Wechsel zwischen den Verlagen kommen hauptsächlich in den ersten Berufsjahren vor.

Für Stellen in der Buchbranche gelten die Tarifverträge der jeweiligen Landesverbände. Zusätzlich zum Tarifgehalt können übertarifliche Zulagen ausgehandelt werden, die die Verlage individuell gestalten. Nach dem befristeten Volontariat sind die Arbeitsverträge in der Regel unbefristet. In größeren Verlagen gibt es verschiedene berufliche Positionen im Lektorat, wie JuniorlektorIn, LektorIn, ProgrammleiterIn und CheflektorIn. Ein Aufstieg von einer Lektorenstelle in die Programmleitung oder zur Cheflektorin beziehungsweise zum Cheflekor ist möglich, auch der Verlegerposten kann bei Verlagen, die nicht inhabergeführt sind, erreicht werden.

Empfehlenswert ist es, sich auch über weitere Tätigkeiten in Verlagen zu informieren, wie zum Beispiel Pressearbeit oder Vertrieb. Auch sie bieten spannende und meist eher unbekannte Berufsoptionen im Verlagswesen. In einem Volontariat oder Praktikum ist es daher ratsam, neben dem Lektorat auch weitere Abteilungen kennenzulernen. In einigen Verlagen gibt es für Vertrieb, Herstellung und Pressearbeit auch gesonderte Volontariate.

E-Books und Vermarktung: Entwicklungen im Berufsfeld

Der Trend in der Buchbranche geht langfristig zu einer Reduzierung der Lektoratsstellen und einer Expansion im Vertriebs- und Marketingbereich. Da es für Verlage heute zunehmend schwierig ist, Aufmerksamkeit für eine immer größere Zahl an Büchern zu erzielen, werden die Vermarktung und die Öffentlichkeitsarbeit immer wichtiger. Daher werden beispielsweise im Bereich Social Media neue Stellen geschaffen. Auch E-Books spielen für Verlage eine immer größere Rolle. Daneben betreiben viele Verlage inzwischen Online-Marketing und bereiten interessante Inhalte zu den Neuerscheinungen für das Internet und die sozialen Medien auf. LektorInnen sind hier oft eingebunden, da sie die Inhalte der Bücher am besten kennen. Auch bei den E-Books kommen für LektorInnen neue Arbeitsschritte hinzu, die Umsetzung erfolgt wie beim Druck durch die Herstellungsabteilung.

Vom Wissenschaftler zum Lektor

Einer der größten Unterschiede zwischen seiner wissenschaftlichen Tätigkeit und seiner Arbeit als Lektor besteht für Martin darin, dass Verlage Unternehmen sind, die auf wirtschaftliche Erfolge angewiesen sind. Hinzu kommen die große Bandbreite der Themen und die Notwendigkeit, bei Büchern neben den Inhalten immer auch an die LeserInnen und ihre Bedürfnisse zu denken. Aus der Wissenschaft kann Martin je nach Buch inhaltliche Bezüge einbringen. Für noch hilfreicher hält er jedoch die Art des Argumentierens, die er an der Universität gelernt hat, und die Fähigkeit, sich schnell in neue Fragestellungen einzudenken. »Bei der Beurteilung von neuen Buchprojekten muss ich immer auch prüfen, ob die Argumentation des Textes für die LeserInnen nachvollziehbar ist«, erzählt Martin. »Ich muss nicht in jedem Thema zu Hause sein, aber ich muss trotzdem in der Lage sein, das Neue oder Besondere an einem Buch zu erfassen und anderen Leuten zu vermitteln.«

REFLEXIONSFRAGEN

Welche Qualifikationen und Kompetenzen bringe ich mit, die in diesem Berufsfeld gebraucht werden?

―――――――――――――――――――――――――――――

―――――――――――――――――――――――――――――

―――――――――――――――――――――――――――――

Welche praktischen Erfahrungen habe ich gesammelt, die für dieses Berufsfeld relevant sind?

―――――――――――――――――――――――――――――

―――――――――――――――――――――――――――――

―――――――――――――――――――――――――――――

Meine Kontakte in diesem Berufsfeld:

―――――――――――――――――――――――――――――

―――――――――――――――――――――――――――――

―――――――――――――――――――――――――――――

Weiterführende Informationen

Literaturhinweise

Arnold, Heinz Ludwig/Beilein, Matthias (Hg.) (2009), *Literaturbetrieb in Deutschland*, München.
Fetzer, Günther (2014), *Berufsziel Lektorat: Tätigkeiten – Basiswissen – Wege in den Beruf*, Stuttgart.
Lucius, Wulf D. von (2014), *Verlagswirtschaft: Ökonomische, rechtliche und organisatorische Grundlagen*, Konstanz/München.
Neuhaus, Stefan (2009), *Literaturvermittlung*, Konstanz.

Röhring, Hans-Helmut (2011), *Wie ein Buch entsteht: Einführung in den modernen Buchverlag*, Darmstadt.
Verband der freien Lektorinnen und Lektoren (2014), *Leitfaden Freies Lektorat*, Amorbach.

Berufsrelevante Zeitschriften

Börsenblatt – Wochenmagazin für den Deutschen Buchhandel: http://www.boersenblatt.net/
Buchmarkt: http://www.buchmarkt.de/
buchreport: http://www.buchreport.de/

Berufsverbände und Netzwerke

Börsenverein des Deutschen Buchhandels: http://www.boersenverein.de/
Verband der Freien Lektorinnen und Lektoren (VFLL): http://www.vfll.de/

Weiterbildung

Akademie der Deutschen Medien: http://www.medien-akademie.de/
mediacampus frankfurt: http://www.mediacampus-frankfurt.de/
Weiterbildungen der Landesverbände des Börsenvereins des Deutschen Buchhandels: http://www.fortbildung-verlag.com/

Stellenausschreibungen

http://www.boersenblatt.net/jobboerse
http://www.buchmarktjobs.de/
http://publishingmarkt.de/

6.4.2 Wissenschaftlicher Bibliothekar

Medien anschaffen, sachlich erschließen und pflegen, Informationskompetenz vermitteln, Forschung unterstützen: Wissenschaftliche BibliothekarInnen haben ein vielfältiges Tätigkeitsspektrum, für das sie eine solide wissenschaftliche Ausbildung mitbringen sollten. Sicherste Eintrittskarte ist ein Referendariat oder Volontariat.

Vom Germanisten zum wissenschaftlichen Bibliothekar

Jan ist promovierter Germanist und Fachreferent in einer wissenschaftlichen Bibliothek. Seine Dissertation erarbeitete er im Rahmen einer Graduiertenschule. Hatte er während des Studiums noch das Ziel vor Augen, Professor zu werden, so wurde ihm, während er an der Doktorarbeit schrieb, bewusst, dass ihm eine sichere Karriereperspektive wichtig war. Er informierte sich über verschiedene Berufsbilder. Dabei halfen auch Angebote seiner Graduiertenschule, wie eine Veranstaltungsreihe, bei der PraktikerInnen aus verschiedenen Berufsfeldern berichteten, sowie die Möglichkeit, während der Promotionsförderung Praktika zu absolvieren. Gegen Ende seiner Promotion bewarb er sich erfolgreich auf mehrere Stellen im wissenschaftlichen und außerwissenschaftlichen Bereich, die jedoch alle befristet waren und keine Anschlussperspektive boten. Über ein Stellenangebot in einem Editionsprojekt wurde er auf Berufsperspektiven im Bibliothekswesen aufmerksam.

»Zu dem Zeitpunkt wusste ich nicht, was sich hinter dem Berufsbild des Bibliothekars verbirgt. Was zum Beispiel auf wissenschaftlichen Bibliothekarsstellen zu tun ist oder was der Unterschied zwischen gehobenem und höherem Dienst ist«, sagt Jan. Er recherchierte auf den Seiten des Berufsverbands sowie in anderen Quellen im Internet und las sich in das Thema Bibliothekswesen ein. Er informierte sich über die Einstellungsbedingungen und stellte fest, dass er aus der Wissenschaft einige Vorkenntnisse einbringen konnte, wie Erfahrungen im Umgang mit Nachlässen und Autographen. Darüber hinaus erfuhr er, dass für Stellen im höheren beziehungsweise wissenschaftlichen Bibliotheksdienst in der Regel ein Referendariat oder Volontariat vorausgesetzt wird. Da die Zahl der Ausbildungsplätze begrenzt ist, beschloss Jan, seine Bewerbung gut vorzubereiten. Dazu gehörte, dass er sich für Praktika in zwei namhaften wissenschaftlichen Bibliotheken bewarb und die Zusage für die Praktikumsplätze seiner Bewerbung beilegte.

Jans Bewerbung auf eine Volontariatsstelle war erfolgreich und er begann mit der zweijährigen Ausbildung in einer Universitätsbibliothek. Im praktischen Teil durchlief er zunächst alle Abteilungen und lernte von der Anschaffung und Katalogisierung, über EDV und Verbuchung bis zu Editions- und Veranstaltungsprojekten das Aufgabenspektrum in einer Bibliothek kennen. Die theoretische Ausbildung führte in bibliotheksrelevante Themen, wie Medien- und Informationserschließung, Informationstechnologien, Personalmanagement und Recht, Bibliotheksbau und -architektur, ein. Den Studiengang schloss er nach zwei Jahren als Master der Bibliotheks- und Informationswissenschaften ab. Während des Volontariats wurde die Stelle für ein philologisches Fachreferat frei. So übernahm Jan einen Teil der Aufgaben und wurde im Anschluss an seine Ausbildung auf diese Stelle übernommen.

Bestandsaufbau, Vermittlung, Bestandspflege: Ein typischer Arbeitstag

Als Fachreferent hat Jan ein breites Aufgabenfeld. Für die Fächer in seinem Zuständigkeitsbereich verantwortet er den Bestandsaufbau. Das bedeutet, dass er einschlägige Literatur zu den Fachgebieten beschafft. Dazu hält er Rücksprache mit den Instituten und lässt sich von WissenschaftlerInnen und Studierenden mitteilen, welche Bücher benötigt werden. Darüber hinaus muss er den Buchmarkt im Blick behalten und einschätzen, welche Neuerscheinungen bei Fachbüchern, Lehrbüchern und Quellenliteratur für die Bibliothek angeschafft werden sollten. Ein weiterer Tätigkeitsbereich ist die sachliche Erschließung der vorhandenen Werke. Viele katalogrelevante Daten werden bereits durch die Verlage übermittelt, weitere Daten wie etwa die Verschlagwortung fremdsprachlicher Bücher übernimmt Jan. Darüber hinaus systematisiert er den Bestand, das heißt, er entscheidet, wo die Werke in er Bibliothek stehen sollen, damit sie von den NutzerInnen gefunden werden. Eine weitere wichtige Aufgabe ist die Vermittlung. Jan führt Schulungen zur Informationskompetenz für Studierende und weitere NutzerInnen der Bibliothek durch, in denen er beispielsweise Methoden zur Datenbanknutzung und Literaturverwaltung vermittelt. Hinzu kommt die Bestandspflege: »Ich schaue mir den Zustand der Bücher in meinem

Zuständigkeitsbereich an und entscheide, welche zum Buchbinder müssen und welche ausgemustert und nachbeschafft werden«, erzählt Jan. »Oder ich überlege, welche Bücher nicht mehr häufig gebraucht werden, sodass sie ins Magazin umgesetzt werden können.« Zusätzliche Aufgaben umfassen das Schreiben von Anträgen zur Finanzierung von Bibliotheksprojekten, Kulturmanagement, etwa die Organisation von Ausstellungen und Autorenlesungen, sowie Öffentlichkeitsarbeit. In diesen Bereich können die Betreuung der Webseite, publikumsrelevante Informationen zu Altbeständen sowie das Verfassen von Pressemitteilungen fallen. Ein Großteil der Arbeitszeit von FachreferentInnen findet im Büro statt. Jan beantwortet E-Mail-Anfragen zu Buchanschaffungen und anderen Themen, die in sein Fachgebiet fallen. Er informiert sich in Fachliteratur und im Feuilleton über Neuerscheinungen in seinem Zuständigkeitsbereich. Hinzu kommen Treffen der Arbeitsgruppen, in denen Jan sich einbringt, sowie Schulungstermine, die insbesondere zu Semesterbeginn stattfinden. Regelmäßig trifft er sich mit den ProfessorInnen seiner Fächer und bespricht Neuanschaffungen, Semesterapparate oder fachlich relevante Inhalte von Schulungen. Die Arbeitszeiten sind klar geregelt. In vielen Bibliotheken gibt es aufgrund der Arbeitsabläufe feste Kernarbeitszeiten, die nicht zuletzt mit der Erreichbarkeit für NutzerInnen zusammenhängen.

Fachnahe Tätigkeit und feste Arbeitsstrukturen: Licht- und Schattenseiten

Am besten gefällt Jan, dass er als Bibliothekar nah an der Forschung in seinem Fach arbeitet, ohne jedoch von den Rahmenbedingungen wissenschaftlicher Karrieren betroffen zu sein. »Ich bin sehr froh, dass ich rechtzeitig den Absprung geschafft und eine sichere Berufsperspektive habe«, sagt Jan. »Trotzdem habe ich noch mit den wissenschaftlichen Inhalten zu tun und kann beispielsweise im Bereich Handschriften publizieren.« Weniger gut gefällt ihm, dass die Möglichkeiten, seinen Arbeitsalltag frei zu gestalten, begrenzt sind: »Wenn mir ein gutes Projekt einfällt, kann ich das nicht einfach durchführen. Als Teil der Verwaltung muss ich erst sehen, ob es mit meinen sonstigen Aufgaben kompatibel ist, und mich mit meinen Vorgesetzten absprechen«, erzählt Jan. »Gleichzeitig profitiere ich natürlich von den klaren Arbeitszeiten und Urlaubsregelungen.«

Fachexpertise und Vielseitigkeit: Erwartete Qualifikationen

Für die Arbeit als wissenschaftliche Bibliothekarin oder wissenschaftlicher Bibliothekar ist eine fundierte akademische Ausbildung Qualifikationsbedingung. »Man muss sich vertieft in seinem Fach auskennen«, sagt Jan. »Darüber hinaus ist Transferfähigkeit gefragt, sodass man auch Aufgaben in anderen Fächern übernehmen kann.« Die Promotion ist dabei keine formale Voraussetzung, wird aber bei der Bewerbung gern gesehen. Darüber hinaus gelten Erfahrungen im Bibliothekswesen als vorteilhaft. Diese können etwa durch wissenschaftliche Erfahrung im Rahmen von Editions- und anderen bibliotheksrelevanten Projekten oder durch Praktika nachgewiesen werden. In der Regel wird ein Bibliotheksreferendariat oder -volontariat beziehungsweise der Abschluss eines bibliothekswissenschaftlichen Aufbaustudiums vorausgesetzt. Während Referendariat oder Volontariat wechseln sich berufspraktische Erfahrung und theoretische Ausbildung ab. Dabei wird je nach Ausbildungsplatz entweder ein Jahr Praxiserfahrung in einer Bibliothek gesammelt und im zweiten Jahr die Bibliotheksakademie Bayern absolviert. Oder es wird parallel zu einer zweijährigen Berufspraxis der berufsbegleitende Master-Studiengang Bibliothekswissenschaft mit Präsenzphasen an der Humboldt-Universität zu Berlin absolviert. Ein bibliothekswissenschaftliches Studium kann an mehreren Hochschulen in Deutschland als Präsenzstudium oder berufsbegleitend durchgeführt werden. Weiterführende Hinweise finden Sie am Ende dieses Kapitels. Neben Stellen, die eine bibliotheksspezifische Ausbildung voraussetzen, werden an Bibliotheken auch Projektstellen ausgeschrieben, auf die eine Bewerbung auch ohne Ausbildung möglich ist.

Das Berufsfeld ist sehr vielseitig und fordert daher von BibliothekarInnen ein breites Spektrum an Kompetenzen. Ein strukturiertes und systematisches Denken, um Informationen zu klassifizieren, Genauigkeit und Ordnungssinn im Umgang mit mehreren Tausend Büchern und weiteren Medien sind ebenso wichtige Voraussetzung wie die Freude am Umgang mit Menschen oder die Fähigkeit, Arbeitsgruppen vorzustehen und NutzerInnen anzuleiten. BibliothekarInnen sollten über eine Serviceorientierung und über Organisationstalent für die Durchführung von Veranstaltungen und Projekten verfügen. Erfahrung im Halten von Vorträgen, im Verfassen von Texten und im wissenschaftlichen Arbeiten sind Voraussetzung, genau wie

EDV-Kompetenz für das zunehmend digitalisierte Arbeitsfeld. Nicht nur für die sprach- und literaturwissenschaftlichen Fachreferate, sondern auch darüber hinaus sind Fremdsprachenkenntnisse sehr wichtig, um internationale Literatur rezipieren und verschlagworten zu können.

Praktische Übungen oder Assessment-Center: Das Bewerbungsverfahren

Die Stellenausschreibungen für Volontariate und Referendariate werden im ersten Quartal jeden Jahres von den ausbildenden Bibliotheken, den Ausbildungsinstituten und auf den Webseiten des Vereins Deutscher Bibliothekarinnen und Bibliothekare (VDB) ausgeschrieben. Für alle Fächer zusammen stehen pro Jahr zwischen 30 und 40 Ausbildungsplätze zur Verfügung. Einige der Bibliotheken, an denen ein Referendariat oder Volontariat absolviert wird, stellen im Anschluss eine Stelle in Aussicht. Aber auch ohne Übernahmegarantie bedeuten Referendariat und Volontariat eine Qualifikation, für die die Beschäftigungsperspektiven an wissenschaftlichen Bibliotheken derzeit sehr gut sind. Auswahlverfahren zu Referendariaten und Volontariaten sind in der Regel sehr kompetitiv. Sie können ganz unterschiedlich gestaltet sein. Während einige Bibliotheken klassische Bewerbungsgespräche unter Beteiligung von Bibliotheksleitung, zuständigen FachreferentInnen und Gleichstellungsbeauftragten abhalten, setzen andere Institutionen auch praktische Aufgaben aus dem Arbeitsfeld ein oder führen Assessment-Center durch. Einige Bibliotheken integrieren eine Führung durch ihr Haus in das Auswahlverfahren. Als BewerberIn sollten Sie beachten, dass die Besichtigung nicht nur informativen Charakter für Sie hat, sondern währenddessen auswahlrelevante Fragen gestellt werden können. Eine gute Vorbereitung der Bewerbung ist gerade aufgrund der begrenzten Plätze ratsam. Das Internet bietet umfassende Informationen zum Arbeitsplatz Bibliothek. Die in den weiterführenden Informationen genannten Grundlagenwerke zum Bibliothekswesen zeigen, wie Bibliotheken funktionieren und welche Aufgaben durch BibliothekarInnen übernommen werden.

Lebenszeitstellen oder Aufstieg in Leitungsfunktionen: Karriereoptionen

Hochschulen und Forschungsinstitute verfügen in der Regel über eine wissenschaftliche Bibliothek. Hinzu kommen die Landes-, Staats- und Nationalbibliotheken. Fachreferentenstellen in Bibliotheken sind meist unbefristet. Einstiegsstellen können auf zwei Jahre befristet werden. Drittmittelfinanzierte Projektstellen werden für die Laufzeit der Finanzierung vergeben. Wissenschaftliche Bibliothekarsstellen werden nach Tv-L beziehungsweise TVöD Entgeltgruppen 13 bis 15 vergütet. In den alten Bundesländern besteht für wissenschaftliche BibliothekarInnen oftmals die Möglichkeit der Verbeamtung. Aufstiegsmöglichkeiten bieten sich für FachreferentInnen in Abteilungsleitungs- und Direktionsstellen. Leitungsstellen umfassen Managementaufgaben, wie Haushalts- und Personalplanung, EDV-Planung sowie Öffentlichkeitsarbeit. Aufgrund der Tatsache, dass Bibliotheksstellen unbefristet sind, gibt es meist eine geringe Fluktuation im Personal. Für einen Aufstieg oder den Wechsel an eine andere Institution empfiehlt es sich, unterschiedliche Projekte zu übernehmen und sich innerhalb des Tätigkeitsfelds breit aufzustellen.

Digitalisierung und Automatisierung: Entwicklungen im Berufsfeld

Die Zukunft der Bibliotheken ist angesichts der zunehmenden Digitalisierung und Automatisierung ein vieldiskutiertes Thema. Bibliotheken verändern sich derzeit stark, und das hat auch Konsequenzen für ihre MitarbeiterInnen. So werden beispielsweise Stellen von Magazin-MitarbeiterInnen durch Roboter ersetzt, die die Bücher durch die Bibliothek transportieren. Auch an anderer Stelle wird diskutiert, wo Bibliotheken Personal einsparen können. Servicetheken werden aus finanziellen Gründen eingeschränkt besetzt. Bestellungen bei Verlagen können mithilfe von *approval plans*, bei denen Bibliotheken bestimmte Inhalte abonnieren, automatisiert werden. Im Rahmen der Digitalisierung nimmt insbesondere in den Naturwissenschaften die Nutzung von Zeitschriften zu, die elektronisch abgerufen werden. Dies wirft die Frage auf, welche Rolle den Bibliotheken noch als Serviceeinrichtung und auch als physischem Ort zukommt.»Die Digitalisierung fügt dem Berufsbild neue Aufgaben hinzu. Unabhängig von der Medienform sind die wissenschaftlichen Bibliotheken aber dazu da,

Informationen für Studierende und WissenschaftlerInnen zur Verfügung zu stellen«, sagt Jan. »Das Berufsbild hat sich von Fachleuten für die Bücherbereitstellung zu InformationsspezialistInnen gewandelt. Auch als Lernort hat die Bibliothek nach wie vor eine zentrale Funktion.«

Vom Wissenschaftler zum wissenschaftlichen Bibliothekar

Als größten Unterschied zwischen seiner wissenschaftlichen Tätigkeit und der Arbeit als Bibliothekar sieht Jan darin, dass sich der Fokus seiner Arbeit verschoben hat: »Vom Wissenschaftler bin ich zum Dienstleister für WissenschaftlerInnen geworden. Darüber hinaus bin ich in der Verwaltung in bestimmte Hierarchien eingebunden.« Parallelen sieht er in den wissenschaftlichen Aspekten seiner Arbeit. So verfolgt er die aktuellen Diskurse in den Fächern, die er betreut: »Das ist wichtig, um WissenschaftlerInnen bei ihrer Forschung gut bibliothekarisch unterstützen zu können und mit ihnen auf Augenhöhe kommunizieren zu können. Als FachreferentInnen sind wir oft auch MittlerInnen zwischen der Bibliothek als Verwaltungseinheit und der Wissenschaft. Das ist eine schöne Herausforderung.«

Reflexionsfragen

Welche Qualifikationen und Kompetenzen bringe ich mit, die in diesem Berufsfeld gebraucht werden?

Welche praktischen Erfahrungen habe ich gesammelt, die für dieses Berufsfeld relevant sind?

Meine Kontakte in diesem Berufsfeld:

Weiterführende Informationen

Literaturhinweise

Gantert, Klaus (2016), *Bibliothekarisches Grundwissen*, Berlin/Boston.
Gaus, Wilhelm (2002), *Berufe im Informationswesen: Ein Wegweiser zur Ausbildung*, Berlin/Heidelberg.
Griebel, Rolf et al. (Hg.) (2015), *Praxishandbuch Bibliotheksmanagement*, Berlin/München/Boston.
Plassmann, Engelbert et al. (2011), *Bibliotheken und Informationsgesellschaft in Deutschland. Eine Einführung*, Wiesbaden.
Umlauf, Konrad/Gradmann, Stefan (Hg.) (2012), *Handbuch Bibliothek: Geschichte, Aufgaben, Perspektiven*, Stuttgart.
Verein Deutscher Bibliothekare (Hg.) (2015), *Jahrbuch der Deutschen Bibliotheken 66 (2015/2016)*, Wiesbaden.

Berufsrelevante Zeitschriften

Bibliothek: Forschung und Praxis: http://www.degruyter.com/view/j/bfup
Bibliotheksdienst: http://www.degruyter.com/view/j/bd.2016.50.issue-9/issue-files/bd.2016.50.issue-9.xml
Forum Bibliothek und Information (BuB): http://b-u-b.de/
o-bib. Das offene Bibliotheksjournal: http://www.o-bib.de/
Zeitschrift für Bibliothekswesen und Bibliographie (ZfBB): http://www.klostermann.de/Zeitschriften/Zeitschrift-fuer-Bibliothekswesen-und-Bibliographie-Forschung
[A] Mitteilungen der Vereinigung Österreichischer Bibliothekarinnen & Bibliothekare (VÖB-Mitteilungen): http://www.univie.ac.at/voeb/publikationen/voeb-mitteilungen/

Internetressourcen

http://www.bibliotheksportal.de/
http://www.inetbib.de/

Berufsverbände und Netzwerke

Bibliothek & Information Deutschland (BID): http://www.bideutschland.de/
Berufsverband Information Bibliothek (BIB): http://www.bib-info.de/
Deutscher Bibliotheksverband (dbv): http://www.bibliotheksverband.de/
Deutsche Gesellschaft für Information und Wissen (DGI): http://dgi-info.de/
Verein Deutscher Bibliothekarinnen und Bibliothekare (VDB): http://www.vdb-online.org/
[A] Vereinigung Österreichischer Bibliothekarinnen und Bibliothekare (VÖB) http://www.univie.ac.at/voeb/
[CH] Bibliothek Information Schweiz: http://www.bis.ch/
[CH] Schweizerische Arbeitsgemeinschaft der allgemeinen öffentlichen Bibliotheken: http://www.sabclp.ch/

Ausbildung und Berufseinstieg als wissenschaftliche Bibliothekarin/wissenschaftlicher Bibliothekar

http://www.vdb-online.org/kommissionen/qualifikation/ausbildungsinfo/

Berufsbegleitende Masterstudiengänge

Humboldt-Universität zu Berlin: Weiterbildender Masterstudiengang Bibliotheks- und Informationswissenschaft/Master in Library and Information Science (MALIS): https://www.ibi.hu-berlin.de/de/studium/fernstudium/interessierte
Hochschule Hannover: Weiterbildungsstudiengang Informations- und Wissensmanagement: http://f3.hs-hannover.de/studium/master-studiengaenge/informations-und-wissensmanagement
Technische Hochschule Köln: Berufsbegleitender Weiterbildungs-Master in Bibliotheks- und Informationswissenschaft/Master in Library and Information Science (MALIS): https://www.th-koeln.de/studium/bibliotheks--und-informationswissenschaft-master_3202.php

Stellenausschreibungen

http://www.vdb-online.org/kommissionen/qualifikation/ausbildungsinfo/stellenangebote.php
http://jobs.openbiblio.eu/
https://www.bsb-muenchen.de/index.php?id=77&type=0
http://www.bib-info.de/verband/berufsfeld-information-bibliothek/bibliojobs.html

6.4.3 Media Consultant bei einer Zeitung

> *Hochschulen bei ihrer Marketingstrategie beraten, Anzeigen verkaufen, gemeinsam mit der Redaktion Hochschulzeitschriften gestalten, Artikel schreiben: In den Medien gibt es auch außerhalb des Journalismus viele spannende Berufsfelder für promovierte Geistes- und SozialwissenschaftlerInnen, die über Kommunikationsgeschick in Wort und Schrift verfügen.*

Vom Historiker zum Media Consultant

Konstantin ist Historiker und arbeitet als Media Consultant bei einem Zeitungsverlag. Er studierte Alte Geschichte und Germanistik auf Magister und Lehramt. Während des Studiums arbeitete er als wissenschaftliche Hilfskraft und bekam im Anschluss am selben Lehrstuhl eine Assistentenstelle mit Gelegenheit zur Promotion angeboten. Etwa zeitgleich mit dem Abschluss der Promotion wurde Konstantins Doktorvater emeritiert. Seine Assistentenstelle wurde im Zuge der Neubesetzung des Lehrstuhls nicht verlängert. »Ich wollte ursprünglich weiter forschen, aber die Stellensituation war mir durch den Lehrstuhlwechsel zu unsicher. Insgesamt erschien mir die wissenschaftliche Karriere zu prekär. Ich hätte alle ein bis zwei Jahre vor der Herausforderung gestanden, mir eine neue Stelle zu suchen«, sagt Konstantin.

Er beschloss, sich auf dem Arbeitsmarkt nach einer unbefristeten Beschäftigung umzusehen. »Am liebsten hätte ich eine Stelle gehabt, die ausschließlich mit der Antike zu tun hat. Ich hatte aber die Offenheit, die Wissenschaft zu verlassen, auch wenn ich mir unsicher war, welchen Marktwert ich als promovierter Althistoriker habe.« Er bewarb sich auf vier Stellenanzeigen, die er unter anderem auf den Webseiten eines Karrierenetzwerks gefunden hatte und erhielt innerhalb kürzester Zeit drei Stellenangebote. Eine der Stellen war die Position des Media Consultant in einem großen Zeitungsverlag. »Was ein Media Consultant eigentlich tut, konnte ich mir anhand der Stellenausschreibung nicht vorstellen. Beim Vorstellungsgespräch wurde mir konkreter erklärt, welche Aufgaben ich im Vertrieb an der Schnittstelle von Medien und Hochschule wahrnehmen sollte«, sagt Konstantin. Ihn reizte das Renommee der Zeitung sowie der Arbeitsort, er sagte zu. Sein wissenschaftliches Umfeld nahm den Wechsel zu einem angesehenen Zeitungsverlag mit Anerkennung auf.

Vertrieb an der Schnittstelle zu Hochschulen: Ein typischer Arbeitstag

Als Media Consultant kümmert sich Konstantin um die wirtschaftlichen Kontakte seines Medienhauses zu Hochschulen. Konkret geht es dabei darum, das Marketing von Universitäten und Fachhochschulen durch eine passende kostenpflichtige Präsentation in den Print- und Onlinemedien des Zeitungsverlags, die sich an StudienanfängerInnen oder Hochschulangehörige richten, zu unterstützen. »Das Aufgabenspektrum ist sehr breit. Ich bespreche beispielsweise mit UniversitätsrektorInnen Sonderbeilagen, oft mache ich aber auch klassische Telefonakquise, um den Hochschulen Anzeigen in unseren Print- und Onlinemedien zu verkaufen«, berichtet Konstantin.

Er steht mit den Marketing-Abteilungen der Hochschulen im Kontakt. Diese wollen beispielsweise StudieninteressentInnen auf ihre Institution aufmerksam machen und schalten dazu eine Image-Anzeige. Konstantin bespricht, wo die Anzeige am effektivsten platziert werden kann, die Kunden gestalten Text und Layout. Wichtiger Teil der Tätigkeit ist die Beratung von Hochschulen: »Einige kleinere Fachhochschulen haben beispielsweise Probleme, Studierende für ihre ingenieurwissenschaftlichen Studiengänge zu gewinnen. Dann überlege ich, wo man diese Institution in Hinblick auf unsere Leserstruktur am besten platziert, sodass sie ihre Zielgruppe erreicht«, sagt Konstantin. Auch im Online-Bereich gibt es Plattformen, die für das Hochschulmarketing interessant sind. Hier können Universitäten ihre Studiengänge präsentieren und auf diese Weise medienaffine Studierende für sich gewinnen.

Konstantin ist Verkaufsleiter für mehrere Bundesländer. Mehrfach pro Jahr reist er an Hochschulen in seinem Zuständigkeitsbereich. »Dabei bespreche ich vor Ort, wie die Situation an der Institution ist und wie wir mit unseren Medien unterstützen können«, erzählt er. »Es ist schön, dabei zu erleben, wie viel Wertschätzung meinem Verlag seitens der Hochschulen entgegengebracht wird. Ich wirke dabei als Repräsentant und Schnittstelle zu unserem Medium.« Darüber hinaus vertritt Konstantin sein Medienhaus bei einschlägigen Messen und Konferenzen, wie der Jahrestagung des Bundesverbands Hochschulkommunikation, in dem die PressesprecherInnen der Universitäten und Fachhochschulen organisiert sind.

Durch die Gespräche vor Ort erfährt Konstantin oft aktuelle Informationen, über die er sich auch mit seinen KollegInnen aus der Redaktion austauscht. Verlag und Redaktion sind in ihrer Arbeit strikt getrennt, sodass die Berichterstattung objektiv und ohne Werbecharakter für einzelne Universitäten erfolgen kann. Doch die Themen, die Konstantin vor Ort erfährt, sind interessant für die Redaktion und münden oft in eine breitere Berichterstattung. Weitere Zusammenarbeit mit der Redaktion besteht in der Abstimmung zur Platzierung von Anzeigen, aber auch zu Inhalten der Hochschulzeitschriften. »Wir sind maßgeblich daran beteiligt, wie die Hefte aufgebaut werden. Wir schlagen Themen vor, von denen wir wissen, dass sie die Hochschulen derzeit beschäftigen. Das wird auch aus Gründen der Vermarktbarkeit von der Redaktion sehr ernst genommen«, sagt Konstantin.

Die Arbeitszeit beträgt 35 Stunden pro Woche, Überstunden können nach der Gleitzeitregelung abgebaut werden. »Das ist ein großer Unterschied zu meiner Zeit in der Wissenschaft, wo ich deutlich mehr gearbeitet habe«, erzählt Konstantin. »Hier gehe ich nach Feierabend nach Hause, weiß, welche Erfolge ich hatte, und muss mir keine Gedanken über meine Arbeit machen. Ich genieße es sehr, nicht mehr unter dem Druck, wissenschaftlich produktiv sein zu müssen, zu stehen.«

Um neben der Arbeit in einem spannenden Medienhaus auch seiner Leidenschaft für Alte Geschichte nachzugehen, nimmt Konstantin Lehraufträge an zwei Universitäten wahr. Zusätzlich betätigt er sich journalistisch und schreibt Artikel zu historischen Themen, die in einer Zeitung seines Arbeitgebers veröffentlicht werden. »Nach einiger Zeit beim Marketing habe ich die KollegInnen in der Redaktion angesprochen, dass ich gern etwas zu meinem ursprünglichen Fachgebiet schreiben würde. Als Beleg für meine Expertise habe ich meine Dissertation und einige Rezensionen mitgebracht«, berichtet Konstantin. »Als erstes wurde ich zu einer Ausstellung geschickt, über die ich einen Bericht geschrieben habe. Ich habe schon immer gern geschrieben, aber mir nie zugetraut, journalistisch zu arbeiten. Deshalb hat mich das Lob der Redaktion sehr gefreut.« Seitdem schreibt Konstantin zusätzlich zu seiner Tätigkeit im Marketing für seine Zeitung mehrmals pro Jahr ausführliche Artikel zu althistorischen Themen.

Schnelle Erfolg und Fokussierung auf Verkauf: Licht- und Schattenseiten

Gut gefällt Konstantin der kurzfristige Erfolg seines Handelns. »Der Verkauf einer Anzeige oder eines anderen Werbemediums ist ein Ziel, bei dem sich in der Regel umgehend herausstellt, ob es erreicht wird. Dadurch sehe ich sehr schnell, ob ich mit meiner Arbeit erfolgreich bin. Auch der monetäre Anreiz motiviert mich«, sagt Konstantin. Darüber hinaus schätzt er die flexible Gestaltung seines Arbeitstags: »Ich kann frei entscheiden, ob ich an einem Tag Akquise-Telefonate führe oder Gespräche nachbereite.« Weniger gut gefällt Konstantin, dass der Kern seiner Tätigkeit wirtschaftlicher Natur ist. »Man muss sich schon bewusst machen, dass es beim Hochschulmarketing um eine Verkaufstätigkeit geht. Wem das nicht liegt, dem wird die Tätigkeit als Media Consultant nicht langfristig zusagen.«

Kommunikations- und Feldkompetenz: Erwartete Qualifikationen

Im spannenden Arbeitsumfeld eines Zeitungsverlags gibt es eine breite Palette an Tätigkeitsfeldern, die unterschiedliche Kompetenzen erfordern. Als Media Consultant ist Kommunikationskompetenz eine der wichtigsten Voraussetzungen für die Beratungs- und Verkaufsgespräche. Dabei geht es nicht nur um ein gutes Argumentationsvermögen, sondern auch um Sensibilität für die GesprächspartnerInnen. »Man muss sehr genau heraushören, was seinem Gegenüber in der Hochschule fehlt, um adäquat beraten zu können«, sagt Konstantin.

Für das Hochschulmarketing ist Feldkompetenz aus dem Wissenschaftskontext eine wichtige Voraussetzung. »Man muss sich im Lehr- und Forschungsbetrieb auskennen und die Sprache der Hochschulen sprechen. Aus meinen sieben Jahren an der Universität habe ich viel von der Befindlichkeit des Wissenschaftsbetriebs mitgenommen. Die Umstrukturierungen beispielsweise, die im Rahmen der Bologna-Reformen an den Hochschulen vorgenommen wurden, habe ich als Assistent in meinem Fach umgesetzt«, erzählt Konstantin. »Ich wusste, dass ich daher auch mit VertreterInnen anderer Hochschulen auf Augenhöhe sprechen kann.« Die Promotion ist im Hochschulmarketing als Qualifikation sehr gefragt. Sie strahlt Glaubwürdigkeit aus und verschafft Konstantin bei seinen Kunden von Anfang an ein gutes Standing.

Darüber hinaus muss man wirtschaftliches Verständnis für die Funktionsweise des Anzeigen- und Zeitungsmarktes mitbringen. Eine betriebswirtschaftliche Grundbildung ist hilfreich. Konstantin besuchte berufsbegleitend eine Weiterbildung in Medienmanagement, die intern für MitarbeiterInnen der Mediengruppe angeboten wurde und in die Grundlagen des Marketing einführte. Hinweise zu Weiterbildungsmöglichkeiten sind am Ende des Kapitels zusammengestellt.

Voraussetzung für die Tätigkeit sind auch die klassischen geisteswissenschaftliche Tugenden, wie strukturiertes Arbeiten. »Man muss sich gut organisieren können. Das fängt dabei an, dass man eine Vielzahl von Hochschulen in seinem Zuständigkeitsbereich im Blick behalten und wissen muss, wen man an den einzelnen Institutionen anspricht, und zeigt sich nicht zuletzt darin, wie man seinen Tag effektiv strukturiert«, sagt Konstantin.

Außerdem sind Durchsetzungsvermögen und die Fähigkeit, mit Widerständen umzugehen, persönliche Qualifikationen für die Tätigkeit im Zeitungsverlag. »Wenn es beispielsweise um die Gestaltung von Hochschulmedien geht, hat die Redaktion das letzte Wort. Vorher ist es aber wichtig, dass man seine Argumente gut vorbringen kann«, erzählt Konstantin. »Man muss auch ein dickes Fell mitbringen, um gelegentlich Rückschläge wegzustecken. Es kann demotivierend sein, wenn man mehrere Tage mit Hochschulen telefoniert und keine Einigung zu Stande kommt.«

Vorstellungsgespräch und Fallstudie: Das Bewerbungsverfahren

Das Bewerbungsverfahren in einem Zeitungsverlag läuft in der Regel mehrstufig ab. Für die Stelle als Media Consultant wurde Konstantin zu zwei Runden mit Vorstellungsgesprächen eingeladen. Diese wurden jeweils von drei Vertretern des Verlags geführt, unter anderem der Personalleiterin, dem Anzeigenchef und der Teamleiterin Hochschulmarketing. Im Gespräch wurden klassische Themen des Werdegangs, der Sozialkompetenz und des Arbeitsverhaltens thematisiert, zum Beispiel wurde Konstantin zu seinen Vorstellungen eines idealen Vorgesetzten befragt.

Zusätzlich wurde ihm eine praktische Aufgabe gegeben, für die er eine halbe Stunde Vorbereitungszeit hatte: »Ich sollte für das fiktives Beispiel einer Hochschule, die durch einen Wissenschaftsskandal in die Schlagzeilen geraten war, eine Kommunikationsstrategie entwickeln«, erzählt Konstantin.

»Dabei sollte ich beschreiben, wie ich dieser Universität zu wachsenden Studienbewerberzahlen verhelfen würde und welche Medien beziehungsweise Kanäle innerhalb des Zeitungsverlags ich dieser Institution empfehlen würde. In einem fiktiven Gespräch mit der Hochschule sollte ich zeigen, wie ich bei der Beratung vorgehen würde.«

Für die Vorbereitung des Vorstellungsgesprächs rät Konstantin, sich intensiv mit den Medien der Verlagsgruppe auseinanderzusetzen und sich vor allem über die Print- und Online-Produkte zu informieren, die für das Hochschulmanagement relevant sind. Dieses Wissen ist nicht zuletzt für das Lösen der Fallstudie entscheidend. Auch Informationen über den Aufbau des Verlags sind eine wertvolle Ressource, die in Vorbereitung auf das Auswahlverfahren recherchiert werden sollte.

Für QuereinsteigerInnen aus der Wissenschaft empfiehlt Konstantin eine realistische Selbsteinschätzung. »Man bringt für das Hochschulmarketing viel Feldkompetenz aus der Wissenschaft mit, und das Team lebt von der Unterschiedlichkeit der fachlichen Hintergründe«, sagt er. »Wenn man keine betriebswirtschaftlichen Hintergrundkenntnisse hat, sollte man nicht den Anschein erwecken wollen, dass man sich in allem auskennt. Das Marketing-Wissen wird einem auch in Weiterbildungen und on-the-job beigebracht.«

Teamleitung oder Wechsel im Verlag: Karriereoptionen

2015 waren in Zeitungs- und Zeitschriftenverlagen rund 149.650 Personen beschäftigt.[52] In den großen Medienkonzernen orientiert sich das Gehalt an den branchenspezifischen Tarifverträgen. Neben dem Festgehalt wird ein Bonus gezahlt, der von der Erreichung individuell festgelegter Ziele abhängt. Für Media Consultants orientieren sich die Ziele unter anderem an den Verkaufsergebnissen und können in bis zu fünfstelliger Höhe ausfallen. Gehaltserhöhungen gibt es regelmäßig. Zu diesem Gehalt kommt in Konstantins Fall noch das Honorar für die Artikel hinzu, die er nebenberuflich schreibt.

Aufgrund der flachen Hierarchien innerhalb der Zeitungsverlage gibt es wenige Aufstiegsmöglichkeiten. Der klassische Aufstieg ist im Medienmarketing die Übernahme einer Teamleitung. Konstantin bekam nach seiner Weiterbildung im Medienmanagement das Angebot, die Leitung eines Teams von drei MitarbeiterInnen zu übernehmen. Innerhalb des Verlags gibt es weitere Möglichkeiten, sich beruflich zu verändern und beispielsweise aus dem Hochschulmarketing in das Veranstaltungsmanagement zu wechseln. Auch Wechsel in andere Konzerne der Branche sind möglich.

Vom Wissenschaftler zum Media Consultant

Parallelen zwischen seinen Tätigkeiten als Wissenschaftler und als Media Consultant sieht Konstantin im strukturiertes Arbeiten und der Eigenständigkeit im Tun. »Ich habe in der Wissenschaft auf eine bestimmte Art und Weise zu arbeiten gelernt, die mir im Verlag zu Gute kommt«, sagt Konstantin. »Die wissenschaftliche Arbeit an sich hat mit einer Tätigkeit im Marketing natürlich wenig gemeinsam. Dafür sehe ich schneller Ergebnisse. Dass ich mit Lehraufträgen und journalistischen Veröffentlichungen meinem inhaltlichen Schwerpunkt aus der Wissenschaft treu bleiben kann, ist eine ideale Ergänzung.«

Reflexionsfragen

Welche Qualifikationen und Kompetenzen bringe ich mit, die in diesem Berufsfeld gebraucht werden?

_____

_____

Welche praktischen Erfahrungen habe ich gesammelt, die für dieses Berufsfeld relevant sind?

_____

_____

Meine Kontakte in diesem Berufsfeld:

_____

_____

Weiterführende Informationen

Literaturhinweise

Blank, Andreas et al (2013), *Allgemeine Wirtschaftslehre für Medienberufe*, Köln.
Hansen, Renée et al. (Hg.) (2011*)*, *Beruf: Kommunikation und PR: Ein Leitfaden für den Berufseinstieg*, Münster.
Hofert, Svenja (2012), *Erfolgreich als freier Journalist*, Konstanz.
Kepplinger, Hans Mathias (2011), *Journalismus als Beruf*, Wiesbaden.
Burgard, Jan Philipp/Schröder, Moritz-Marco (Hg.) (2012), *Wege in den Traumberuf Journalismus: Deutschlands Top-Journalisten verraten ihre Erfolgsgeheimnisse*, Münster.
La Roche, Walther von et al. (2013), *Einführung in den praktischen Journalismus: Mit genauer Beschreibung aller Ausbildungswege Deutschland, Österreich, Schweiz*, Wiesbaden.
Weitze, Marc-Denis et al. (2016), *Wissenschaftskommunikation. Schlüsselideen Akteure, Fallbeispiele*, Heidelberg.
Wirtz, Bernd W. (2016), *Medien- und Internetmanagement*, Wiesbaden.

Berufsverbände und Netzwerke

Bundesverband Deutscher Zeitungsverleger (BDZV): http://www.bdzv.de/
Deutscher Journalisten-Verband: https://www.djv.de/
Deutscher Presse Verband – Verband für Journalisten (DPV): https://www.dpv.org/
Deutscher Medienverband (DMV): http://www.dmv-verband.de/
Deutsche Public Relations Gesellschaft: http://www.dprg.de/

Weiterbildung

Akademie der Deutschen Medien: http://www.medien-akademie.de/
Bauhaus Universität Weimar: Medienmanagement (M.A.): http://www.uni-weimar.de/de/medien/studium/medienmanagement-mik-ciio/medienmanagement-ma
Cologne Business School: Digital Marketing (M.A.): http://www.cbs.de/de/studienangebot/masterprogramme/digital-marketing
Die Deutsche Journalistenschule: Journalismus (M.A.): http://www.djs-online.de/ausbildung/kurse/masterkurs
Fachhochschule des Mittelstands: Medienkommunikation & Journalismus (B.A.): http://www.fh-mittelstand.de/studium/medien
Fachhochschule des Mittelstands: Medienwirtschaft (B.A.): http://www.fh-mittelstand.de/studium/medien
Fachhochschule Köln: Medienrecht und Medienwirtschaft (LL.M.): http://www.medienrecht.fh-koeln.de

Fernhochschule Riedlingen: Medien- und Kommunikationsmanagement (M.A.): http://www.fh-riedlingen.de/de/fernstudium/medien-und-kommunikationsmanagement-ma
Hamburg Media School: Medienmanagement (M.A.): http://www.hamburgmediaschool.com/studium/medienmanagement-vollzeit-mba
Hochschule Fresenius: Media Management & Entrepreneurship (M.A.): http://www.hs-fresenius.de/studium/media-school/studiengaenge
MHMK Macromedia Hochschule für Medien und Kommunikation: Media and Communication Management (M.A.): http://www.macromedia-fachhochschule.de/master/medien-und-kommunikationsmanagement-ma.html
Universität Mainz: Medienmanagement (M.A.): http://www.medienmanagement-mainz.de/das-studium

Stellenausschreibungen

http://www.horizontjobs.de/
[A] http://www.medienjobs.at/
[CH] http://www.jobsource.ch/

6.5 Wirtschaft und Beratung

6.5.1 Personalerin in einem Unternehmen

Personal einstellen, Entwicklungsgespräche führen, Gesundheitsmanagement implementieren, Führungskräftetrainings konzipieren: Im Personalwesen oder in anderen Querschnittsfunktionen in Unternehmen werden zunehmend MitarbeiterInnen benötigt, die vernetzt denken und zukunftsfähige Ideen entwickeln.

Von der Sprachwissenschaftlerin zur Personalerin

Juliane ist promovierte Sprachwissenschaftlerin und arbeitet als Personalerin in einem Technologieunternehmen. Sie studierte Germanistik und Romanistik und promovierte in der Sprachwissenschaft an der Schnittstelle zwischen Textlinguistik und Soziologie. »Ich hatte diesen Forscherdrang und kam aus einem Elternhaus, in dem Mutter und Vater habilitiert waren und an der Universität gearbeitet haben«, erzählt Juliane. »Für mich war klar, dass ich eines Tages selbst Professorin werde.« Während der Promotion bekam sie ihr erstes Kind und zog wegen des Berufs ihres Mannes in einen anderen Teil von Deutschland. Ihre Professorin bot ihr nach der Promotion eine Assistentenstelle an, die sie aber wegen der großen Entfernung zu ihrer Familie nicht annehmen konnte. Die wissenschaftliche Stellensuche im Umkreis ihres neuen Wohnorts gestaltete sich schwierig. »Ich hatte den Eindruck, dass mir als Wissenschaftlerin mit Kind nicht mehr zugetraut wird, denkfähig zu sein und eine wissenschaftliche Karriere zu schaffen«, berichtet Juliane. »Darüber hinaus hatte ich sehr interdisziplinär promoviert: An meiner Verteidigung waren GutachterInnen aus vier Fakultäten beteiligt. Durch die Interdisziplinarität passte ich nicht in die fachlichen Schemata.«

Der Impuls, sich in der Industrie zu orientieren, ging von Julianes Mann aus, der als Ingenieur nach der Promotion in ein Unternehmen gewechselt war. »Ich hatte seine Stellensuche begleitet und war neugierig, welche Möglichkeiten es in dieser Branche gab«, sagt Juliane. »Meine Interessen waren schon immer interdisziplinär und anwendungsorientiert, auch in der Wissenschaft. Ich dachte, dass ich mit meinem offenen Denken und der Praxisorientierung vielleicht sogar besser in die Industrie passe.« Aus Ostdeutschland stammend hatte sie nach der Wende im Umfeld ihrer Eltern viele berufsbiografische Brüche erlebt. Als Fazit nahm sie für sich mit, dass es immer möglich ist, sich neue berufliche Wege zu erschließen.

Von einem Bekannten aus dem Unternehmen ihres Mannes bekam Juliane den Hinweis, dass das Personalwesen ein interessantes Arbeitsfeld für sie sein könnte, das auch offen für QuereinsteigerInnen sei. Sie nahm Kontakt zu mehreren großen Unternehmen im Umkreis auf und erhielt die Rückmeldung, dass sie zunächst ein Praktikum machen sollte. »Beide Seiten sollten sehen, ob das Personalwesen beziehungsweise die Firma zu mir passen und ich zu ihnen«, erzählt Juliane. »Da mein Mann gut verdiente, konnte ich mir vorstellen, zuerst ein gering bezahltes Praktikum zu machen.« Sie bewarb sich auf Praktikumsstellen und bekam zwei Angebote, obwohl der Markt sehr umkämpft war. Juliane entschied sich für das längere Praktikum, das eine Perspektive auf Übernahme auf eine feste Stelle bot. »Nach einem

Jahr haben beide Seiten festgestellt, dass wir gut zueinander passen, und ich wurde als Mitarbeiterin übernommen.«

Mitarbeiter einstellen, Führungskräfte beraten: Ein typischer Arbeitstag

Die Tätigkeit im Personalwesen eines Unternehmens ist sehr vielseitig. Juliane hat seit ihrer Einstellung verschiedene Aufgaben als Personalerin übernommen. Die Einstiegsstelle war eine klassische Personalreferentenfunktion. Sie war für die Einstellung neuer MitarbeiterInnen für die Forschungsabteilung zuständig, sichtete eingegangene Bewerbungen, führte Vorstellungsgespräche, schrieb Zeugnisse und entwickelte Führungskräftetrainings. Durch ihre Forschungserfahrung konnte sie sich leicht in ihr Arbeitsumfeld einpassen und sprach die Sprache der BewerberInnen. Nach der Elternzeit für ihr zweites Kind war Juliane an der Schnittstelle zwischen Personalthemen und Kommunikation tätig. Zum Beispiel war sie bei der Einführung eines neuen Entgeltsystems für die Kommunikation im Unternehmen zuständig, entwickelte Flyer und Trainingsunterlagen für das Gesundheitsmanagement oder die Mitarbeiterbefragung. Hier konnte sie ihre Expertise für Sprache und Kommunikation anwenden, die sie aus Studium und Promotion mitbrachte.

Nach einem Auslandseinsatz übernahm Juliane die Abteilungsleitung im Bereich Personal für einen großen Unternehmensstandort. Hier leitet sie ein Team von 18 PersonalreferentInnen, die ihrerseits für die Einstellung von Personal, Entgeltentwicklung und Mitarbeiterentwicklung zuständig sind. Inhaltlich ist sie unter anderem für die Führungskräfteberatung verantwortlich: »Ich berate Führungskräfte bei ihren Leitungsaufgaben, führe manchmal Krisengespräche und agiere wenn nötig als Vermittlerin zwischen MitarbeiterInnen und Führungskräften«, erzählt Juliane. »Ich spreche mit MitarbeiterInnen, die sich weiterentwickeln wollen, und schaue, wer von ihnen als Führungskraft geeignet ist.« Den überwiegenden Teil ihrer Arbeitszeit verbringt sie daher in individuellen Gesprächen mit MitarbeiterInnen des Unternehmens. Hinzu kommen Meetings und Termine mit ihrem Team oder auch dem Betriebsrat. Als Personalleiterin verfügt sie über große Entscheidungsspielräume. Inhaltlich hat Juliane ein wichtiges Mitspracherecht bei Einstellungen von MitarbeiterInnen und bei der Weiterentwicklung von

Führungskräften. Zudem leitet sie ihr Team an, führt Feedback-Gespräche und bewertet die Leistung ihrer MitarbeiterInnen.

Entgegen der hohen Arbeitsbelastung in vielen Arbeitsbereichen der meisten Unternehmen kann sich die Arbeitszeit in Servicefunktionen wie einer Personalabteilung meist im regulären Rahmen bewegen, erfordert aber teilweise flexiblen Einsatz in Spitzenzeiten. Julianes Wochenarbeitszeit beträgt 40 Stunden, ein Standardarbeitstag dauert von acht bis fünf, Überstunden können zeitlich ausgeglichen werden. Hinzu kommen bei ihrem Arbeitgeber flexible Arbeitszeitregelungen, wie mobiles Arbeiten und Teilzeit, auch in Führungspositionen. Die Ergebnisorientierung ist dabei wichtiger als die Präsenz. »In meinem Team arbeiten viele Mütter und Väter. Gemeinsam haben wir Spielregeln für die Nutzung der flexiblen Arbeitszeitregelungen vereinbart«, sagt Juliane. »Auch ich als Führungskraft nutze diese Regelungen, um meine Arbeit mit meinen Erziehungsaufgaben zu vereinbaren. Ich kann meine Kinder tagsüber zum Sport bringen und am Abend weiterarbeiten oder von zu Hause arbeiten, wenn eins meiner Kinder krank ist.«

Gestaltungsspielraum und Zeit für Konzeption: Licht- und Schattenseiten

Der Gestaltungsspielraum gefällt Juliane bei ihrer Tätigkeit am besten: »Als Personalchefin kann ich Dinge bewegen. Dabei ist für mich nicht das Entscheiden das Wichtigste, sondern die Rolle als Coach: Ich sehe, wie MitarbeiterInnen wachsen und wie sie als Team ihre Arbeit voranbringen können«, sagt sie. Weniger gut gefällt Juliane, dass sie als Abteilungsleiterin wenig Zeit für konzeptionelle Aufgaben hat. »Man muss schnell wieder operativ werden. Es fehlt mir, Dinge wirklich bis in die Tiefe zu durchdenken«, sagt sie. »Dann wiederum gibt es Momente, in denen es für mich sehr ins Detail geht und ich denke, es müsste alles noch schneller gehen.«

Praxiserfahrung und vernetztes Denken: Erwartete Qualifikationen

Zu den allgemeinen Kompetenzen, die man für die Tätigkeit in einem Unternehmen mitbringen muss, gehören eine hohe Einsatzbereitschaft, Teamgeist und soziale Kompetenz sowie ein gutes Kommunikationsvermögen. Hierzu zählt nicht zuletzt die Fähigkeit, mit KollegInnen konstruktiv zu kommunizieren, die einen unterschiedlichen fachlichen Hintergrund haben. Interdisziplinäre Erfahrung kann eine wertvolle Vorerfahrung für Geistes- und SozialwissenschaftlerInnen sein, etwa um die Denkweise und Sprache von IngenieurInnen oder BetriebswirtInnen zu kennen. Für internationale Unternehmen sind Auslandserfahrung, interkulturelle Offenheit und Englischkenntnisse wichtig.

Geistes- und SozialwissenschaftlerInnen werden von Unternehmen wegen ihres vernetzten Denkens geschätzt. Die Promotion belegt die Fähigkeit, Themengebiete in der Tiefe zu durchdringen und sich neue Inhalte zu erschließen. Dies ist insbesondere für Stellen, auf denen es darum geht, Zukunftsthemen zu identifizieren, eine relevante Qualifikation. Interdisziplinäre Doktorarbeiten weisen die Fähigkeit nach, Themen verknüpfen zu können. Hinzu kommt die durch eine Promotion geschulte Kompetenz, Texte systematisch aufzuarbeiten, zum Beispiel um EntscheiderInnen zu ermöglichen, wichtige Informationen auf den ersten Blick zu sehen. Darüber hinaus sind eine gute Selbstorganisation und Belastbarkeit gefragt. »Neben dem breiten Denken muss man auch die Balance hinbekommen, effizient zu sein«, erzählt Juliane. »Sich in ein Thema zu vertiefen, es mit unternehmensrelevanten Fragen zu verknüpfen und es verständlich aufzubereiten ist wichtig, aber man muss sich auch rechtzeitig auf andere relevante Themen einlassen können.«

In einigen Bereichen großer Unternehmen, wie etwa im Personalwesen, wird gezielt versucht, einen Mix aus MitarbeiterInnen mit unterschiedlichen fachlichen Hintergründen einzustellen, um sich Fragen aus verschiedenen Denkrichtungen zu nähern und um kommunikativ an unterschiedliche Bereiche andocken zu können. »Eines der Kriterien, nach denen ich eingestellt wurde, war meine Expertise im Bereich Kommunikation. Ich wurde immer wieder auf Stellen eingesetzt, auf denen ich diese Fachkenntnis gebrauchen konnte, sei es bei der Erstellung von Broschüren und Schulungsunterlagen oder beim Führen von Bewerbungs- oder Mitarbeiterentwicklungsgesprächen«, berichtet Juliane.

Neben diesen allgemeinen Qualifikationen werden spezifisches Fachwissen und Arbeitserfahrung erwartet. Diese können durch Praxiserfahrung in einem Unternehmen oder eine für den Aufgabenbereich einschlägige Weiterbildung nachgewiesen werden. Einige weiterführende Informationen zu Weiterbildungen für das Personalwesen finden Sie am Ende des Kapitels. Es ist empfehlenswert, die praktische Erfahrung bereits im Studium zu erwerben oder in Kooperation mit einem Unternehmen zu promovieren. Darüber hinaus sollte man ein wirtschaftliches Grundverständnis, auch für die Abläufe innerhalb eines Unternehmens, mitbringen. Praxiserfahrung aus der Wissenschaft kann relevant sein, wie etwa für das Personalwesen Lehrerfahrung. »Die Stellen für Geistes- und SozialwissenschaftlerInnen sind in Unternehmen nicht breit gestreut. Manchmal muss man auch Umwege in Kauf nehmen, um den Einstieg zu schaffen«, sagt Juliane. »Mein Praktikum nach der Promotion war so ein besonderer Weg.«

Praxiskontakt oder klassische Bewerbung: Das Bewerbungsverfahren

Der Weg in ein Unternehmen führt entweder über einen ersten Arbeitskontakt oder über ein reguläres Bewerbungsverfahren. Durch ein Praktikum oder eine angewandte Promotion kann man sich im Unternehmen bekanntmachen und für eine Anstellung empfehlen. Im Anschluss besteht die Möglichkeit, auch ohne weiteres Auswahlverfahren als MitarbeiterIn übernommen zu werden. Eine weitere Option für eine praktische Arbeitserfahrung, aus der sich Übernahmemöglichkeiten ergeben können, besteht darin, als FreiberuflerIn für ein Unternehmen zu arbeiten, zum Beispiel als TrainerIn für ein bestimmtes Themenfeld, als Coach für MitarbeiterInnen und Führungskräfte oder als ModeratorIn für firmeninterne Workshops.

Darüber hinaus besteht die Möglichkeit, sich auf Stellen zu bewerben, die in den Jobbörsen oder auf der Unternehmenshomepage ausgeschrieben werden. Die Bewerbungsunterlagen sollten den wirtschaftlichen Gepflogenheiten entsprechen; Vorlagen finden Sie in den gängigen Bewerbungsratgebern. Die Konkurrenz um ausgeschriebene Stellen ist insbesondere in namhaften Unternehmen groß. Im Anschreiben ist es daher wichtig, den Mehrwert darzustellen, den man für das Unternehmen bietet. Zu den Auswahlkriterien zählen Zielstrebigkeit (etwa indem Studium und Promotion zügig abgeschlossen wurden), Belastbarkeit (beispielsweise durch eine gelungene Vereinbarung von Promotion und Familie) sowie internationale Erfahrung.

KandidatInnen, die in die engere Wahl kommen, werden zu Auswahlgesprächen eingeladen. Hier ist als erste Stufe auch ein Telefoninterview möglich. In vielen Firmen gilt bei der Personalauswahl das Vieraugenprinzip, nach dem KandidatInnen sowohl mit der Personalabteilung als auch mit der Fachabteilung Gespräche führen. Für eine Stelle in der internen Kommunikation würde also zunächst ein Fachgespräch mit VertreterInnen der Kommunikationsabteilung stattfinden, in einem zweiten Schritt würde ein Gespräch mit der Personalabteilung und gegebenenfalls dem nächsthöheren Fachvorgesetzten geführt werden. Mit klassischen Bewerbungsratgebern lassen sich typische Fragen und passende Antworten für Auswahlgespräche in Unternehmen vorbereiten. Assessment-Center oder praktische Tests werden üblicherweise für die Personalauswahl bei Trainee-Stellen oder Führungspositionen verwendet. Für die im Folgenden genannten Stellen, die für promovierte Geistes- und SozialwissenschaftlerInnen infrage kommen, werden in der Regel klassische Auswahlverfahren durchgeführt.

Für die Vorbereitung des Vorstellungsgesprächs empfiehlt Juliane, sich genau mit sich selbst auseinanderzusetzen und eigene Stärken und Schwächen benennen zu können. Hierzu können auch Gespräche im Familien- und Freundeskreis hilfreich sein. Ebenso wichtig ist es, sich mit dem konkreten Stellenprofil zu beschäftigen und zu überlegen, welche spezifischen Kompetenzen und praktischen Erfahrungen man für die Stelle mitbringt und welchen Mehrwert man dem Unternehmen bieten kann. Ratsam ist auch, sich auf der Homepage über das Unternehmen zu informieren und festzustellen, ob man sich mit den Produkten und dem Image identifizieren kann. Relevant für das Auswahlgespräch kann ebenfalls sein, zu recherchieren, wie die Unternehmensstruktur aufgebaut ist und ob es sich um eine Aktiengesellschaft oder ein inhabergeführtes Unternehmen handelt. Diese Aspekte sind sowohl wichtig für die eigene Entscheidung, ob man sich mit dem Unternehmen identifizieren kann, als auch für die Präsentation, warum man zum Unternehmen passt. »Im Prinzip ist ein Vorstellungsgespräch für beide Seiten ein Verkaufsgespräch: BewerberIn und Unternehmen schauen, ob sie miteinander ins Geschäft kommen können«, sagt Juliane. »Bringt eine Bewerberin oder ein Bewerber so viel mit, dass ich sie oder ihn als Unternehmen gebrauchen kann? Macht das Unternehmen mir ein Angebot, das für mich spannend ist und wo ich denke, dass ich mich gut einbringen kann?«

Führungslaufbahn und übertarifliche Bezahlung: Karriereoptionen

In Unternehmen gibt es verschiedene Einsatzmöglichkeiten für promovierte Geistes- und SozialwissenschaftlerInnen, zum Beispiel in der Kommunikationsabteilung, als PressesprecherIn oder für die interne Kommunikation. Hinzu kommen das Personalwesen und der Weiterbildungsbereich, in dem Trainings entwickelt und umgesetzt werden. Große Unternehmen verfügen zusätzlich über kleinere Arbeitsgebiete, wie Corporate Social Responsibility, die Koordination des internen Kulturangebots, einen Übersetzungsbereich oder ein Archiv. Angesichts der beschleunigten wirtschaftlichen und gesellschaftlichen Entwicklung werden zunehmend Stellen für die interne Organisationsentwicklung und Unternehmensweiterentwicklung geschaffen, die sich unter anderem mit den für das Unternehmen relevanten Trends der Zukunft befassen.

Stellen in Wirtschaftsunternehmen werden in der Regel unbefristet vergeben. Das Gehalt wird anhand der Tarifverträge der Branche festgelegt, Führungspositionen werden außertariflich bezahlt. In jährlichen Mitarbeitergesprächen geben Führungskräfte ihren MitarbeiterInnen Feedback zu deren Leistung. Daran sind oft Leistungszulagen oder Gehaltserhöhungen geknüpft. Aufstiegsmöglichkeiten sind insbesondere in größeren Unternehmen gegeben. Gerade für promovierte Geistes- und SozialwissenschaftlerInnen sieht Juliane gute Karriereperspektiven: »Wenn man erst einmal den Einstieg geschafft hat, hat man einen *unique selling point*: In Technologieunternehmen ist die Mehrheit der MitarbeiterInnen technisch geprägt. Für die Querschnittsfunktionen sind die meisten von ihnen nicht passend ausgebildet. Gerade promovierte Geistes- und SozialwissenschaftlerInnen sind in der Lage, solche Positionen besonders gut auszufüllen, weil sie anschlussfähig sind und vernetzt denken können.«

Zukunftsfähiges Denken wird relevanter: Entwicklungen im Berufsfeld

Technologieunternehmen diskutieren in den letzten Jahren verstärkt darüber, dass in der sich immer schneller verändernden Welt für ihre Zukunftsfähigkeit nicht nur technisches Know-how entscheidend ist, sondern auch klassische geistes- und sozialwissenschaftliche Werte. »Die Fähigkeit, sich zu adaptieren, über den heutigen Horizont hinauszudenken, interdisziplinär zu arbeiten, wird immer wichtiger«, sagt Juliane. »Darin liegt meiner Meinung nach eine große Chance für breit denkende, gut kommunizierende Geistes- und SozialwissenschaftlerInnen. Die Anerkennung für diese Kompetenzen steigt in den Unternehmen, und damit haben sie gute Chancen.«

Von der Wissenschaftlerin zur Personalerin

Als Personalerin in einem Unternehmen kann Juliane einige Inhalte aus ihrer Promotion verwenden: »Erkennen, wie Kommunikation funktioniert, sprachlich und nichtsprachlich, ist sehr wertvoll. Auch das praktische Werkzeug, wie ich Wissen weitervermitteln kann, wende ich als Personalerin und Führungskraft in meiner täglichen Arbeit an.« Darüber hinaus hat sie sich in der Wissenschaft angeeignet, sich Themen systematisch zu erarbeiten und aufzubereiten. »Mit der Promotion habe ich gelernt, wie ich ein schwieriges, komplexes und innovatives Thema innerhalb einer bestimmten Zeit zu Ende bringen kann. Projektarbeit und neue Ideen sind auch in der Wirtschaft sehr wichtig.«

Der größte Unterschied zur Wissenschaft ist für Juliane, dass sie in ihrem Unternehmen operativ agieren muss, nicht immer die Zeit hat, alles bis zum Letzten zu durchdenken, und schnelle Entscheidungen treffen muss. »Dabei spielt auch immer die wirtschaftliche Komponente hinein: Natürlich muss man auch in der Wissenschaft beispielsweise bei einem Projektantrag begründen, wozu die Mittel eingesetzt werden sollen. Aber im Unternehmen muss man immer beweisen, dass das, was man tut, wirtschaftlich ist«, sagt Juliane.

REFLEXIONSFRAGEN

Welche Qualifikationen und Kompetenzen bringe ich mit, die in diesem Berufsfeld gebraucht werden?

―――――――――――――――――――――――――――――――――――――――

―――――――――――――――――――――――――――――――――――――――

―――――――――――――――――――――――――――――――――――――――

Welche praktischen Erfahrungen habe ich gesammelt, die für dieses Berufsfeld relevant sind?

_____
_____
_____

Meine Kontakte in diesem Berufsfeld:

_____
_____
_____

Weiterführende Informationen

Literaturhinweise

Becker, Manfred (2013), *Personalentwicklung. Bildung, Förderung und Organisationsentwicklung in Theorie und Praxis*, Stuttgart.
Berthel, Jürgen (2013), *Personal-Management. Grundzüge für Konzeptionen betrieblicher Personalarbeit*, Stuttgart.
Menden, Stefan (2015), *Das Insider-Dossier: Auswahlverfahren bei Top-Unternehmen: Assessment Center und anspruchsvolle Einstellungstests erfolgreich meistern*, Köln.
Rosenberger, Bernhard (Hg.) (2013), *Modernes Personalmanagement. Strategisch – operativ – systemisch*, Wiesbaden.
Wegerich, Christine (2015), *Strategische Personalentwicklung in der Praxis. Instrumente, Erfolgsmodelle, Checklisten, Praxisbeispiele*, Heidelberg.

Berufsrelevante Zeitschriften

Personalmagazin: http://www.haufe.de/personal/zeitschrift/personalmagazin/bookshelf_48_88944.html
Personal im Fokus: http://www.personal-im-fokus.de
Human Resources Manager Magazin: http://www.humanresourcesmanager.de/magazin
HR Performance: http://www.hrperformance-online.de/zeitschrift
Arbeit und Arbeitsrecht: http://www.arbeit-und-arbeitsrecht.de
Personalführung: http://www.dgfp.de/wissen/magazin
Personalwirtschaft: http://www.personalwirtschaft.de

Personal Quarterly: http://www.haufe.de/personal/zeitschrift/personalquarterly/bookshelf_48_88954.html

Berufsverbände und Netzwerke

Bundesverband der Personalmanager (BPM): http://www.bpm.de/
Deutsche Gesellschaft für Personalführung (DGFP): http://www.dgfp.de/start
Deutsche Gesellschaft für Personalwesen (dgp): http://www.dgp.de/

Weiterbildung

Europäische Fachhochschule Rhein/Erft: Berufsbegleitender Master Human Resource Management: http://www.eufh.de/berufsbegleitende-masterstudiengaenge/berufsbegleitender-studiengang-human-resources-management-master.html#Studienprofil
Hochschule für Technik und Wirtschaft (HTW) Dresden: MBA Human Resource Management (berufsbegleitend): http://bildung.mediaproject.de/ausbildungstudium/berufsbegleitende-studiengaenge/mba-human-resource-management/
LMU München: Berufsbegleitender Executive Master of Human Resource Management: http://www.hrmaster.bwl.uni-muenchen.de/index.html
Ruhr-Universität Bochum: Berufsbegleitender Master of Arts Human Resource Management: http://www.akademie.ruhr-uni-bochum.de/de/content/master-arts-human-resource-management
TU Kaiserslautern: Master-Fernstudiengang Personalentwicklung: http://www.zfuw.uni-kl.de/fernstudiengaenge/human-resources/personalentwicklung/
Zahlreiche private Anbieter bieten Weiterbildungen zum Personalmanagement an.

Stellenausschreibungen

http://www.monster.de/
http://www.simplyhired.de/
https://www.stepstone.de/
http://www.jobrobot.de/

Weitere Stellenausschreibungen finden Sie auf den Webseiten der Unternehmen.

6.5.2 Unternehmensberaterin

Wer analytisch denkt, Einsatzbereitschaft zeigt und Vielseitigkeit schätzt, findet in Unternehmensberatungen interessante Arbeitgeber. Promovierte Geistes- und SozialwissenschaftlerInnen bereichern mit ihrer Denkweise die Branche, müssen aber bereit sein, sich von Grund auf in neue Methoden und Arbeitsweisen einzuarbeiten.

Von der Kunsthistorikerin zur Unternehmensberaterin

Michaela ist promovierte Kunsthistorikerin und arbeitet als Unternehmensberaterin. Sie studierte an Universitäten in Deutschland, den USA und Spanien. Da das Thema ihrer Magisterarbeit sie fesselte, beschloss sie, zu promovieren und warb für die Promotion mehrere Stipendien – auch für Forschungsaufenthalte im Ausland – ein. Während ihrer Doktorarbeit fühlte sich Michaela oft als Einzelkämpferin. »Bei meinem Forschungsaufenthalt in Spanien oder auf Konferenzen im Ausland hatte ich sehr guten Austausch zu meinem Thema, aber in Deutschland gab es sehr wenige andere, die in diesem Kontext forschten«, erzählt sie. »Ich hatte mit meinem Stipendium die komfortable Situation, dass ich mich voll meinem Thema widmen konnte. Allerdings war das manchmal auch ziemlich einsam, und mir war klar, dass ich auf Dauer nicht so arbeiten möchte.« Darüber hinaus stellte sie fest, dass sie Themen und Projekte schätzt, bei denen sie schneller Ergebnisse sieht, als das im wissenschaftlichen Arbeitsprozess die Regel ist.

Michaelas ursprüngliches Berufsziel war Journalistin, und so hatte sie bereits während des Studiums Praktika in diesem Feld gemacht. Während der Promotionszeit absolvierte sie ein dreimonatiges Praktikum im Bereich strategische Planung bei einer PR-Agentur. Aus Interesse nahm sie auch am Recruiting-Seminar einer Unternehmensberatung für Promovierende teil. Nach Beendigung ihrer Dissertation hatte Michaela ein Angebot der PR-Agentur vorliegen, für die sie bereits gearbeitet hatte. Um einen besseren Überblick über ihre Optionen zu bekommen, bewarb sie sich bei weiteren PR-Agenturen und bei Unternehmensberatungen. »Ich recherchierte, welche der führenden Unternehmensberatungen GeisteswissenschaftlerInnen einstellen und wurde zu mehreren Vorstellungsgesprächen eingeladen. Während der Gespräche wurde mir bewusst, wie interessant die Arbeit bei einer Unternehmensberatung für mich sein könnte.« Sie bekam zwei Stellenangebote und entschied sich für die Unternehmensberatung, die internationaler aufgestellt war und die für sie interessantere thematische Fokussierung hatte. Auch Unternehmenskultur und KollegInnen waren ihr dort sympathisch.

Projektarbeit beim Kunden und im Büro: Ein typischer Arbeitstag

Zu Beginn ihrer Tätigkeit waren Michaela die Herangehens- und Denkweise einer Unternehmensberatung noch fremd. Nach einem intensiven Grundlagentraining wurde ihr jedoch gleich beim ersten Projekt viel Verantwortung übertragen. Es ging darum, für den Vertrieb eines Konsumgüterunternehmens ein neues Vergütungssystem zu konzipieren. »Das erste halbe Jahr habe ich ziemlich rotiert, aber auch viel gelernt«, berichtet Michaela. »Die großen Unternehmensberatungen sind sehr gut darin, den Lernprozess zu unterstützen.« Innerhalb kurzer Zeit war sie von ihrer neuen Tätigkeit begeistert. »Ich kooperiere gern mit dem Kunden, ich entwickle gern Lösungen, arbeite gern im Team. Auch der intellektuelle Anspruch, dass man immer wieder herausgefordert wird, um die beste Lösung zu finden, hat mir gefallen und meinen Ehrgeiz geweckt.« Schnell entdeckte sie ein Themenfeld, auf das sie sich spezialisieren wollte und arbeitete in einer Praxisgruppe mit KollegInnen zusammen, die ExpertInnen für die Branche waren.

Michaelas typische Arbeitswoche als Berufseinsteigerin war durch die Arbeit beim Kunden strukturiert: »Montags bin ich zum Kunden geflogen, und Donnerstagabend wieder zurück. Freitags habe ich vom Büro aus gearbeitet«, erzählt sie. Der Beratungsprozess selbst umfasst üblicherweise folgende Schritte: Zunächst wird unter anderem auf der Basis von Unternehmensdaten und Interviews eine Situationsanalyse durchgeführt. Danach wird mit dem Soll-Zustand das gewünschte Ziel beschrieben. Auf dieser Grundlage werden Lösungsstrategien erarbeitet, die zum Abschluss dem Vorstand oder der Geschäftsführung des Unternehmens präsentiert werden. Teilweise begleiten die UnternehmensberaterInnen auch die Umsetzung der entwickelten Strategien. Das Arbeitsvolumen ist in den großen Unternehmensberatungen sehr hoch. »Morgens haben wir meist zwischen acht und neun Uhr angefangen. Besonders die ersten drei Abende in der Woche waren sehr intensiv: Wenn das Projekt gut lief, bin ich zwischen 21 und 22 Uhr ins Hotel gekommen. Oft fanden aber abends noch Meetings statt, nach denen man für den nächsten Tag einen Arbeitsauftrag fertigstellen musste«, erzählt Michaela.

Nach rund drei Jahren nahm sie einen *leave*, einen unbezahlten Urlaub, den viele Unternehmensberatungen ihren MitarbeiterInnen anbieten. In dieser Phase setzte Michaela sich mit ihren beruflichen Perspektiven und Zielen auseinander. Sie beschloss, die Unternehmensberatung zu verlassen und in einem Kooperationsprojekt zwischen einer Hochschule und Unternehmen zu arbeiten, das ihr Sinnhaftigkeit, größeren Gestaltungsspielraum und die Gelegenheit zur Personalführung bot. Heute ist Michaela bei einer kleineren Beratungsfirma tätig, die ihren hohen inhaltlichen Anspruch mit einem nachhaltigen, kundenorientierten Ansatz und Gestaltungsspielraum verbindet. Die Zusammenarbeit mit ihren Kunden ist hier deutlich intensiver und meist längerfristig. Gleichzeitig werden Projekte auch oft workshopbasiert durchgeführt, sodass sich ihre Reisetätigkeit reduziert hat.»Ich bin in der Regel nur noch ein bis zwei Nächte pro Woche unterwegs, die übrige Zeit bin ich im Büro und bereite Workshops vor oder arbeite mit den Ergebnissen weiter«, sagt Michaela.»Inzwischen bin ich auf einer höheren Hierarchieebene und arbeite viel selbstgesteuerter und eigenständiger, das ist mir sehr wichtig.«

Thematische Vielfalt und Gestaltungsspielraum: Licht- und Schattenseiten

An der Tätigkeit als Unternehmensberaterin gefällt Michaela die Vielfalt der Themen am besten.»Ich genieße die Herausforderung, mich immer wieder mit neuen Themen und Fragestellungen auseinanderzusetzen. Das wird nie langweilig«, erzählt Michaela.»Veränderungen begeistern mich. Es ist befriedigend zu sehen, was unsere Arbeit in einer Organisation bewirken kann.« Weniger gut gefallen hatte ihr der geringe Gestaltungsspielraum bei einer großen Unternehmensberatung.

Analytische Fähigkeiten und Feedback-Affinität: Erwartete Qualifikationen

Für die Arbeit in einer Unternehmensberatung sind ausgeprägte analytische Fähigkeiten eine zentrale Voraussetzung. Zu den erforderlichen Kernkompetenzen gehören auch mentale Flexibilität, um sich dem Problem bei der Suche nach der optimalen Lösung aus unterschiedlichsten Perspektiven nähern zu können, die Fähigkeit, komplexe Inhalte strukturiert darstellen zu können sowie eine Affinität für Zahlen. Neben diesen intellektuellen Fähigkeiten suchen Unternehmensberatungen Personen, die über eine große Ausdauer verfügen. »Es geht darum, sich nicht mit dem ersten Ergebnis zufrieden zu geben, sondern es zu hinterfragen und nach einer noch besseren Lösung zu suchen«, sagt Michaela. »Die ersten Jahre in einer Unternehmensberatung sind ein enormer Lern- und Entwicklungsprozess. Darauf muss man sich einlassen können. Gesucht werden *high potentials*, die bereit sind, sich innerhalb kurzer Zeit persönlich und fachlich weiterzuentwickeln.«

Eine weitere wichtige Voraussetzung für die Tätigkeit bei einer Unternehmensberatung ist Sozial- und Kommunikationskompetenz. »In der Zusammenarbeit mit dem Kunden braucht man Empathie und die Fähigkeit, Zwischentöne zu hören. Wir bieten unseren Kunden externes Knowhow und klassische unternehmensberaterische Werkzeuge. Zusätzlich liegt meiner jetzigen Beratungstätigkeit der Gedanke zugrunde, dass die »Lösung« oft schon im System des Kunden existiert, und es gemeinsam zu klären gilt, wie man sie herausarbeiten kann«, erzählt Michaela. »Dabei nehme ich oft eher eine moderierende Rolle ein und arbeite auch mit Fragetechniken, die ich mir in einer Coaching-Ausbildung angeeignet habe.« Die Akquise von neuen Aufträgen gehört ab einer gewissen Erfahrungsstufe zu den Anforderungen an UnternehmensberaterInnen. Hierfür ist es zum einen notwendig, Expertise aufzubauen und ein eigenes Themenfeld zu besetzen, zum anderen ist die Fähigkeit gefragt, Netzwerke zu knüpfen und zu pflegen. Die Promotion wird von Unternehmensberatungen als Beleg für strukturiertes, analytisches Vorgehen, Qualitätsbewusstsein und Belastbarkeit gern gesehen. Im Beratungskontext vermittelt der Doktortitel dem Kunden Kompetenz.

Auswahlgespräche und Case Studies: Das Bewerbungsverfahren

Große Unternehmensberatungen führen mehrstufige Auswahlverfahren durch, mit denen sie pro Jahr bis zu 200 neue MitarbeiterInnen rekrutieren. Aufgrund der großen Bewerberzahlen und der harten Auswahlkriterien stellt bereits die Auswahl anhand der schriftlichen Bewerbungsunterlagen eine große Hürde dar. Auswahlkriterien sind ein stringenter Lebenslauf mit zügig absolvierten Stationen, sehr gute Abschlussnoten, Auslandserfahrung sowie berufspraktische Erfahrung. Die Auswahlgespräche sind sehr aufwändig gestaltet und dauern meist ein bis zwei Tage. Bei Michaelas erstem Arbeitgeber wurde die Interviewrunde mit einem Vortrag zum Beratungsunternehmen eingeleitet. Danach fanden drei Gespräche statt, die von BeraterInnen geführt wurden. Dies bot ihr die Gelegenheit, potenzielle KollegInnen kennenzulernen und Rückfragen zum Arbeitsalltag in der Unternehmensberatung zu stellen.

In der zweiten Runde fanden vier weitere einstündige Gespräche statt, davon eines auf Englisch. Die Interviews begannen mit einem zwanzigminütigen biografischen Teil zu Motivation, Interessen und beruflichen Zielen. In den übrigen 40 Minuten wurde jeweils eine *case study* durchgeführt, die die Fähigkeit zur Strukturierung von Aufgabenstellungen und Analysefähigkeit der BewerberInnen testete. Hierbei ging es nicht primär darum, die richtige Lösung zu finden, sondern den Lösungsweg logisch herzuleiten. Es wurde darauf geachtet, wie die BewerberInnen das Thema strukturieren, wie hypothesengetrieben sie herangehen und welche Fragen sie den InterviewerInnen zum Thema stellen. Für die enge Zusammenarbeit im Team und mit dem Kunden spielte auch Sympathie bei der Auswahl eine wichtige Rolle. »Das Auswahlverfahren war sehr wertschätzend gestaltet. Auch die Rückmeldung, ob man im Verfahren weitergekommen war, erfolgte sehr schnell«, erzählt Michaela.

Für eine Bewerbung in der Consultingbranche sollte man sich im Vorfeld gut über die inhaltliche Ausrichtung und die Arbeitsweise der jeweiligen Beratungsfirma informieren. Einige Unternehmensberatungen haben sich auf den Bildungssektor oder die öffentliche Verwaltung spezialisiert. Hier kann die Feldkompetenz aus der Wissenschaft eine wertvolle Vorerfahrung darstellen. Manche Beratungsfirmen suchen dezidiert BeraterInnen, die bereits über Berufserfahrung, idealerweise in einer Unternehmensberatung, verfügen. Um die Bewerbungschancen zu vergrößern und um eine realistische Einschätzung der Art des Arbeitens zu bekommen, empfiehlt Michaela, möglichst schon während des Studiums ein Praktikum bei einer Unternehmensberatung zu absolvieren. Literaturhinweise zur Bewerbung bei Unternehmensberatungen finden Sie am Ende dieses Kapitels. »Wenn ich nochmal am Berufsanfang stünde, würde ich wieder zu einer der großen Unternehmensberatungen gehen. Die Zeit dort weiß ich auch als wertvolle Ausbildung zu schätzen«, sagt Michaela.

Partner werden oder zum Kunden wechseln: Karriereoptionen

2015 waren nach Angaben des Bundesverbands Deutscher Unternehmensberater (BDU) insgesamt knapp 134.000 MitarbeiterInnen in der Consultingbranche beschäftigt. Die Zahl der BeraterInnen betrug etwa 110.000, davon waren 23.300 als JuniorberaterInnen in den Beratungsunternehmen angestellt.[53] Wie Michaelas Arbeitgeber zeigen, ist der Arbeitsalltag je nach Größe und Kultur des Beratungsunternehmens sehr unterschiedlich. Bei großen Beratungsfirmen fallen bereits die Einstiegsgehälter hoch aus. Eine abgeschlossene Promotion wird unabhängig vom Fach honoriert. Aufstiegsmöglichkeiten und entsprechende Gehaltserhöhungen werden je nach Beratungsunternehmen einmal pro Jahr oder Halbjahr evaluiert. Typisch für große Unternehmensberatungen ist das Up-or-out-System, ein Karrieremodell, bei dem MitarbeiterInnen entweder die nächsthöhere Hierarchiestufe erreichen oder die Firma verlassen müssen. »Im System steckt viel Druck, gut bewertet zu werden«, sagt Michaela »Wenn man leistungsorientiert ist und aufsteigen will, hat man sehr gute Möglichkeiten, sich schnell zu entwickeln.« In kleineren Beratungsunternehmen fallen Einstiegsgehälter in der Regel niedriger aus, und auch die Gehaltssteigerungen sind meist weniger hoch. Während im Up-or-out-System der großen Unternehmensberatungen für die meisten BeraterInnen früher oder später der Zeitpunkt kommt, die Firma zu verlassen und beispielsweise in ein Unternehmen zu wechseln, bieten kleinere Unternehmensberatungen auch langfristige Berufsperspektiven.

Trotz Wirtschaftsschwankungen stabil: Entwicklungen im Berufsfeld

Die Unternehmensberatungsbranche ist von der wirtschaftlichen Entwicklung für Unternehmen abhängig. In Krisenzeiten werden einerseits weniger Aufträge für Wachstumsthemen oder Innovationsprojekte vergeben und Tagessätze oder Budgets heruntergehandelt, andererseits boomen in diesen Phasen Restrukturierungsprojekte, die die Kosten von Unternehmen senken sollen. Insofern ist die Branche recht stabil. Abhängig von der Wirtschaftslage verändern sich die Themen der Beratungsprojekte. Möglicherweise werden sich mit einer neuen Generationen von MitarbeiterInnen, die einen anderen Anspruch an ihre Work-Life-Balance haben, die Arbeitsbedingungen ändern. »Auch der Hype auf Start-ups als Arbeitgeber ist derzeit groß. Ich glaube aber, dass die großen Unternehmensberatungen keine Probleme haben werden, MitarbeiterInnen zu finden, die ihrem Arbeitsmodell entsprechen«, sagt Michaela.

Von der Wissenschaftlerin zur Unternehmensberaterin

Zwischen ihren Tätigkeiten als Wissenschaftlerin und als Unternehmensberaterin sieht Michaela wenige Parallelen: »Man könnte sagen, dass ich noch immer mit Quellen arbeite. Aber ich nehme unterschiedliche Blickwinkel ein: Als Kunsthistorikerin habe ich explorativ geschaut, welche Thesen ich aus den Quellen entwickeln kann. Heute gehe ich eher hypothesengetrieben an Themen heran und versuche diese Hypothesen zu validieren«, berichtet Michaela. Für die Arbeit in der Unternehmensberatung hat sie sich beruflich in ein ganz neues Methodenspektrum, in neue Inhalte und Herangehensweisen eingearbeitet.

Reflexionsfragen

Welche Qualifikationen und Kompetenzen bringe ich mit, die in diesem Berufsfeld gebraucht werden?

Welche praktischen Erfahrungen habe ich gesammelt, die für dieses Berufsfeld relevant sind?

Meine Kontakte in diesem Berufsfeld:

Weiterführende Informationen

Literaturhinweise

Andler, Nicolai (2015), *Tools für Projektmanagement, Workshops und Consulting: Kompendium der wichtigsten Techniken und Methoden*, Erlangen.

e-fellows.net (2016), *Perspektive Unternehmensberatung 2017: Case Studies, Branchenüberblick und Erfahrungsberichte zum Einstieg ins Consulting*, München.

Hartenstein, Martin et al. (2013), *Der Weg in die Unternehmensberatung: Consulting Case Studies erfolgreich bearbeiten*, Wiesbaden.

Lippold, Dirk (2015), *Die Unternehmensberatung: Von der strategischen Konzeption zur praktischen Umsetzung*, Wiesbaden.

Menden, Stefan (2017), *Das Insider-Dossier: Bewerbung bei Unternehmensberatungen: Consulting Cases meistern*, Köln.

Reineke, Tanja et al. (2017), *Das Insider-Dossier: Consulting Case-Training: 30 Übungscases für die Bewerbung in der Unternehmensberatung*, Köln.

Schlattmann, Ulrich et al. (2017), *Das Insider-Dossier: Consulting Survival Guide: Karriere in der Unternehmensberatung. Die ersten Schritte als Consultant erfolgreich meistern*, Köln.

Springer Fachmedien (Hg.) (2013), *77 Keywords Consulting: Grundwissen für Unternehmensberater*, Wiesbaden.

Töpper, Verena (2014), *Consulting Cookbook: Der Guide zum Einstieg in die Unternehmensberatung*, Frankfurt/New York.

Berufsverbände und Netzwerke

Bundesverband Deutscher Unternehmensberater BDU: http://www.bdu.de/

BVW-Der Beraterverband: http://www.beratungsspezialisten.de/
Die KMU-Berater – Bundesverband freier Berater e. V.: https://www.kmu-berater.de/startseite.html

Übersicht der Unternehmensberatungen in Deutschland

http://www.bdu.de/wie-wir-sie-unterstuetzen/wie-wir-unternehmen-unterstuetzen/beraterdatenbank/

Weiterbildung

Bundesverband Deutscher Unternehmensberater: http://www.bdu.de/wie-wir-sie-unterstuetzen/wie-wir-berater-unterstuetzen/veranstaltungen/
Steinbeis School of Management and Technology Berlin: Master of Science in Controlling and Consulting (MCC): http://www.scmt.com/studieninteressenten/master/msc-mcc/
Hochschule Harz: Master Business Consulting: https://www.hs-harz.de/studium/master-business-consulting/
Universität Heidelberg: berufsbegleitender Masterstudiengang Berufs- und organisationsbezogene Beratungswissenschaft: http://www.beratungswissenschaft.de/
Duale Hochschule Baden-Württemberg: B.A. BWL-Dienstleistungsmanagement/Consulting & Services: http://www.dhbw-stuttgart.de/themen/bachelor/fakultaet-wirtschaft/bwl-dlm-consulting-services/profil/
Duale Hochschule Baden-Württemberg: M.A. Business Management in der Studienrichtung Dienstleistungen/Consulting: http://www.cas.dhbw.de/mbm-dienstleistungen/
Hochschule Offenburg: MBA International Business Consulting: http://www.cas.dhbw.de/mbm-dienstleistungen/
Hochschule Wismar: Fernstudium Master Business Consulting: https://www.wings.hs-wismar.de/de/fernstudium_master/business_consulting

Stellenausschreibungen

http://www.consulting-jobs.de/
http://www.consulting-stellen.de/
http://www.jobconsult.de/jobconsultde/jobsuche/

6.5.3 Selbständig als Trainer

> *Tun, was genau Ihr Ding ist: Mit dem richtigen »Produkt«, mit Expertise, Selbstdisziplin und Akquisestrategien kann eine berufliche Selbständigkeit gelingen. Als TrainerIn wechseln sich für Sie Seminar- und Bürotage ab, Freude am Umgang mit Menschen ist dabei genauso gefragt wie eine didaktische Ausbildung.*

Vom Philosophen zum Trainer

Malte ist promovierter Philosoph und arbeitet als selbständiger Trainer. Er studierte Philosophie, Anglistik und Psychologie an verschiedenen Universitäten in Deutschland und Großbritannien. Nach seinem Magisterabschluss promovierte er im Rahmen einer interdisziplinären Graduiertenschule. Während der Promotion wurde ihm klar, dass er keine wissenschaftliche Karriere anstreben würde: »Ich habe gesehen, wie schwer das in der Philosophie ist und wollte lieber etwas Praktisches machen«, erzählt Malte. »Eine unbefristete Stelle in der Lehre, wie in anderen Hochschulsystemen, hätte mir Spaß gemacht. Als Trainer mache ich jetzt genaugenommen dasselbe wie in der Wissenschaft: Ich unterrichte die Grundlagen der Philosophie – wenn auch in einem anderen Rahmen.«

Die Graduiertenschule stellte Malte nach Abgabe der Doktorarbeit eine Überbrückungsfinanzierung von sechs Monaten zur Verfügung, um ein Projekt für eine Postdoc-Stelle auszuarbeiten. Er nutzte diese Zeit, um an einem Projekt zu arbeiten und seine Dissertation als Buch zu veröffentlichen. Danach wählte er jedoch den Sprung ins kalte Wasser: Malte verließ die Wissenschaft ohne einen klaren Plan, was er beruflich machen wollte. Er verbrachte ein halbes Jahr in Südamerika, um Spanisch zu lernen und ein Praktikum bei einer Nichtregierungsorganisation zu absolvieren. Zurück in Deutschland arbeitete er zunächst für ein geringes Gehalt bei mehreren Nichtregierungsorganisationen, seinen Lebensunterhalt finanzierte er durch zusätzliche Jobs. Während dieser Zeit kam Malte die Idee, ein Seminar zum Thema Argumentieren zu entwerfen: »Schon während Studium und Doktorarbeit habe ich in Texten am liebsten die Argumente auseinandergenommen. In der Nichtregierungsorganisation habe ich gemerkt, dass es sehr nützlich für andere Leute wäre, die Argumentationstechniken zu kennen, die man in der Philosophie benutzt.«

Er konzipierte ein Wochenendseminar, in dem es darum gehen sollte, Argumente zu analysieren und klar darzustellen, organisierte einen Seminarraum und lud KollegInnen und FreundInnen ein teilzunehmen. »Das Seminar funktionierte sehr gut und die TeilnehmerInnen waren begeistert. Deshalb habe ich bei der Volkshochschule angefragt, ob sie Interesse an meinem Seminar hätten, und sie haben mich sofort ins Programm genommen«, sagt Malte. Danach wollte er seine Seminaridee auch in Unternehmen ausprobieren und bekam bei der Krankenkasse, bei der sein Vater gearbeitet hatte, die Möglichkeit, das Argumentationstraining für Führungskräfte auf verschiedenen Ebenen anzubieten.

Da die Seminare erfolgreich waren, sah Malte die Chance, sich mit der Idee selbständig zu machen. Aufgrund der Dreifachbelastung – der Arbeit in der Nichtregierungsorganisation, den Jobs und dem Training für Volkshochschule und Krankenkasse – kam er nicht mit dem Projekt voran. »Da habe ich die Entscheidung gefasst, meine Jobs zu kündigen, mich arbeitssuchend zu melden und mich mit ganzer Kraft auf die professionelle Gründung meines Unternehmens zu konzentrieren«, berichtet Malte. »Wenn ich zurückblicke, war das genau die richtige Entscheidung.«

Gründercoaching und Zielgruppensuche: Der Weg in die Selbständigkeit

Die Entscheidung für die berufliche Selbständigkeit nahm Malte nicht als großen Schritt wahr: »Ich hatte mit vielen Menschen über das Thema Argumentieren gesprochen. Die meisten wünschten sich, besser argumentieren zu können, oder würden gern politische Argumente in Zeitungen oder Talkshows auf ihre Gültigkeit überprüfen. Ich hatte den Eindruck, dass es ein großes Interesse an dem Thema gibt, gleichzeitig wusste ich, dass niemand in Deutschland so etwas anbietet.« Bewusst entschied er sich für die Strategie, schrittweise vorzugehen und sein Konzept zunächst im kleineren Maßstab zu testen. Erst auf dieser Erfahrungsgrundlage machte er Werbung für sich und trat an weitere Zielgruppen heran.

Wichtiger Meilenstein war die Teilnahme an einem Businessplan-Wettbewerb in Maltes Region. In diesem Rahmen entwickelte er innerhalb von vier Wochen einen Businessplan und konnte an Unterstützungsangeboten des Programms teilnehmen. Er bekam einen Unternehmensberater und einen Gründungscoach zur Seite gestellt, die ihn Schritt für Schritt durch die Planung seiner Firma führten. Über das Programm beantragte Malte eine Zuschussfinanzierung bei einer beteiligten Gründerbank, sodass er sich über mehrere Monate hinweg regelmäßig durch den Unternehmensberater coachen lassen konnte. »Die Begleitung durch spezialisierte Coaches während der Gründungsphase kann ich unbedingt empfehlen. Sie hat mich inhaltlich vorangebracht und angetrieben weiterzumachen«, sagt Malte. Der Berater gab ihm bei jedem Treffen Aufgaben für die nächsten Schritte, zum Beispiel, zu recherchieren, was die wichtigsten Eigenschaften seiner Zielgruppe sind, eine Marktanalyse zu erstellen, herauszufinden, welche Honorare andere Trainer nehmen und wie teuer ihre Seminare sind. Parallel überlegte er sich einen Firmennamen und erarbeitet mit einer Designerin aus seinem Bekanntenkreis Logo und Webseite.

»Kurzfristig bin ich ein bisschen größenwahnsinnig geworden und habe einen Stand bei Europas größter Personalmesse aufgebaut«, erzählt Malte. »Ich dachte, dass ich Kunden gewinnen muss und habe mir Geld von meinen Eltern für den Messeauftritt geliehen.« Er gestaltete mit der Designerin Poster, Aufsteller und Flyer. Sein Plan war, möglichst viele Menschen anzusprechen und KundInnen für offene Seminare zu gewinnen. Hierfür hatte er Seminarräume reserviert und sich ein Kostenmodell mit Rabatten für TeilnehmerInnen, die den Kurs auf der Messe buchen würden, überlegt. »Das war ein Reinfall: Keins dieser Seminare ist zustande gekommen, weil ich viel zu hohe Preise hatte«, sagt Malte. »Ich hatte die Honorare von etablierten Trainingsinstituten angesetzt. Als EinsteigerIn muss man günstiger anfangen.« Trotzdem beurteilt er die Messe als gute Erfahrung, da er durch sie eine Frist hatte, um Webseite, Flyer und andere Materialien fertigzustellen.

Nach der Karrieremesse begann Malte mit einer systematischen Kundenakquise. Er recherchierte Einrichtungen, an denen er seine Seminare anbieten wollte, erstellte Kontaktlisten und telefonierte sie der Reihe nach ab. Zunächst bot er die Kurse an Journalistenschulen und Presseakademien an, fand dort aber keine Abnehmer. Durch einen Zufall stieß er auf die Zielgruppe der Promovierenden: »Ich hatte gedacht, dass DoktorandInnen schon genug über Logik wissen. Dann wurde ich bei meiner ehemaligen Graduiertenschule zu einer Veranstaltung eingeladen, bei der ich als Alumnus über meinen Werdegang berichten sollte«, erzählt Malte. »Das Ergebnis war, dass alle Promovierenden an meinem Seminar teilnehmen wollten. Also engagierte mich die Graduiertenschule für ein Training. Da wurde mir plötzlich klar, dass das genau der richtige Markt für meine Seminaridee ist.«

Von diesem Zeitpunkt an machte Malte systematisch Werbung bei Graduiertenschulen und weiteren Hochschuleinrichtungen. Bereits nach einem halben Jahr hatte er mit seinem Konzept und den passenden Auftraggebern eine finanzielle Basis geschaffen, von der er mit seiner Familie leben konnte. Seitdem steigert sich die Zahl seiner Aufträge kontinuierlich. Er arbeitet für Stammkunden und gewinnt neue Kunden hinzu. Inzwischen hat er so viele Aufträge, dass er den Bedarf kaum alleine abdecken kann. Auch methodisch entwickelt Malte sich durch eine Trainerausbildung weiter. »Ich hatte immer den Eindruck, wenn ich auf die richtigen Leute treffe und eine professionelle Akquise mache, dann funktioniert meine Geschäftsidee«, sagt Malte. »Sobald ich anfing, meine Kurse an Hochschulen anzubieten, lief es wie von selbst.«

Seminare, Akquise, Büroarbeit: Eine typische Arbeitswoche

Maltes Arbeitsalltag als Trainer teilt sich in Tage, an denen er unterwegs ist und Seminare gibt, und Bürotage zu Hause. Seine Kurse sind in der Regel zweitägig und finden an verschiedenen Hochschulen in Deutschland und der Schweiz statt. Pro Monat gibt er vier bis fünf Seminare, die er terminlich und regional auf einander abstimmt. »Oft gebe ich ein Seminar pro Woche und bin die übrigen Tage zu Hause. Manchmal bin ich auch die ganze Woche unterwegs, wenn ich Montag/Dienstag ein Seminar in einer Stadt gebe und Donnerstag/Freitag in der Nachbarstadt«, erzählt er. »Eine typische Woche oder auch einen typischen Monat gibt es nicht, ruhige und geschäftige Phasen wechseln einander ab. Das hängt natürlich auch mit den Semesterferien zusammen.« Das Reisen empfindet Malte nicht als belastend, da er gern neue Städte und neue Menschen kennenlernt. »Zu meiner jetzigen Lebenssituation passt das gut. Wenn ich Kinder habe, möchte ich mehr Zeit zu Hause verbringen.«

An den Bürotagen erledigt Malte zum einen die Vor- und Nachbereitung seiner Seminare. Er passt das Trainingskonzept an, aktualisiert seine Präsentation und bereitet die Kursunterlagen vor. Nach den Seminaren korrigiert er die Übungen der TeilnehmerInnen und gibt ihnen Feedback. Zudem erledigt er Organisatorisches: Er bucht Hotels und Flüge, nach den Seminaren erledigt er die Abrechnung und stellt sein Honorar und die Reisekosten in Rechnung. Hinzu kommt die Pflege seiner Webseite. »Jede einzelne dieser Aufgaben dauert nicht lange, aber sie fallen für jedes Seminar wieder neu an und summieren sich«, sagt Malte. Hinzu kommt Akquisetätigkeit für neue Aufträge. Er spricht mit neuen Wissenschaftseinrichtungen und klärt Folgetermine mit bisherigen Auftraggebern. Aus diesen Gesprächen kann sich auch der Bedarf ergeben, Konzept, Titel oder Seminarankündigungstext anzupassen.

Malte achtet auf eine gute Balance von Arbeit und Freizeit. Die Seminartage dauern mit Vor- und Nachbereitung vor Ort etwa acht Stunden, an den Bürotagen arbeitet er etwas kürzer. Über seine Arbeitszeiten führt er Buch: »Ich schreibe mir immer genau auf, wie viele Stunden ich mit Arbeit verbringe. Über das Jahr gerechnet sehe ich zu, dass ich wie bei einer angestellten Beschäftigung ungefähr auf eine 40-Stunden-Woche komme und maximal sechs Wochen Urlaub habe«, sagt Malte. Während die Seminartätigkeit einen intensiven Austausch mit den TeilnehmerInnen bedeutet, vermisst Malte an den Bürotagen Gespräche mit ArbeitskollegInnen. Manchmal gibt er Seminare zusammen mit einer Kollegin, die seit längerem ein Trainingsunternehmen besitzt. Mit ihr kann er sich auch zu inhaltlichen Themen in Bezug auf seine Seminare und zur beruflichen Selbständigkeit austauschen. Über ihr Netzwerk haben sich bereits spannende Aufträge für Malte ergeben.

Identifikation, Erfolg, Selbstmotivation: Licht- und Schattenseiten

An seiner Tätigkeit als Trainer schätzt Malte, dass er sich mit seiner Arbeit voll identifizieren kann. An der beruflichen Selbständigkeit gefällt ihm, dass er sein eigener Chef ist und dadurch eine hohe Flexibilität im Arbeiten hat. Darüber hinaus ist er stolz darauf, sich den Erfolg seines Unternehmens selbst erarbeitet zu haben und gute Perspektiven für die Zukunft zu sehen. »Vor kurzem hat mir jemand eine interessante Stelle angeboten. Noch vor drei/vier Jahren hätte ich alles für einen Arbeitsvertrag gegeben«, sagt Malte. »Aber jetzt war mir ohne nachzudenken klar, dass ich mein Trainingsinstitut nicht aufgeben möchte.« Weniger gut gefällt Malte, dass er viel Selbstdisziplin aufbringen muss, um Aufgaben zu erledigen, die nicht zeitkritisch sind: »Wenn ich das Seminar für die nächste Woche vorbereitet habe, fällt es mir schwer, mich danach noch zu motivieren, E-Mails für meine längerfristigen Pläne zu schreiben oder den Designer zu kontaktieren, um mit ihm die Überarbeitung des Webauftritts zu besprechen«, sagt Malte. »Vielleicht wäre ich sonst schon weiter mit der Umsetzung meiner Ideen.«

»Produkt«, Fleiß, Kommunikationsfreude: Erwartete Qualifikationen

Für eine erfolgreiche Selbständigkeit ist entscheidend, ein »Produkt« zu finden, mit dem man sich identifizieren kann und für das es einen ausreichend großen Markt gibt. In Maltes Fall treffen sich sein inhaltliches Interesse und seine Expertise zum Thema Logik mit der Leidenschaft, komplexe Sachverhalte in einfachen Worten zu erklären. »Das ist genau mein Ding«, sagt Malte. »Ich glaube, jeder hat so ein Thema, man muss es nur in sich finden. In meinem Fall würde ich sagen, dass das Thema mich gefunden hat: Viele verschiedene Entwicklungen haben mich zu meiner Unternehmensidee geführt.« Für die Umsetzung der Idee braucht man neben Mut und professioneller Unterstützung viel Eigeninitiative und Selbstmotivation. Malte schreibt seinen Erfolg auch seiner Disziplin und Strukturiertheit zu: »In der Akquisephase habe ich mir eine Liste aller deutschen Hochschulen angelegt, bin sie systematisch durchgegangen und habe alle Graduierteneinrichtungen recherchiert. Ich hatte eine Tagesroutine, dass ich vormittags von 9 bis 12 Uhr Telefonate führte, und habe die Excel-Liste strukturiert abgearbeitet.« Über Kontakte zu seinen Auftraggebern führt er sorgfältig Protokoll, um schnell auf die Absprachen zurückgreifen zu können.

Für die Tätigkeit als Trainer sind neben der inhaltlichen Expertise zum Thema didaktische Fähigkeiten unabdingbar. Diese können auch in einer Trainerausbildung vertieft werden. »Ich mag es, komplizierte Sachverhalte einfach zu erklären«, sagt Malte. »Auf die sehr unterschiedlichen Gruppen, mit denen ich arbeite, kann ich mich gut einstellen.« Neben kommunikativer Kompetenz ist auch die Freude an der Arbeit mit Menschen und die Fähigkeit, sich auf unterschiedliche Charaktere einlassen zu können, Voraussetzung.

MitarbeiterInnen einstellen, Kundenstamm erweitern: Entwicklungsperspektiven

Da sich Maltes Auftragslage gut entwickelt hat, plant er, MitarbeiterInnen einzustellen, die Teile seiner Aufgaben übernehmen können. Gleichzeitig möchte er sein Unternehmen vergrößern. Seit kurzem kümmert sich eine Mitarbeiterin um die Akquise. Neben Universitäten möchte er seine Seminare auch in Unternehmen anbieten und seinen Kundenstamm in diese Richtung erweitern. Für die Übernahme der akquirierten Kurse plant Malte, weitere TrainerInnen anzustellen, die Seminare nach seinem Konzept durchführen. In fünf Jahren sieht er sich in der Rolle des Organisators, der einen Trainerstab koordiniert und anleitet. Perspektivisch möchte er auch mehr zu seinem Thema publizieren und ein Buch veröffentlichen.

Vom Wissenschaftler zum Trainer

Für seine Tätigkeit als Trainer hat Malte in der Wissenschaft vieles gelernt, das er heute in seinen Seminaren anwendet. Dazu gehört die inhaltliche Expertise: »Schon im Studium habe ich meine Hausarbeiten nach der Methode aufgebaut, die ich jetzt unterrichte«, sagt er. »Lehrerfahrung konnte ich bei einer Tutorentätigkeit sammeln. Darüber hinaus kenne ich die Situation der SeminarteilnehmerInnen, die promovieren, aus eigener Erfahrung und bringe in meine Seminare Beispiele ein, wie logisches Argumentieren helfen kann, wissenschaftliche Dispute zu gewinnen.« Obwohl sich inhaltlich und in Bezug auf seine Zielgruppe viele Parallelen zur Wissenschaft zeigen, empfindet Malte seine Tätigkeit als sinnvoller: »Als ich promoviert habe, hat mir das viel Spaß gemacht. Aber ich habe mich immer gefragt, wem das, was ich mache, nützt. Als Trainer gebe ich jede Woche ein Seminar und bekomme die Rückmeldung, dass es für die TeilnehmerInnen hilfreich war. Andere Menschen durch mein Wissen und die Art, wie ich es vermitteln kann, voranzubringen, tut mir gut.«

Reflexionsfragen

Welche Qualifikationen und Kompetenzen bringe ich mit, die in diesem Berufsfeld gebraucht werden?

Welche praktischen Erfahrungen habe ich gesammelt, die für dieses Berufsfeld relevant sind?

Meine Kontakte in diesem Berufsfeld:

Weiterführende Informationen

Literaturhinweise für TrainerInnen

Caspary, Martina/Gieschen, Gerhald (2012), *Erfolgreich als selbstständiger Trainer: Marketing und Kundengewinnung, Wirtschaftlichkeit, Work-Life-Balance*, Berlin.

Hofert, Svenja (2011), *Erfolgreiche Existenzgründung für Trainer, Berater, Coachs: Das Praxisbuch für Gründung, Existenzaufbau und Expansion*, Offenbach.

Hofert, Svenja (2012), *Networking für Trainer, Berater, Coachs: Bessere Kontakte. Höhere Bekanntheit. Mehr Umsatz*, Offenbach.

Frosch, Günther (2012), *Texten für Trainer, Berater, Coachs: So bringen Sie Ihr Angebot auf den Punkt und formulieren überzeugende Texte*, Offenbach.

Nitschke, Petra (2011), *Trainings planen und gestalten. Professionelle Konzepte entwickeln, Inhalte kreativ visualisieren, Lernziele wirksam umsetzen*, Bonn.

Nowotny, Valentin/Tantau, Christiane (2012), *Erfolgreich Trainings und Seminare gestalten: Methoden und Strategien für einen nachhaltigen Lerntransfer in die Praxis*, Berlin.

Nowotny, Valentin/Tantau, Christiane (2013), *Erfolgreich Trainings und Seminare planen: Bedarf ermitteln, grundlegende Trainingskonzepte, systematische Auswertung*, Berlin.

Sobanski, Holger (2012), *Der Problemlöser für Trainings und Workshops: Profitipps für den Umgang mit kritischen Situationen und fordernden Teilnehmern*, Berlin.

Berufsverbände und Netzwerke für TrainerInnen

Berufsverband für Trainer, Berater und Coaches (BDVT): https://www.bdvt.de/
Berufsverband Training Organisationsberatung Coaching (T.O.C.): http://trainerverband.de/
Bundesverband ausgebildeter Trainer und Berater (BaTB): http://www.bundesverband-ausgebildeter-trainer-und-berater.de/
Deutscher Verband für Coaching und Training (DVCT): http://www.dvct.de/
Trainertreffen Deutschland (TTD): http://www.trainertreffen.de/

Weiterbildung

Weiterbildungen zum Trainer werden von zahlreichen Instituten angeboten. Achten Sie darauf, dass die Ausbildung durch einen der Berufsverbände zertifiziert ist.

Weiterführende Informationen zur beruflichen Selbständigkeit finden Sie in Kapitel 5.3 und im Anhang.

7. Schlusswort: Beruflich neue Wege gehen

Berufswechsel sind Phasen der Orientierung, der Unsicherheit und des Aufbruchs. Sie erfordern die Bereitschaft, sich ganz oder teilweise aus den bisherigen beruflichen Erfahrungen zu lösen und sich auf neue Arbeitskontexte mit ihren ganz eigenen Spielregeln einzulassen. Die Porträtierten in Kapitel 6 waren vor nicht allzu langer Zeit in der Situation, in der Sie sich momentan befinden. Viele von ihnen waren leidenschaftliche WissenschaftlerInnen, einigen fiel der Ausstieg schwer. Sie brachten ähnliche berufliche Voraussetzungen mit wie Sie heute. Ihnen allen ist ein befriedigender Wechsel aus der Wissenschaft in Berufsfelder in Wirtschaft, Verwaltung, Bildung oder Kultur geglückt. Ich bin zuversichtlich, dass auch Ihnen dieser Schritt gelingen kann.

Wenn Sie bereits eine Idee haben, welche berufliche Alternative Ihnen zusagen würde, sollten Sie dieser nachgehen und herausfinden, ob sie Ihren Erwartungen standhält, ob Sie bereits die nötigen Qualifikationen besitzen und wie Ihre Chancen auf dem entsprechenden Arbeitsmarkt aussehen. Gerade wenn Ihre Vorstellungen noch unspezifisch sind, lohnt es, sich Zeit für den Findungsprozess zu nehmen und sich mit den eigenen Fähigkeiten und Interessen, dem Arbeitsmarkt und dem Bewerbungsprocedere auseinanderzusetzen. In einem ersten Schritt sollten Sie herausfinden, was Sie dem Arbeitsmarkt zu bieten haben. In Kapitel 3 konnten Sie reflektieren, welche Kompetenzen und Qualifikationen Sie für potenzielle Berufsfelder mitbringen, was Ihre Interessen und Leidenschaften jenseits der Forschung sind.

In einem zweiten Schritt galt es zu prüfen, was der Arbeitsmarkt Ihnen bietet. In Kapitel 4 konnten Sie sich mit den Möglichkeiten des Arbeitsmarkts auseinandersetzen und herausfinden, welche Anforderungen er an Sie stellt. Sie haben sich ein realistisches Bild von Berufsfeldern verschafft und durch Recherche möglicherweise neue interessante Arbeitsfelder kennengelernt. Die Grundlage für einen erfolgreichen Wechsel von der Wissenschaft in Berufsfelder in Wirtschaft, Verwaltung, Bildung oder Kultur stellen je nach Tätigkeit Fachkompetenz, Feldkompetenz, Vorerfahrung oder Ausbildung dar.

Im dritten Schritt ging es darum, Ihre Person und den Arbeitsmarkt zusammenzubringen. Kapitel 5 hat Ihnen gezeigt, wie Sie Ihre Kompetenzen und Interessen passend zu den Anforderungen des jeweiligen Arbeitgebers darstellen. Entscheidend für eine erfolgreiche Bewerbung ist, deutlich zu machen, wie man zum neuen Arbeitsgebiet passt, und die Bewerbungsunterlagen der angestrebten Branche anzupassen. Sowohl für die Orientierung auf dem Arbeitsmarkt als auch für den Bewerbungsprozess ist es hilfreich, Netzwerke im jeweiligen Tätigkeitsgebiet aufzubauen. Wenn Sie eine Dienstleistung oder ein Produkt identifiziert haben, die Sie auf selbständiger Basis anbieten wollen, konnten Sie sich Gedanken darüber machen, wie Ihre Unternehmung finanziell realisierbar wäre und wer Sie bei dem Schritt in die berufliche Selbständigkeit unterstützen könnte.

Eine Berufssuche durchläuft typischerweise mehrere Phasen: Während der Selbstreflexion und Recherche in der ersten Orientierungsphase können Sie vermutlich nach einer anfänglichen Verunsicherung umso mehr Sicherheit gewinnen, je mehr Informationen Sie zusammentragen. Auf Grundlage der Informationen können Sie Berufsideen und erste Perspektiven entwickeln. Durch weitere Recherchen und Gesprächen in Ihrem Netzwerk überzeugen Sie sich immer mehr, dass Ihre Berufsideen einen gangbaren Weg aufzeigen. Mit jeder Bewerbung werden Sie mehr Routine entwickeln und gleichzeitig weitere wertvolle Informationen zum Arbeitsmarkt und zu einer geeigneten Selbstpräsentation sammeln. Für einen produktiven Verlauf dieser Phasen und für ihren erfolgreichen Abschluss ist meiner Erfahrung nach entscheidend, dass Sie sich zu einem beruflichen Wechsel entschlossen haben oder zumindest ernsthaft Alternativen zu Ihrer wissenschaftlichen Tätigkeit prüfen wollen.

Die Entscheidung über einen Ausstieg aus der Wissenschaft kann einige Zeit dauern. Sie können diese Zeit zum einen dazu nutzen, Ihre bisherigen Erfahrungen genauer zu bilanzieren, und zum anderen Recherchen über mögliche alternative Berufsfelder durchführen oder erste Schritte in Tätigkeiten außerhalb der Wissenschaft unternehmen. Wenn Sie sich dafür entscheiden, zunächst zweigleisig zu fahren, sollten Sie sich neben Ihren wissenschaftlichen Aufgaben regelmäßig ein Zeitfenster für die Orientierung in anderen Berufsfeldern schaffen. Für die Entscheidungsphase können Sie mit sich selbst einen Zeitraum – zum Beispiel ein oder zwei Jahre – vereinbaren, in dem Sie für sich Klarheit gewinnen wollen. Ein professionelles Coaching kann Sie bei der Entscheidungsfindung unterstützen.

> **BERATUNG UND COACHING**
>
> Da Karriereentscheidungen eine sehr individuelle Angelegenheit sind, setzen viele Wissenschaftseinrichtungen auf Beratungs- und Coachingangebote. Hier können Sie Ihre Anliegen in einem Vieraugengespräch besprechen. Während Beratungen zeitlich kürzer angelegt sind und der Wissensvermittlung dienen, können im Coaching Entscheidungen und Strategien über mehrere Sitzungen hinweg mit professioneller Unterstützung vorbereitet werden. Die inneruniversitären Anbieter arbeiten entweder mit Inhouse-BeraterInnen oder einem externen Coaching-Pool. Qualitätskriterien sind eine einschlägige Ausbildung und Feldkompetenz der BeraterInnen. Wichtig ist auch, dass Sie ein vertrauensvolles Verhältnis zu Ihrer Beraterin oder Ihrem Coach aufbauen können und die Vertraulichkeit aller ausgetauschten Inhalte vereinbart wird. Links zu externen Coachinganbietern finden Sie im Anhang.

In der Regel ist es empfehlenswert, Ihre Vorgesetzten und KollegInnen erst über Ihre Pläne für einen beruflichen Wechsel zu informieren, wenn Sie sich Ihrer Entscheidung sicher sind. Vorher empfiehlt es sich, nur enge Vertraute einzubeziehen und sie um Geheimhaltung zu bitten. Sinnvoll ist, sich zum Ende der Promotion oder bis zu zwei Jahre nach der Promotion bewusst für einen wissenschaftliche Karriere oder den Ausstieg aus der Wissenschaft zu entscheiden. Zu diesem Zeitpunkt sind Ihre Chancen auf dem Arbeitsmarkt außerhalb der Wissenschaft am besten. Zur Finanzierung Ihres Lebensunterhalts können Sie während Ihrer Orientierungs- und Bewerbungsphase entweder eine wissenschaftliche Stelle annehmen, die fachlich nicht einschlägig sein muss, aber idealerweise auch nicht aufwändig sein sollte, oder Ihre bisherige Stelle bewusst auslaufen lassen. Wichtig ist in beiden

Szenarien, dass Sie sich Zeit reservieren, in der Sie Ihre Berufssuche konsequent verfolgen. Lassen Sie sich dabei von FreundInnen oder Gleichgesinnten unterstützen. Nutzen Sie die im Buch genannten Beratungs- und Weiterbildungsangebote am besten von Beginn Ihres Orientierungsprozesses an, spätestens aber, wenn Sie in Ihrem Bewerbungsprozess mehrfach Absagen bekommen haben oder nicht zu Vorstellungsgesprächen eingeladen wurden.

Neben dem Abschied von Altbekanntem sind berufliche Wechsel auch Neuanfänge, die Ihnen die Möglichkeit geben, Ihren Erfahrungshorizont zu erweitern und sich selbst von einer anderen Seite kennenzulernen. Sie können von neuen beruflichen Rahmenbedingungen, wie Arbeitszeiten, Gehalt, Berufsperspektiven, Arbeitsklima oder KollegInnen, profitieren. Karriere zu machen bedeutet heutzutage nicht nur eine vertikale Mobilität auf der Karriereleiter, sondern zunehmend auch eine horizontale Mobilität hinsichtlich Themen und Arbeitgebern. In vielen Branchen ist es daher üblich, dass Sie nach dem jetzt anstehenden beruflichen Wechsel weitere Stationen durchlaufen. Auf diesem Weg können Sie sich kontinuierlich von den Interessen, Werten und Wünschen, die Sie in diesem Buch identifizieren konnten, leiten lassen.

Ein erfolgreicher Wechsel in andere Berufsfelder ist machbar. Auch außerhalb der Wissenschaft gibt es Berufsoptionen, die Ihnen Spaß machen, die Ihrem Leben Sinn verleihen und in denen Sie Ihre intellektuellen Fähigkeiten einsetzen können. Möglicherweise bieten diese Optionen sogar attraktivere Arbeitsbedingungen und eine ausgewogenere Work-Life-Balance. Ich hoffe, dass das Buch Sie durch den inneren Prozess und die praktischen Schritte des beruflichen Wechsels von der Wissenschaft in Wirtschaft, Verwaltung, Bildung oder Kultur leiten konnte. Wohin auch immer dieser Weg Sie führen mag – ich wünsche Ihnen alles Gute und ein erfülltes Berufsleben!

8. Anhang

Im Anhang sind weiterführende Informationen zusammengestellt, die Ihre Recherche über berufliche Tätigkeiten in Wirtschaft, Verwaltung, Bildung oder Kultur unterstützen können, wie zum Beispiel Internetquellen zu Berufsverbänden, Berufsbildern und Gehaltsinformationen oder Literaturhinweise zur beruflichen Zielfindung und Bewerbung. Zu den in den Porträts vorgestellten Berufsfeldern konnten Sie zusätzliche Informationen bereits am Ende jedes Porträtkapitels finden. Übergreifende Hinweise für die Tätigkeitsfelder im Wissenschaftsmanagement sowie zur beruflichen Selbständigkeit sind im Anhang ausführlicher dargestellt.

8.1 Berufswechsel und Zielfindung

Für Berufswechsel und berufliche Zielfindung gibt es zahlreiche Methoden, zu denen es auf dem deutsch- und englischsprachigen Markt gute Ratgeber gibt. Speziell mit dem Wechsel aus der Wissenschaft in andere Berufsfelder befassen sich zwei amerikanische Werke. Neben diesen Literaturempfehlungen finden Sie in diesem Abschnitt weiterführende Hinweise zu Online-Persönlichkeitstest.

Literaturempfehlungen zu alternativen Karrierewegen für WissenschaftlerInnen

Basalla, Susan/Debelius, Maggie (2014), *»So What Are You Going to Do with That?« Finding Careers Outside Academia*, Chicago.

Robbins-Roth, Cynthia (Hg.) (2005), *Alternative Careers in Science: Leaving the Ivory Tower*, Burlington/San Diego/London.

Literaturempfehlungen zur beruflichen Zielfindung

Barsch, Petra (2016), *Jobhunting: Geht doch! Karriere mit Knicken*, Göttingen.

Bolles, Nelson Richard (2012), *Durchstarten zum Traumjob. Das ultimative Handbuch für Ein-, Um- und Aufsteiger*, Frankfurt/New York.
Bolles, Nelson Richard (2010), *Jobs finden in harten Zeiten. Der Survival-Guide*, Frankfurt/New York.
Clark, Tim et al. (2012), *Business Model You. Dein Leben, Deine Karriere, Dein Spiel*, Frankfurt/New York.
Glaubitz, Uta (2014), *Der Job, der zu mir passt. Das eigene Berufsziel entdecken und erreichen*, Frankfurt/New York.
Gulder, Angelika (2013), *Finde den Job, der dich glücklich macht. Von der Berufung zum Beruf*, Frankfurt/New York.
Hilzinger, Sonja (2013), *Berufsprofilierung. Ein Praxisbuch für Akademikerinnen und Akademiker*, Opladen/Berlin/Toronto.
Lore, Nicholas (2011), *The Pathfinder. How to Choose or Change Your Career for a Lifetime of Satisfaction and Success*, New York.
Rühle, Herrmann (2011), *Sie brauchen einen Plan B! Wie Sie beruflichen Krisen zuvorkommen*, Göttingen.
Sher, Barbara (2009), *Wishcraft. Lebensträume und Berufsziele entdecken und verwirklichen*, Osnabrück.
Sher, Barbara (2012), *Lebe das Leben, von dem du träumst*, München.
Tieger, Paul/Barron, Barbara (2007), *Do what you are. Discover the Perfect Career for You Through the Secrets of Personality Type*, New York/Boston/London.
Westphal, Beate (2014), *Eigentlich wär ich gern …: Wie Sie Ihre Talente zum Traumjob machen*, Frankfurt/New York.

Persönlichkeitstests online

Bochumer Inventar zur berufsbezogenen Persönlichkeitsbeschreibung (BIP): http://www.testentwicklung.de/testverfahren/BIP/index.html
EXPLORIX (basierend auf dem RIASEC-Modell): http://www.explorix.de/
PsyWeb Fragebogen zur Persönlichkeit (basierend auf dem Fünf-Faktoren-Modell (FFM, Big Five)): https://psyweb.uni-muenster.de/
Potenzialanalyse Deluxe: http://www.profilingportal.de/self_assessment/self_assessments_potenzialanalysen.php?assessment=7

Die Stiftung Warentest stellt regelmäßig Persönlichkeitstests auf den Prüfstand, zuletzt im Heft 07/2014: https://www.test.de/persoenlichkeitstests

8.2 Berufsfelder und Netzwerke

Für die Recherche nach beruflichen Optionen finden Sie im folgenden Abschnitt weiterführende Literaturhinweise und Links für Online-Informationen zu Berufsbildern und Gehaltsübersichten. Nützliche Kontakte für Ihre

Berufsrecherche können Sie über Berufsverbände oder bei Karrieremessen knüpfen. Links zu Internet-Übersichten sowie Literaturhinweise zum Netzwerken sind im Folgenden für Sie zusammengestellt.

Literaturempfehlungen zu Berufsfeldern

Beer, Bettina et al. (Hg.) (2009), *Berufsorientierung für Kulturwissenschaftler. Erfahrungsberichte und Zukunftsperspektiven*, Berlin.

Blättel-Mink, Birgit (2004), *Soziologie als Beruf? Soziologische Beratung zwischen Wissenschaft und Praxis*, Wiesbaden.

Brauner, Detlef/Lauterbach, Andrea (2015), *Berufsziel Steuerberater/Wirtschaftsprüfer 2016: Berufsexamina, Tätigkeitsbereiche, Perspektiven*, Sternenfels.

Breger, Wolfram (2007), *Was werden mit Soziologie: Berufe für Soziologinnen und Soziologen. Das BDS-Berufshandbuch*, München.

Budde, Gunilla et al. (Hg.) (2008), *Geschichte. Studium – Wissenschaft – Beruf*, Berlin.

Catón, Matthias et al. (Hg.) (2005), *Politikwissenschaft im Beruf. Perspektiven für Politologinnen und Politologen*, Münster.

Diemling, Patrick/Westermann, Juri (2011), *»Und was machst Du später damit?«: Berufsperspektiven für Religionswissenschaftler und Absolventen anderer Kleiner Fächer*, Frankfurt.

e-fellows.net (2015), *Perspektiven für Juristen 2016: Berufsbilder, Bewerbung, Karrierewege und Expertentipps zum Einstieg*, München.

Eicker, Anette (Hg.) (2012), *Jobguide Germany*, London.

Härtl, Johanna/Merkel, Wilma (2002), *Erfolgreich im Beruf: Volkswirtschaftslehre*, Berlin.

Heer, Susanne/Salaws, Ausma (2000), *Karrieren unter der Lupe, Betriebswirte, Volkswirte*, Eibelstadt.

Horn, Dietrich von (2013), *111 Gründe, Lehrer zu sein – Eine Hommage an den schönsten Beruf der Welt*, Berlin.

Ickstadt, Heinz (Hg.) (2004), *Berufe für Philologen*, Darmstadt.

Janson, Simone (2007), *Der optimale Berufseinstieg. Perspektiven für Geisteswissenschaftler*, Darmstadt.

Jüde, Peter (1999), *Berufsplanung für Geistes- und Sozialwissenschaftler: Oder die Kunst eine Karriere zu planen*, o. O.

Klausener, Helger (2004), *Berufe für…: Berufe für Philosophen*, Darmstadt.

Kräuter, Maria (2009), *Geisteswissenschaftler als Gründer*, Bonn.

Krüger, Hermann (2013), *Der Beruf des praktischen Volkswirts*, Berlin.

Kurz, Ingrid/Moisl, Angela (2001), *Berufsbilder für Übersetzer und Dolmetscher: Perspektiven nach dem Studium*, München.

Novna, Eva (2015), *Beruf(ung)sberatung für Geisteswissenschaftler: Finde den Job, der zu Dir passt*, o. O.

Menne, Mareike (2010), *Berufe für Historiker – Anforderungen, Qualifikationen, Tätigkeiten*, Stuttgart.

Mintsteven, Leo (2015), *Berufe nach dem BWL Studium: Eine Übersicht aller Karrieremöglichkeiten*, o. O.
Possél, René (Hg.) (2004), *Berufe für Theologen*, Darmstadt.
Rühl, Margot (Hg.) (2004), *Berufe für Historiker*, Darmstadt.
Siebenhaar, Klaus (2003), *Karriereziel Kulturmanagement: Studiengänge und Berufsbilder im Profil*, Nürnberg.
Sjurts, Insa (2014), *Frauenkarrieren in der Medienbranche*, Wiesbaden.
Späte, Katrin (Hg.) (2007), *Beruf: Soziologe?! Studieren für die Praxis*, Konstanz.
Zehender, Leo (2014), *Philosophie als Beruf – oder Philosoph(in)sein aus Berufung? Das Berufsfeld der philosophischen Praxis*, Wien.

Online-Informationen zu Berufsbildern

https://berufenet.arbeitsagentur.de/
[A] http://bic.at/
[CH] http://www.berufsberatung.ch/dyn/1388.aspx

Gehaltsübersichten

http://oeffentlicher-dienst.info/
http://oeffentlicher-dienst.info/beamte/
http://www.gehalt.de/
http://www.gehaltscheck.de/
http://www.gehaltsvergleich.de/
http://www.nettolohn.de/
[A] http://www.gehaltskompass.at/
[A] https://www.gehaltsrechner.gv.at/
[CH] http://www.lohnrechner.ch/
[CH] http://www.lohncomputer.ch/de/loehne.html
[CH] http://www.lohncheck.ch/

Berufsverbände

http://www.verbaende.com/suche/

Karrieremessen

[D][A][CH] http://www.messeninfo.de/Karrieremessen-Y186-S1.html
http://www.jobmessen.de/
http://www.karrierefuehrer.de/jobmesse
http://karrierebibel.de/karrierekalender-wichtige-job-und-karrieremessen-des-jahres/
[A] http://www.messeninfo.de/Jobmessen-Oesterreich-FSL399-L13-S1.html
[A] http://www.careercalling.at/
[CH] http://www.messeninfo.de/Jobmessen-Schweiz-FSL399-L42-S1.html

[CH] https://www.absolventenkongress.ch/
[CH] http://www.berufsmessezuerich.ch/
[CH] http://www.together.ch/unternehmen/events-messen/absolventenmesse-schweiz/

Literaturempfehlungen zum Networking

Blindert, Ute (2015), *Per Netzwerk zum Job. Insider zeigen, wie du deine Träume verwirklichen kannst*, Frankfurt/New York.
Ferrazzi, Keith (2009), *Geh nie alleine essen! Und andere Geheimnisse rund um Networking und Erfolg*, Kulmbach.
Löhken, Sylvia (2014), *Intros und Extros. Wie sie miteinander umgehen und voneinander profitieren*, Offenbach.
Rudolph, Ulrike (2004), *Karrierefaktor Networking. Gestalten Sie Ihr Karriere-Netzwerk*, Freiburg.
Scherer, Hermann (2006), *Wie man Bill Clinton nach Deutschland holt. Networking für Fortgeschrittene*, Frankfurt/New York.
Zack, Devora (2012), *Networking für Networking-Hasser. Sie können auch alleine essen und erfolgreich sein!*, Offenbach.

8.3 Jobbörsen, Bewerbung und Berufseinstieg

Für die Bewerbung auf Stellen in Wirtschaft, Verwaltung, Bildung oder Kultur sind für Sie im Folgenden die wichtigsten Jobbörsen im Internet, Literaturempfehlungen zu sozialen Medien sowie zu schriftlicher Bewerbung und Vorstellungsgespräch zusammengestellt. Nächste Schritte nach einer erfolgreichen Bewerbung können Sie in den Buchempfehlungen für Gehaltsverhandlungen und Berufseinstieg nachlesen.

Jobbörsen im Internet

https://www.academics.de/
http://jobs.zeit.de/
http://www.wila-arbeitsmarkt.de/
https://jobboerse.arbeitsagentur.de/
http://www.monster.de/
http://www.simplyhired.de/
https://www.stepstone.de/
[D][A][CH] http://www.jobrobot.de/
[A] http://www.monster.at/
[A] https://www.stepstone.at/
[A] http://www.simplyhired.at/
[CH] http://www.monster.ch/
[CH] http://www.simplyhired.ch/

Literaturempfehlungen zu sozialen Medien

Bärmann, Frank (2014), *XING: Erfolgreich Netzwerken im Beruf*, Frechen.
Hofert, Svenja (2012), *Wirksame Selbstpräsentation in Social Media: Für Jobsuche und Akquise*, Hamburg.
Koß, Stephan (2014), *LinkedIn für Dummies*, Weinheim.
Lutz, Andreas/Rumohr, Joachim (2014), *Xing optimal nutzen: Geschäftskontakte – Aufträge – Jobs. So zahlt sich Networking im Internet aus*, Wien.
Warnemann, Heinz (2014), *XING für Einsteiger*, Hallbergmoos.
Shah, Michael Rajiv (2014), *Karrierebeschleunigung mit LinkedIn*, Hallbergmoos.

Literaturempfehlungen zur schriftlichen Bewerbung

Brenner, Doris et al. (2016), *Duden Ratgeber – Das große Handbuch Bewerbung: Schritt für Schritt zum beruflichen Erfolg*, Mannheim.
Hesse, Jürgen/Schrader, Hans Christian (2011), *Training Lebenslauf. Lücken füllen – Probleme lösen – Stärken betonen*, Hallbergmoos.
Hesse, Jürgen/Schrader, Hans Christian (2012), *Bewerbungsstrategien für Hochschulabsolventen. Startklar für die Karriere*, Hallbergmoos.
Hesse, Jürgen/Schrader, Hans Christian (2015), *Das große Hesse/Schrader-Bewerbungshandbuch. Alles, was Sie für ein erfolgreiches Berufsleben wissen müssen*, Hallbergmoos.
Hesse, Jürgen/Schrader, Hans Christian (2015), *Training Schriftliche Bewerbung*, Hallbergmoos.
Püttjer, Christian/Schnierda, Uwe (2017), *Das große Bewerbungshandbuch*, Frankfurt/New York.
Püttjer, Christian/Schnierda, Uwe (2014), *Perfekte Bewerbungsunterlagen für Hochschulabsolventen. Erfolgreich zum Traumjob – auch für Online-Bewerbungen*, Frankfurt/New York.

Literaturempfehlungen zum Vorstellungsgespräch

Brenner, Doris et al. (2016), *Duden Ratgeber – Das große Handbuch Bewerbung: Schritt für Schritt zum beruflichen Erfolg*, Mannheim.
Hesse, Jürgen/Schrader, Hans Christian (2012), *Bewerbungsstrategien für Hochschulabsolventen. Startklar für die Karriere*, Hallbergmoos.
Hesse, Jürgen/Schrader, Hans Christian (2015), *Das große Hesse/Schrader-Bewerbungshandbuch. Alles, was Sie für ein erfolgreiches Berufsleben wissen müssen*, Hallbergmoos.
Püttjer, Christian/Schnierda, Uwe (2017), *Das große Bewerbungshandbuch*, Frankfurt/New York.
Püttjer, Christian/Schnierda, Uwe (2013), *Das überzeugende Bewerbungsgespräch für Hochschulabsolventen. Bachelor – Master – Diplom – Magister – Staatsexamen – Promotion*, Frankfurt/New York.

Püttjer, Christian/Schnierda, Uwe (2014), *Souverän im Vorstellungsgespräch: So schaffen Sie den Jobwechsel*, Frankfurt/New York.

Literaturempfehlungen zu Gehaltsverhandlungen

Hesse, Jürgen/Schrader, Hans Christian (2014), *Die 100 wichtigsten Tipps für die erfolgreiche Gehaltsverhandlung*, Hallbergmoos.

Holzapfel, Nicola (2009), *Ich verdiene mehr Gehalt! Was Sie für Ihre erfolgreiche Gehaltsverhandlung wissen müssen*, Frankfurt/New York.

Kimich, Claudia (2015), *Um Geld verhandeln: Gehalt, Honorar und Preis. So bekommen Sie, was Sie verdienen*, München.

Wehrle, Martin (2012), *30 Minuten Gehaltserhöhung*, Offenbach.

Literaturempfehlungen zum Berufseinstieg

Augspurger, Thomas (2011), *Neu als Chef: Wie Sie Ihren Weg finden*, Planegg.

Hofbauer, Helmut/Kauer, Alois (2014), *Einstieg in die Führungsrolle: Praxisbuch für die ersten 100 Tage*, München.

Lürssen, Jürgen/Opresnik, Marc (2014), *Die heimlichen Spielregeln der Karriere: Wie Sie die ungeschriebenen Gesetze am Arbeitsplatz für Ihren Erfolg nutzen*, Frankfurt/New York.

Püttjer, Christian/Schnierda, Uwe (2011), *Erfolgreich in der Probezeit*, Frankfurt/New York.

Tabernig, Christina/Quittschau, Anke (2013), *Die ersten 100 Tage im neuen Job: Vom Start weg erfolgreich*, München.

Zuchowski, Elke (2014), *Besser ich: Von Anfang an richtig gut im Job*, Frankfurt/New York.

8.4 Unterstützung an Wissenschaftseinrichtungen

An vielen Wissenschaftseinrichtungen gibt es Unterstützungsangebote für NachwuchswissenschaftlerInnen zu Ihrer Karriereentwicklung. Sie können diese über die Webseite Ihrer Forschungseinrichtung recherchieren. Im Folgenden sind für Sie überregionale Informationsquellen zu diesen Angeboten zusammengestellt.

Personalentwicklung

Personalentwicklung an Universitäten in Deutschland: http://uninetzpe.de/das-netzwerk/mitglieder/

[A] Personalentwicklung an Universitäten in Österreich: http://www.aucen.ac.at/aucen/mitglieder-von-aucen/

Career Services/Career Center

Career Services/Career Center an Universitäten in Deutschland: http://www.csnd.
de/netzwerk/career-service-einrichtungen.html
[A] Career Services/Career Center an Universitäten in Österreich: http://career-ser
vices.at/de/10_career_center

Mentoring

[D][A] Forum Mentoring: http://www.forum-mentoring.de/
[CH] Mentoring an Universitäten der Schweiz: http://www.academic-mentoring.
ch/weiteres/mentoring-an-universitaeten/
[CH] http://www.unifr.ch/f-mentoring/fr/liens/
[CH] Mentoring Deutschschweiz: http://www.academic-mentoring.ch/

Seminare zu alternativen Karrierewegen

Zentrum für Wissenschaftsmanagement (ZWM): http://www.zwm-speyer.de/
uni-support Institut für Hochschulberatung: http://www.unisupport.de/neue_per
spektiven_finden.php

Wissenschaftscoaches

[D][A] Coachingnetz Wissenschaft: http://www.coachingnetz-wissenschaft.de/
Netzwerk Wissenschaftscoaching: http://www.wissenschaftscoaching.de/

Auf den Webseiten des Coachingnetz Wissenschaft finden Sie viele nützliche Ressourcen zum Wissenschaftscoaching, unter anderem Checklisten zur Auswahl von geeigneten Coaches.

Gründerberatung

EXIST: http://www.exist.de/
Verzeichnis der durch EXIST geförderten Hochschulen: http://www.exist.de/DE/
Programm/Exist-Gruendungskultur/EXIST-Projektkarte/inhalt.html

8.5 Informationen zum Wissenschaftsmanagement

Das Wissenschaftsmanagement bietet zahlreiche Berufsoptionen für Promovierte. Im Folgenden finden Sie Informationen zu Büchern und Zeitschriften zu diesem Berufsfeld. In den vergangenen Jahren sind zahlreiche Vernetzungs- und Weiterbildungsangebote für WissenschaftsmanagerInnen entstanden. Einen Überblick über diese Angebote und einschlägige Stellenbörsen sind hier für Sie zusammengestellt.

Literaturhinweise zum Wissenschaftsmanagement

Deutsche Gesellschaft für Qualität (2015), *Qualitätsmanagement für Hochschulen. Das Praxishandbuch*, München.
Hanft, Anke (2008), *Bildungs- und Wissenschaftsmanagement*, München.
Heinrichs, Werner (2010), *Hochschulmanagement*, München.
Lemmens, Markus et al. (Hg.) (2016), *Wissenschaftsmanagement. Handbuch & Kommentar*, Bonn/Berlin/New York.

Berufsrelevante Zeitschriften

Deutsche Universitätszeitung (duz): http://www.duz.de/
Forschung & Lehre: http://www.forschung-und-lehre.de/
Wissenschaftsmanagement – Zeitschrift für Innovation: http://www.lemmens.de/medien/periodika/wissenschaftsmanagement/wissenschaftsmanagement-zeitschrift-fuer-innovation

Berufsverbände und Netzwerke

Netzwerk Wissenschaftsmanagement: http://www.netzwerk-wissenschaftsmanagement.de/
Bundesarbeitskreis der EU-Referenten (BAK): http://www.uni-giessen.de/bak
Bundesverband Hochschulkommunikation: http://www.bundesverband-hochschulkommunikation.de/
Career Service Netzwerk Deutschland (csnd): http://www.csnd.de/
Dual Career Netzwerk Deutschland (DCND): http://www.dcnd.org/
Forum Mentoring: http://www.forum-mentoring.de/
Netzwerk forschungsreferenten.de: https://www.forschungsreferenten.de/
Netzwerk für Personalentwicklung an Universitäten (UniNetzPE): http://uninetzpe.de/
European Association of Research Managers and Administrators (EARMA): http://www.earma.org/
[A] Austrian Universities' Research Administrators and Managers (AURAM): http://www.forschungsservice.at/index_en.html

Weiterbildungen

Centrum für Hochschulentwicklung (CHE): Hochschulkurs – Fortbildung für das Wissenschaftsmanagement: http://www.hochschulkurs.de/
Deutsche Forschungsgemeinschaft (DFG): Forum Hochschul- und Wissenschaftsmanagement: http://www.dfg.de

RWTH Aachen: RWTH Forschungsmanager/in (Expert Zertifikat): http://weiter
bildung.rwth-aachen.de/de/event-management/rwth-forschungsmanager-
in?gclid=COSQw6CM9csCFdS7GwodzA4Fgg
Zentrum für Wissenschaftsmanagement (ZWM): Lehrgang für junge Wissenschaftsmanagerinnen und Wissenschaftsmanager: http://www.zwm-speyer.de/
Helmholtz Gemeinschaft: Helmholtz-Akademie für Führungskräfte: https://www.
helmholtz.de/karriere_talente/die_helmholtz_akademie_fuer_fuehrungskraefte/
Fachhochschule Osnabrück Masterstudiengang Hochschul- und Wissenschaftsmanagement: http://www.hs-osnabrueck.de/index.php?id=181&L=0
TU Berlin: Masterstudiengang Wissenschaftsmarketing: http://www.tubs.de/
wissenschaftsmarketing/
Universität Oldenburg: Zertifikatsstudium Bildungs- und Wissenschaftsmanagement: http://www.mba.uni-oldenburg.de/13964.html
Universität Ulm: Berufsbegleitender Studiengang Innovations- und Wissenschaftsmanagement: http://www.uni-ulm.de/einrichtungen/saps/studiengaenge/inno
vations-und-wissenschaftsmanagement.html
WWU Münster: Masterprogramm und Zertifikatsprogramm Bildungs- und Wissenschaftsmanagement: http://weiterbildung.uni-muenster.de/hochschul
management
Zentrum für Wissenschaftsmanagement (ZWM): Master of Public Administration
Wissenschaftsmanagement: http://www.wissenschaftsmanagement-speyer.de/
[A] Donau-Universität Krems: Studiengang Hochschul- und Wissenschaftsmanagement: http://www.donau-uni.ac.at/de/studium/hochschulmanagement/index.
php

Stellenausschreibungen

https://www.academics.de/
http://jobs.zeit.de/
http://www.netzwerk-wissenschaftsmanagement.de/stellenangebote.html
http://www.wila-arbeitsmarkt.de/
http://www.kowi.de/kowi/services/stellenausschreibungen.aspx
https://www.hs-osnabrueck.de/de/studium/studienangebot/master/hochschul-
und-wissenschaftsmanagement-mba/jobboerse/

Einige Forschungsinstitutionen bieten inzwischen auch Trainee-Stellen für
das Wissenschaftsmanagement an.

8.6 Informationen zur beruflichen Selbständigkeit

Zur Planung einer beruflichen Selbständigkeit gibt es viele gute Anleitungen
und Unterstützungsangebote. Im Folgenden sind für Sie Literaturhinweise

sowie Online-Informationen zum Aufbau eines eigenen Unternehmens, zu Gründerwettbewerben und zur Gründerberatung zusammengestellt.

Literaturhinweise zur beruflichen Selbständigkeit

Bruns, Catharina/Pester, Sophie (2016), *Frei sein statt frei haben*, Frankfurt/New York.

Hofert, Svenja (2011), *Das Slow-Grow-Prinzip: Lieber langsam wachsen als schnell untergehen*, Offenbach.

Hofert, Svenja (2012), *Praxisbuch für Freiberufler: Alles, was Sie wissen müssen, um erfolgreich zu sein*, Offenbach.

Hofert, Svenja (2012), *Praxisbuch Existenzgründung: Erfolgreich selbstständig werden und bleiben*, Offenbach.

Lutz, Andreas/Schuch, Monika (2011), *Existenzgründung: Was Sie wirklich wissen müssen. Die 50 wichtigsten Fragen und Antworten*, Wien.

Massow, Martin (2015), *Freiberufler-Atlas: Schnell und erfolgreich selbständig werden*, Berlin.

Singler, Axel (2013), *Businessplan: Taschenguide*, Planegg.

Stähler, Patrick (2015), *Das Richtige gründen. Werkzeugkasten für Unternehmer*, Hamburg.

Tanski, Joachim S. et al. (2012), *Selbstständigkeit wagen*, Planegg.

Online-Informationen zur beruflichen Selbständigkeit

http://www.existenzgruender.de/
http://www.gruenderlexikon.de/
[A] http://www.gruendungswissen.at/
[CH] http://www.gruenderportal.ch/

Gründernetzwerke

http://www.exist.de/DE/Netzwerk/Exist-Gruendungsnetzwerke/inhalt.html
http://www.existenzgruender-netzwerk.de/Netzwerke/deutschland.html

Bundesweite branchenübergreifende Gründerwettbewerbe

Deutscher Gründerpreis: https://www.deutscher-gruenderpreis.de/
KfW-Award GründerChampions: http://www.degut.de/kfw-award-gruenderchampions-2016
Kultur- und Kreativpiloten Deutschland: http://kultur-kreativpiloten.de/
EUUnternehmensförderpreis: http://www.europaeischer-unternehmensfoerderpreis.de/index.html

Übersichten zu branchenspezifischen und regionalen Gründer-Wettbewerben: http://www.existenzgruender.de/DE/Service/Beratung-Adressen/Linksammlung/Gruenderwettbewerbe/inhalt.html

Gründerberatung

EXIST: http://www.exist.de/
Verzeichnis der durch EXIST geförderten Hochschulen: http://www.exist.de/DE/Programm/Exist-Gruendungskultur/EXIST-Projektkarte/inhalt.html

9. Literatur- und Quellenverzeichnis

Hinweis zu den Webseiten: letzter Zugriff, wenn nicht anders angegeben, jeweils am 01.10.2016.

Basalla, Susan/Debelius, Maggie (2015), *So what are you going to do with that? Finding Careers outside Academia*, Chicago/London.
Bolles, Nelson Richard (2010), *Jobs finden in harten Zeiten. Der Survival-Guide*, Frankfurt/New York.
Bolles, Nelson Richard (2012), *Durchstarten zum Traumjob. Das ultimative Handbuch für Ein-, Um- und Aufsteiger*, Frankfurt/New York.
Bolles, Nelson Richard et al. (2013), *Was ist Dein Ding? Einfach Deinen Traumjob finden – Durchstarten zum Traumjob für Teenager*, Frankfurt/New York.
Brenzel, Hanna et al. (2016), *Neueinstellungen im Jahr 2015: Stellen werden häufig über persönliche Kontakte besetzt*, IAB-Kurzbericht 04/2016 Nürnberg. http://doku.iab.de/kurzber/2016/kb0416.pdf
Briedis, Kolja et al. (2013), *Personalentwicklung für den wissenschaftlichen Nachwuchs. Bedarf, Angebote und Perspektiven – eine empirische Bestandsaufnahme*, Essen. http://www.dzhw.eu/pdf/22/projektbericht_personalentwicklung.pdf
Briedis, Kolja et al. (2014), Berufswunsch Wissenschaft? Laufbahnentscheidungen für oder gegen eine wissenschaftliche Karriere, in: *DZHW: Forum Hochschule 8/2014*. http://www.dzhw.eu/pdf/pub_fh/fh-201408.pdf
Burkhardt, Anke (Hg.) (2008), *Wagnis Wissenschaft. Akademische Karrierewege und das Fördersystem in Deutschland*, Leipzig.
Dauzenberg, Kirsti et al. (Hg.) (2013), *Aufstieg und Ausstieg. Ein geschlechterspezifischer Blick auf Motive und Arbeitsbedingungen in der Wissenschaft*, Wiesbaden.
Fritsch, Nina-Sophie (2014), Warum Wissenschaftlerinnen die Universität verlassen. Eine biografische Fallanalyse zu Ausstiegsgründen aus dem österreichischen Universitätssystem, in: *SWS Rundschau 2/2014*, S. 159–180. http://www.sws-rundschau.at/archiv/SWS_2014_2_Fritsch.pdf
Funken, Christiane et al. (2013), *Generation 35 plus. Aufstieg oder Ausstieg? Hochqualifizierte und Führungskräfte in Wirtschaft und Wissenschaft*, Berlin. http://www.mgs.tu-berlin.de/fileadmin/i62/mgs/Generation35plus_ebook.pdf
Funken, Christiane et al. (2015), *Vertrackte Karrieren. Zum Wandel der Arbeitswelten in Wirtschaft und Wissenschaft*, Frankfurt/New York.

Glaubitz, Uta (2014), *Der Job, der zu mir passt. Das eigene Berufsziel entdecken und erreichen*, Frankfurt/New York.

Gulder, Angelika (2013), *Finde den Job, der dich glücklich macht. Von der Berufung zum Beruf*, Frankfurt/New York.

Himpele, Klemens et al. (Hg.) (2011), *Traumjob Wissenschaft? Karrierewege in Hochschule und Forschung*, Bielefeld.

Hochschulrektorenkonferenz (2014), *Orientierungsrahmen zur Förderung des wissenschaftlichen Nachwuchses nach der Promotion und akademischer Karrierewege neben der Professur*, Bonn. http://www.hrk.de/uploads/tx_szconvention/HRK_Empfehlung_Orientierungsrahmen_13052014.pdf

Hochschulrektorenkonferenz (2016), *Grundsätze für ein nachhaltiges Bund-Länder-Programm zur Gewinnung von Professorinnen und Professoren an Hochschulen für angewandte Wissenschaften (HAW) bzw. Fachhochschulen (FH)*, Bonn. https://www.hrk.de/uploads/tx_szconvention/Empfehlung_FH_Professoren_Senat_13102016_01.pdf vom 30.10.2016

Jaksztat, Steffen et al. (2010), Wissenschaftliche Karrieren. Beschäftigungsbedingen, berufliche Orientierungen und Kompetenzen des wissenschaftlichen Nachwuchses, in: *HIS:Forum Hochschule* 14×2010, Hannover. http://www.dzhw.eu/pdf/pub_fh/fh-201014.pdf

Kahlert, Heike (2013), *Riskante Karrieren. Wissenschaftlicher Nachwuchs im Spiegel der Forschung*, Opladen/Berlin/Toronto.

Kauhaus, Hanna (Hg.) (2013), *Das deutsche Wissenschaftssystem und seine Postdocs. Perspektiven für die Gestaltung der Qualifizierungsphase nach der Promotion*, Bielefeld.

Klinger, Sabine/Rebien, Martina (2009), *Betriebsbefragung: Soziale Netzwerke helfen bei der Personalsuche*. IAB-Kurzbericht, 24/2009, Nürnberg. http://doku.iab.de/kurzber/2009/kb2409.pdf

Klinkhammer, Monika (2005), *Supervision und Coaching für Wissenschaftlerinnen. Theoretische, empirische und handlungsspezifische Aspekte*, Wiesbaden.

Konsortium Bundesbericht Wissenschaftlicher Nachwuchs (Hg.) (2013a), *Bundesbericht Wissenschaftlicher Nachwuchs 2013*, Bielefeld. http://www.buwin.de/dateien/2013/6004283_web_verlinkt.pdf/view

Konsortium Bundesbericht Wissenschaftlicher Nachwuchs (Hg.) (2013b), *Bundesbericht Wissenschaftlicher Nachwuchs 2013. Wichtige Ergebnisse im Überblick*, Bielefeld. http://www.buwin.de/site/assets/files/1002/buwin_kurzfassung_barrierefrei.pdf

Krempkow, René et al. (2014), Warum verlassen Promovierte die Wissenschaft oder bleiben? Ein Überblick zum (gewünschten) beruflichen Verbleib nach der Promotion, in: Qualität in der Wissenschaft, Heft 4/2014, S. 96–106.

Krempkow, René et al. (2016), *Personalentwicklung für den wissenschaftlichen Nachwuchs 2016. Bedarf, Angebot, Perspektiven – eine empirische Bestandsaufnahme im Zeitvergleich*, Essen. https://www.stifterverband.org/akademische-personalentwicklung

Langhof, Dajana (2015), *Development Center bei der Gründungsförderung: Zur systemischen Beurteilung und Förderung von Gründungsideen*, Hamburg.

Lind, Inken (2004), *Aufstieg oder Ausstieg? Karrierewege von Wissenschaftlerinnen. Ein Forschungsüberblick*, Bielefeld.

Löhken, Sylvia (2014), *Intros und Extros. Wie sie miteinander umgehen und voneinander profitieren*, Offenbach.

Märtin, Doris (2014), *Leise gewinnt: So verschaffen sich Introvertierte Gehör*, Frankfurt/New York.

Marsden, Peter V. (2001), Interpersonal Ties. Social Capital and Employer Staffing Practices, in: Lin, N./Cook, K./Burt, R. S. (Hg.), *Social Capital: A Theory of Social Structure and Action*, New York.

Matthies, Hildegard et al. (2001), *Karrieren und Barrieren im Wissenschaftsbetrieb. Geschlechterdifferente Teilhabechancen in außeruniversitären Forschungseinrichtungen*, Berlin.

Müller, Mirjam (2014), *Promotion – Postdoc – Professur. Karriereplanung in der Wissenschaft*, Frankfurt/New York.

Rogge, Jan-Christoph (2015), The Winner Takes it all? Die Zukunftsperspektiven des wissenschaftlichen Mittelbaus auf dem akademischen Quasi-Markt, in: *Kölner Zeitschrift für Soziologie und Sozialpsychologie* 67 (4), S. 685–707.

Rühl, Margot (Hg.) (2004), *Berufe für Historiker*, Darmstadt.

Rühle, Herrmann (2011), *Sie brauchen einen Plan B! Wie Sie beruflichen Krisen zuvorkommen*, Göttingen.

Statistisches Bundesamt (Hg.) (2013), *Hochqualifizierte in Deutschland. Erhebungen zu Karriereverläufen und internationaler Mobilität von Hochqualifizierten*, 2011, Wiesbaden. https://www.destatis.de/DE/Publikationen/Thematisch/Bildung-ForschungKultur/Hochschulen/HochqualifizierteDeutschland5217205139004.pdf?__blob=publicationFile

Statistisches Bundesamt (Hg.) (2014), *Personal an Hochschulen*, 2013, Wiesbaden. https://www.destatis.de/DE/Publikationen/Thematisch/BildungForschung Kultur/Hochschulen/PersonalHochschulen2110440137004.pdf?__blob=publicationFile

Wagner-Beier, Annette et al. (2011), *Analysen und Empfehlungen zur Situation von Postdoktorandinnen und Postdoktoranden an deutschen Universitäten und insbesondere an der Friedrich-Schiller-Universität Jena*. Report der Graduiertenakademie, Friedrich-Schiller-Universität Jena.

Wendleton, Kate (1992), *Through the Brick Wall. How to Job-hunt in a Tight Market*, New York.

Wissenschaftsrat (2014), *Empfehlungen zu Karrierezielen und -wegen an Universitäten*, Dresden. http://www.wissenschaftsrat.de/download/archiv/4009–14.pdf

Wissenschaftsrat (2016), *Empfehlungen zur Personalgewinnung und -entwicklung an Fachhochschulen*, Weimar. http://www.wissenschaftsrat.de/download/archiv/5637–16.pdf vom 30.10.2016

10. Anmerkungen

Hinweis zu den Webseiten: letzter Zugriff, wenn nicht anders angegeben, jeweils am 01.10.2016.

1 Konsortium Bundesbericht Wissenschaftlicher Nachwuchs 2013a, S. 311.
2 Den Ausdruck »Wirtschaft, Verwaltung, Bildung oder Kultur« verwende ich in diesem Buch als Sammelbegriff für alle nicht-wissenschaftlichen Berufsfelder.
3 Seifert, Leonie: Wo ist hier der Notausgang?, in: *Die Zeit* Nr. 40, 3. Dezember 2015, S. 93f. http://www.zeit.de/2015/49/junge-wissenschaftler-karriere-wissenschaft-professur-arbeitsbedingungen, 01.10.2016.
4 Konsortium Bundesbericht Wissenschaftlicher Nachwuchs 2013a, S. 311. Die Hochschulrektorenkonferenz geht in einem Positionspapier sogar von einem Verhältnis von zwanzig Promotionen zu einer freiwerdenden (Universitäts-) Professur aus. Hochschulrektorenkonferenz (2014), S. 5.
5 Konsortium Bundesbericht Wissenschaftlicher Nachwuchs 2013b, S. 13.
6 Wissenschaftsrat (2014), S. 14 und S. 85.
7 https://www.bmbf.de/de/wissenschaftlicher-nachwuchs-144.html, 01.10.2016.
8 Konsortium Bundesbericht Wissenschaftlicher Nachwuchs 2013a, S. 255.
9 Konsortium Bundesbericht Wissenschaftlicher Nachwuchs 2013a, S. 257.
10 Konsortium Bundesbericht Wissenschaftlicher Nachwuchs 2013a, S. 258.
11 Statistisches Bundesamt 2013a.
12 Wissenschaftsrat (2014), S. 62f.; Hochschulrektorenkonferenz (2014), S. 9.
13 Zu Karrierewegen in der Wissenschaft siehe Müller (2014).
14 Die relevanten Kategorien des akademischen Karriereportfolios und ihre Reflexionsmöglichkeiten habe ich in Müller (2014) beschrieben.
15 Konsortium Bundesbericht Wissenschaftlicher Nachwuchs (2013a), S. 259f.
16 Löhken (2014) und Märtin (2014).
17 Wendleton (1992) zitiert nach Basalla/Debelius (2015), S. 53f. Siehe auch Bolles (2010), S. 130ff., Rühle (2011), S. 95f. und 109f. und Glaubitz (2014), S. 59ff. Basalla/Debelius (2015) haben in ihrem Ratgeber zu außerwissenschaftlichen Berufszielen für den US-amerikanischen Kontext einige passende Übungen entwickelt, die ich im Folgenden wiedergebe. Im Anhang finden Sie Literaturhinweise zu weiteren Methoden zur beruflichen Zielfindung.

18 Nach Basalla/Debelius (2015), S. 56f.
19 Nach Basalla/Debelius (2015), S. 58.
20 Nach Basalla/Debelius (2015), S. 44f.
21 Krempkow et al. (2016), S. 32.
22 Hochschulrektorenkonferenz (2014), S. 6; Wissenschaftsrat (2014), S. 41ff.
23 https://www.bmbf.de/de/ressortforschung-540.html und http://www.research-in-germany.org/de.html, 01.10.2016.
24 https://www.bmbf.de/de/geistes-und-sozialwissenschaften-152.html, 01.10.2016.
25 http://www.maxweberstiftung.de/institute.html, 01.10.2016.
26 http://www.akademienunion.de/, 01.10.2016.
27 http://www.hochschulkompass.de/hochschulen/die-hochschulsuche.html, 01.10.2016.
28 http://www.ph-bw.de/, 01.10.2016.
29 http://www.hochschulkompass.de/hochschulen/die-hochschulsuche.html, 01.10.2016.
30 Hochschulrektorenkonferenz (2016), Wissenschaftsrat (2016).
31 https://www.staufenbiel.de/consulting/weiterbildung/promotion-doctores-sind-im-consulting-willkommen.html, 01.10.2016.
32 Nach Basalla/Debelius (2015), S. 78f. und Bolles et al. (2013), S. 175.
33 Die Informationsgespräche sind Teil von L/WP (Life/Work Planning), einem Verfahren zur Berufsfindung, das durch R. N. Bolles in den 1970er Jahren in den USA entwickelt wurde. Vgl. Bolles (2012), 135ff.
34 Nach Bolles et al. (2013), S. 175.
35 Seit der Einführung des Mindestlohns 2015 haben sich die Chancen auf einen Praktikumsplatz verringert. Viele Arbeitgeber vergeben hauptsächlich Pflichtpraktika. In den ersten drei Monaten eines Praktikums muss kein Gehalt gezahlt werden, ab dem vierten Monat der Mindeststundenlohn von 8,84 Euro: https://www.praktikum.info/karrieremagazin/gehalt-mindestlohn, 01.10.2016.
36 Die übrigen Prozentpunkte entfielen auf Kontakt zur Arbeitsagentur, private Arbeitsvermittlung, interne Stellenausschreibung und sonstige Wege. Brenzel et al. (2016), S. 3.
37 Andere Quellen gehen davon aus, dass sogar 70 Prozent aller Positionen nicht öffentlich ausgeschrieben werden. http://www.zeit.de/2011/15/C-Service-Verdeckte-Stellen, 01.10.2016.
38 Marsden (2001), zitiert nach Klinger/Rebien (2009), S. 2.
39 Üblich ist auch die Bezeichnung »Hochschule für angewandte Wissenschaften« (HAW).
40 http://www.hochschulkompass.de/hochschulen/die-hochschulsuche.html, 30.09.2016.
41 Ohne theologische Hochschulen und Kunsthochschulen. Statistisches Bundesamt (2014), S. 40.
42 Weitere Hinweise zum Gehalt sowie einen Überblick über die bundeslandspe-

zifische Höhe der Besoldung finden Sie unter http://hlb.de/infobereich/detail/news/w-besoldung-1/ und https://www.hochschulverband.de/index.php?id=wbesoldung#_, 30.09.2016.
43 http://hlb.de/infobereich/detail/news/berufungen-auf-zeit/, 30.09.2016.
44 Hochschulrektorenkonferenz (2016), Wissenschaftsrat (2016).
45 Das Netzwerk forschungsreferenten.de umfasst Mitglieder der Berufsgruppe der Forschungs- und TechnologiereferentInnen an deutschen Hochschulen und öffentlich geförderten außeruniversitären Forschungseinrichtungen, d. h. Personen, die mit ihrem beruflichen Schwerpunkt in den Bereichen Forschungsmanagement, Wissens- und Technologietransfer, Nachwuchsförderung und Drittmittelbewirtschaftung an den genannten Einrichtungen tätig sind. https://www.forschungsreferenten.de/ueber-uns.html, 01.10.2016.
46 http://oeffentlicher-dienst.info/, 01.10.2016.
47 https://www.arbeitsagentur.de/web/content/DE/Detail/index.htm?dfContentId=L6019022DSTBAI634988, 01.10.2016.
48 https://www.stiftungen.org/de/verband.html, 01.10.2016.
49 http://www.boersenblatt.net/artikel-buch_und_buchhandel_in_zahlen.373296.html, 01.10.2016
50 http://www.boersenverein.de/de/portal/Verlagstypen/293237/, 01.10.2016.
51 Rühl (2004), S. 115.
52 https://de.statista.com/infografik/4034/erwerbstaetige-in-verschiedenen-mediendranchen/, 01.10.2016.
53 http://www.bdu.de/wie-wir-sie-unterstuetzen/wie-wir-sie-bei-der-jobsuche-unterstuetzen/berufsfeld-berater/, 01.10.2016.

Mirjam Müller
Promotion – Postdoc – Professur
Karriereplanung
in der Wissenschaft

2014. 266 Seiten

Auch als E-Book erhältlich

Karriereplanung in der Wissenschaft – ein Spiel mit eigenen Regeln

Nur wenigen der hochqualifizierten Postdocs steht im heutigen Wissenschaftssystem eine Professur offen. Mirjam Müller erklärt Hintergründe und benennt Erfolgsfaktoren der entscheidenden Phase zwischen Promotion und Professur. Für jeden Teilbereich des akademischen Portfolios zeigt sie, welche konkreten Karriereschritte zu planen sind und wie das eigene Profil schlüssig präsentiert werden kann. Neben den Leistungsanforderungen werden auch die Rahmenbedingungen am Arbeitsplatz Wissenschaft beleuchtet: Der Ratgeber ermöglicht eine persönliche Bilanz und dient als Entscheidungshilfe für eine Karriere in der Wissenschaft.

campus.de

Frankfurt. New York